亲亲宝贝手织衣系列

温暖秋冬
儿童毛衣

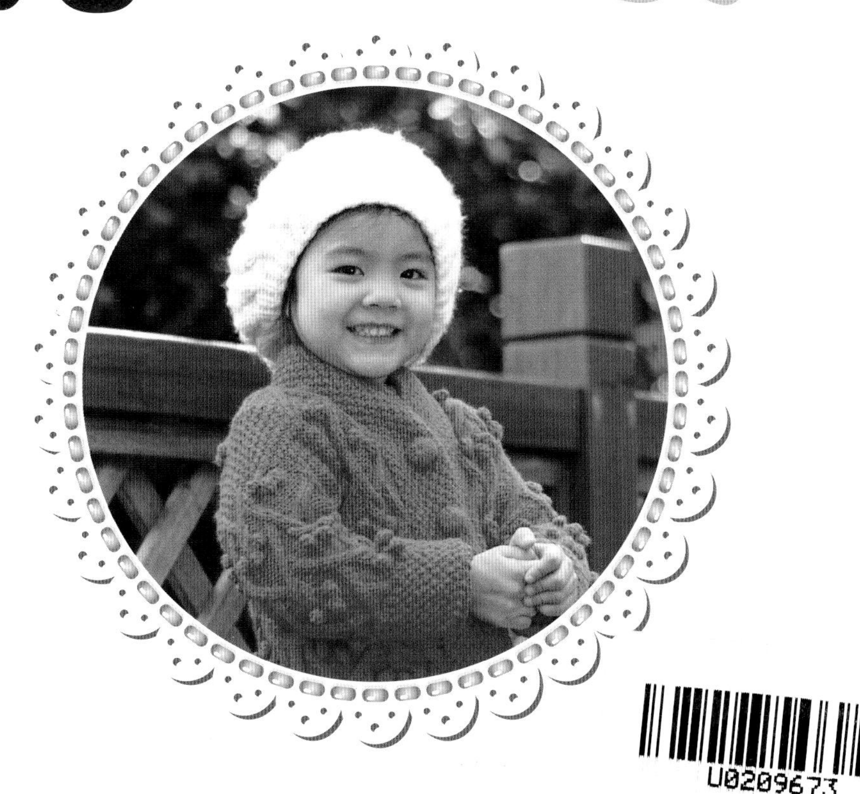

WEN NUAN MAOYI

李意芳◎著

中国纺织出版社

目录

Contents

目录

Contents

NO. 01

花线背心

编织方法见第 58 页

NO. 02
橙色外套
编织方法见第 60 页

NO.
03
黑白点点套头衫
编织方法见第 62 页

NO.
04

双色长外套

编织方法见第 64 页

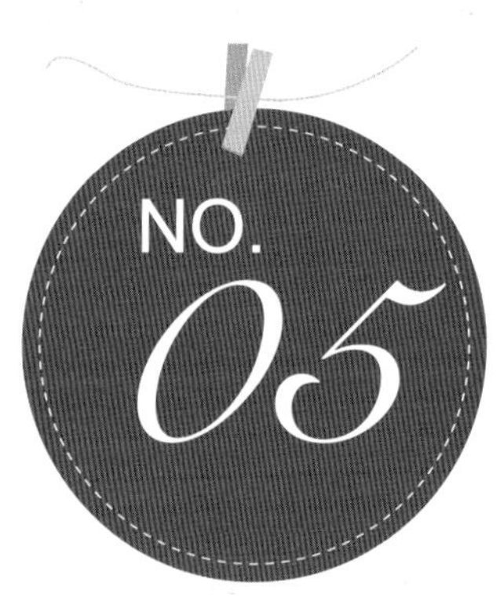
NO.
05

橙色开衫

编织方法见第 66 页

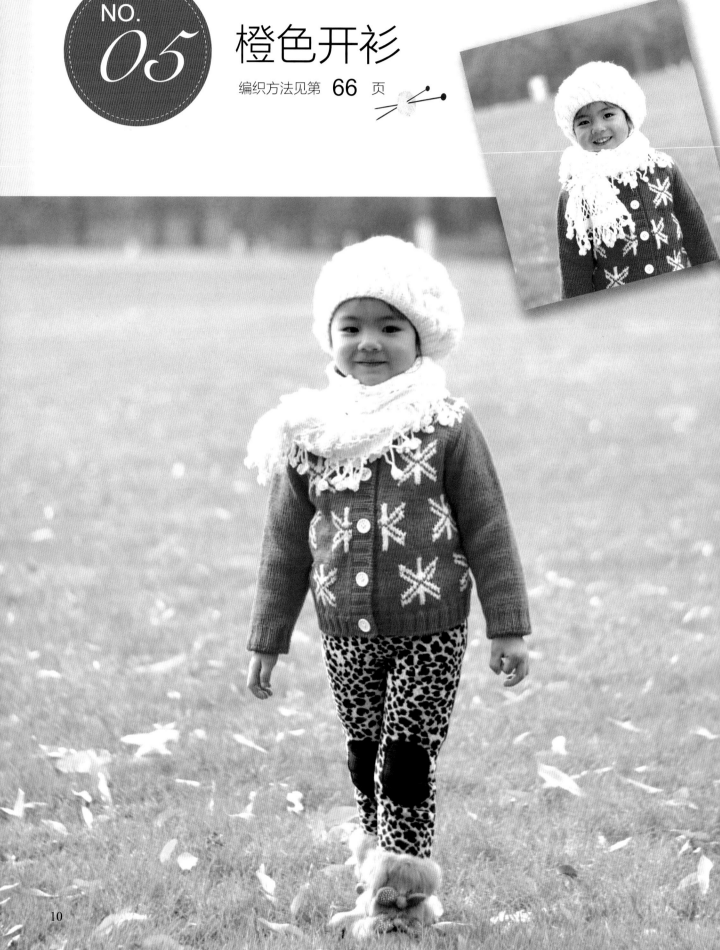

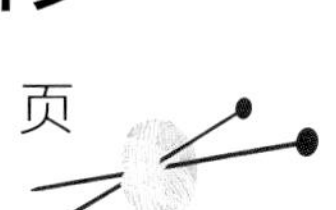

NO. 06

粉色开衫

编织方法见第 68 页

NO.
07

彩条套头衫

编织方法见第 70 页

NO.
08
蓝白配色
背心
编织方法见第 72 页

NO.
09
彩条背心
编织方法见第 74 页

NO.
10

棋盘格
花样背心

编织方法见第 76 页

NO. 11

咖啡色背心

编织方法见第 78 页

NO. 12

蓝白配色套头衫

编织方法见第 80 页

NO.
13

玫红色镂空衫

编织方法见第 82 页

NO.
14

紫色立体花朵背心

编织方法见第 84 页

NO.
15
蓝色短袖衫

编织方法见第 86 页

NO. 16

蓝色钩花背心

编织方法见第 88 页

NO.
17
宝蓝色套头衫
编织方法见第 90 页

NO. 18

绿色七分袖套头衫

编织方法见第 92 页

NO. 19

棋盘格花样马甲

编织方法见第 94 页

NO.
20
棕色扭花
套头衫
编织方法见第 96 页

NO.
21
灰色背心裙
编织方法见第 98 页

NO.
22

大红色
套头衫

编织方法见第 100 页

NO.
23

嫩黄色套头衫

编织方法见第 102 页

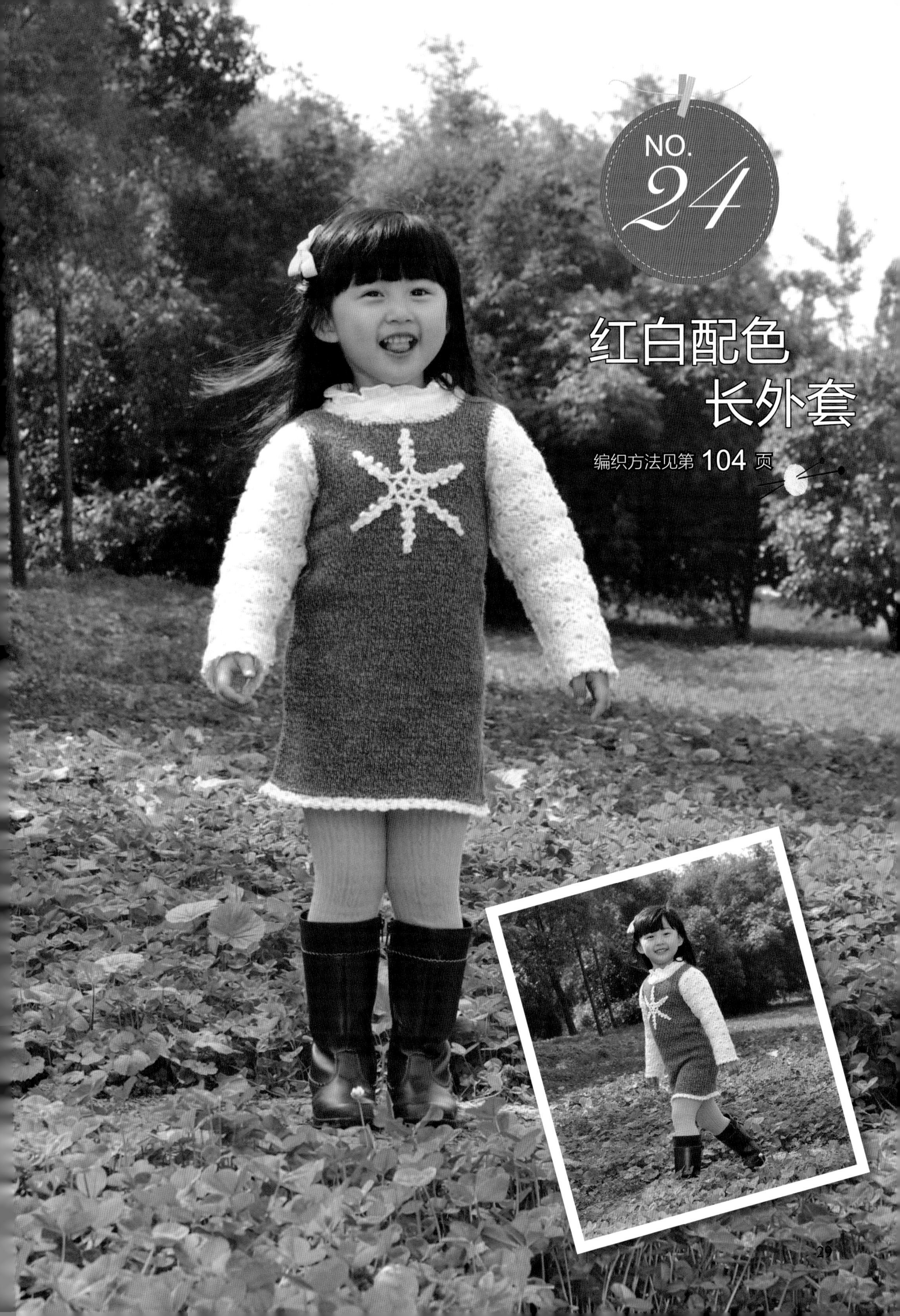
NO.
24
红白配色
长外套
编织方法见第 104 页

NO.
25

蓝色侧开襟套头衫

编织方法见第 106 页

NO.
26

灰色
大麻花背心

编织方法见第 108 页

NO.
27

黑白风车图案套头衫

编织方法见第 110 页

NO. 28

黑白配色套头衫

编织方法见第 112 页

黑白配色短裙

编织方法见第 114 页

NO.
30

红白配色
套头衫

编织方法见第 116 页

NO.
31

粉色花边裙

编织方法见第 118 页

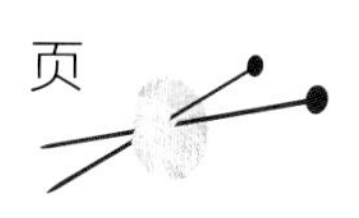

NO. 32

配色插肩背心

编织方法见第 120 页

NO.
33

桃红色小兔图案套头衫

编织方法见第 122 页

NO. 34

钩边复古插肩衫

编织方法见第 124 页

NO.
35
花线背心裙
编织方法见第 126 页

NO.
36

灰色饰花套头衫

编织方法见第 128 页

NO.
37
红白条纹开衫
编织方法见第 130 页

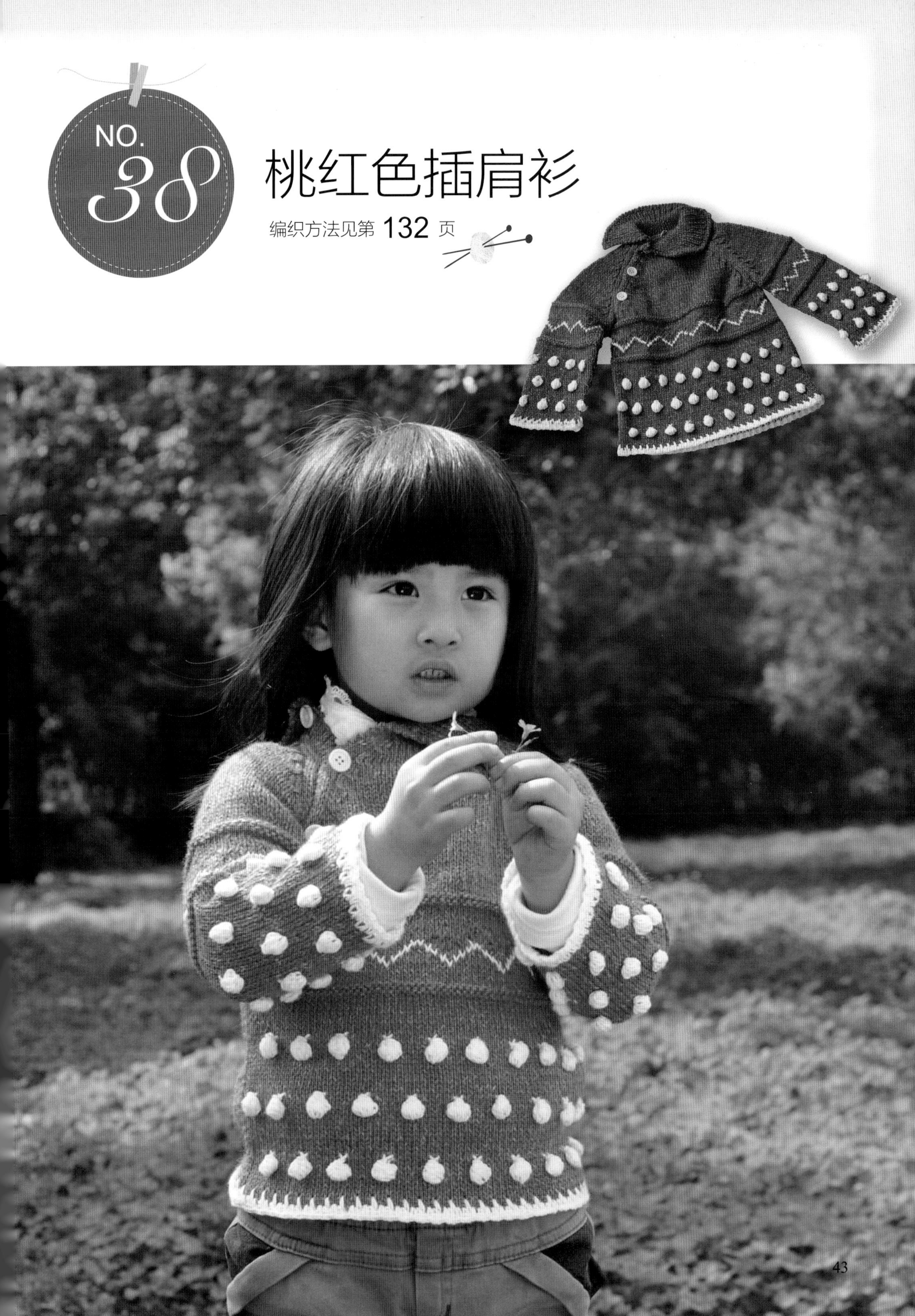

NO. 38

桃红色插肩衫

编织方法见第 132 页

NO. 39

黄色插肩套头衫

编织方法见第 134 页

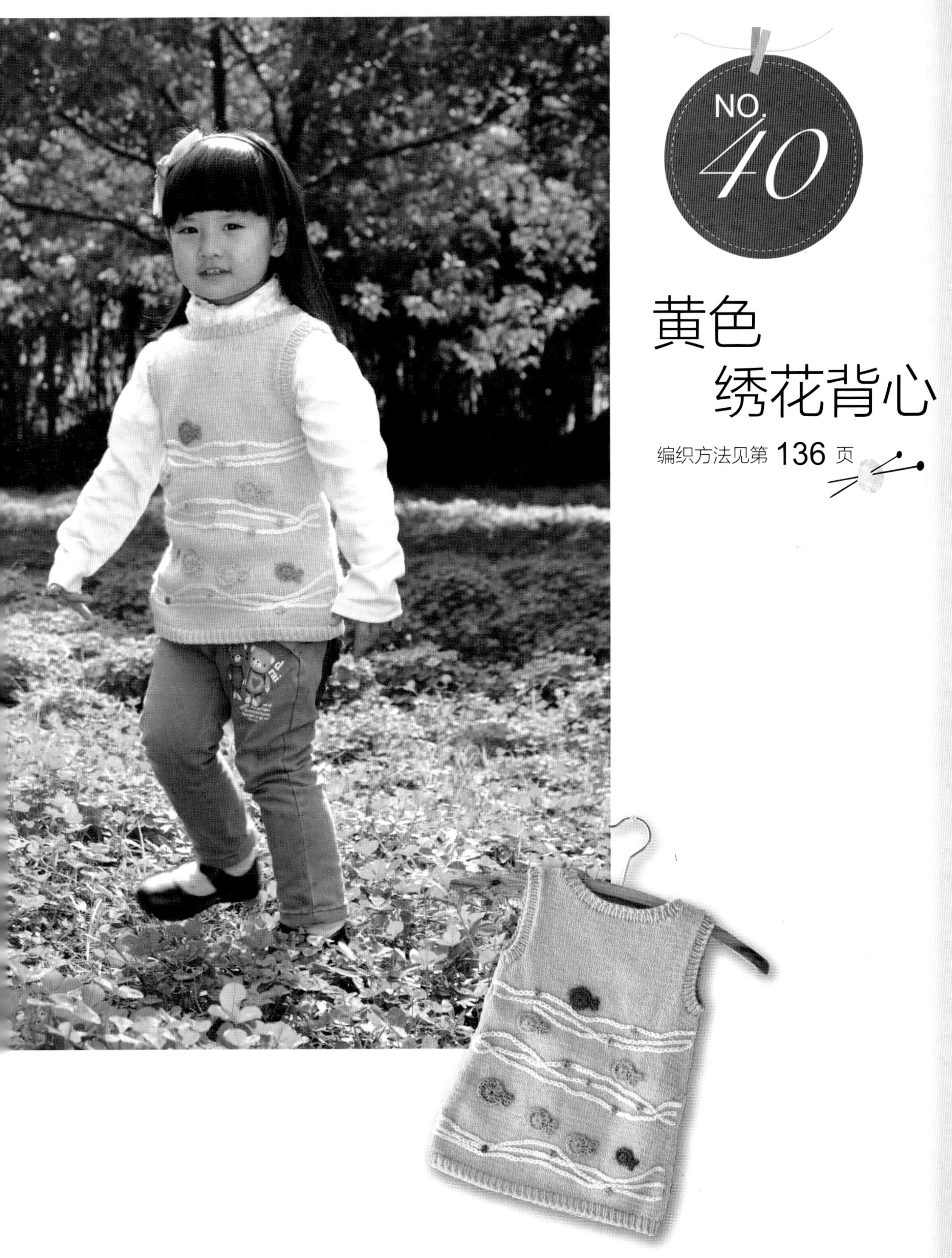

NO. 40

黄色绣花背心

编织方法见第 136 页

NO. 41

红色搭扣小衫

编织方法见第 138 页

NO.
42

双排扣背心

编织方法见第 140 页

NO.
43

棋盘格短裙

编织方法见第 142 页

NO. 44

配色褶边短裙

编织方法见第 144 页

NO. 45

配色翻领套头衫

编织方法见第 146 页

NO. 46

树叶花背心

编织方法见第 148 页

NO.
47

树叶花短裙

编织方法见第 **151** 页

NO.
48
大红连衣裙
编织方法见第 153 页

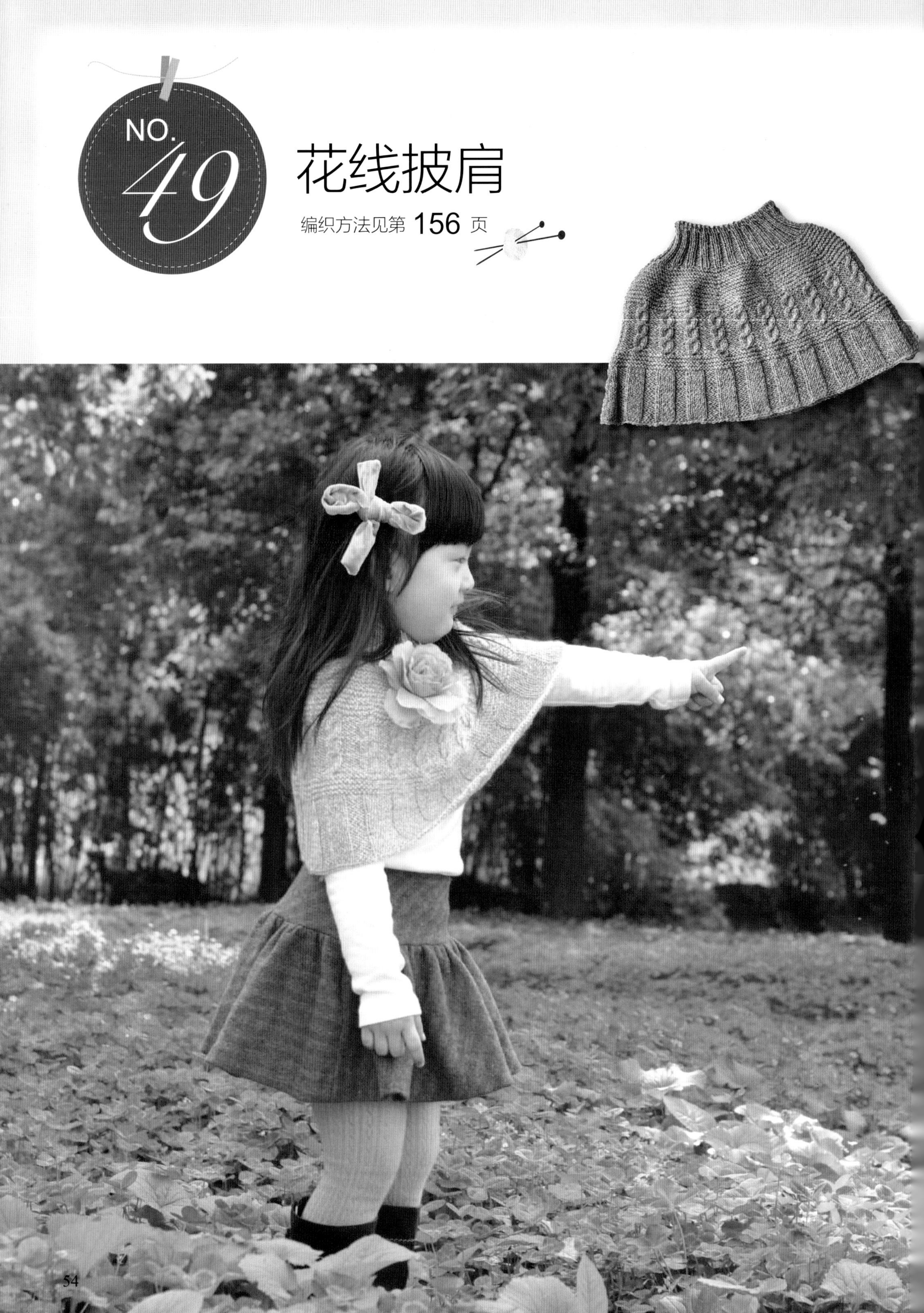
NO.
49
花线披肩
编织方法见第 156 页

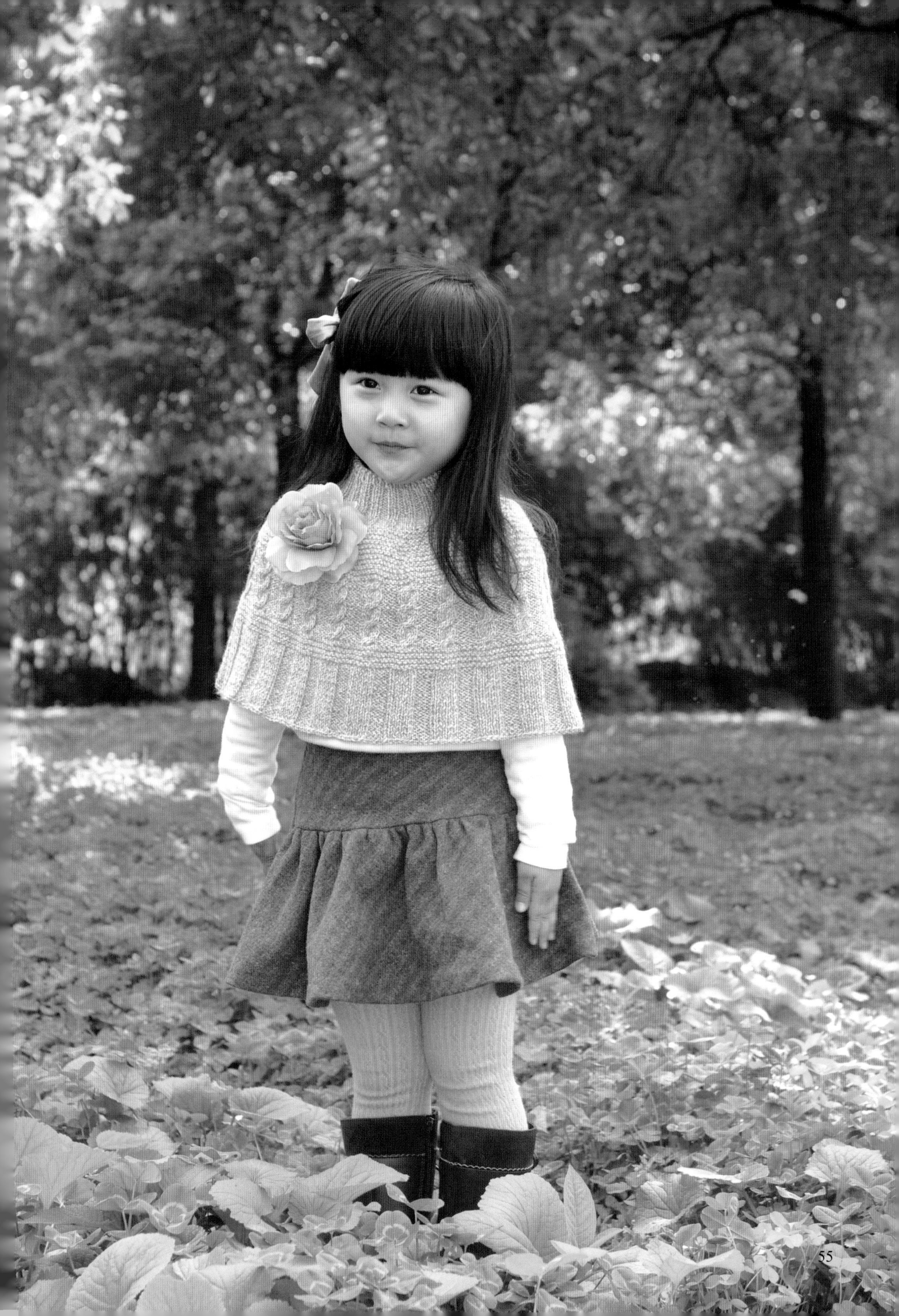

NO.
50

紫红拼花裙衫

编织方法见第 158 页

编织符号

棒针

	下针（正针）
	上针（反针）
	镂空针（挂针）
	扭针
	右上2针并1针
	左上2针并1针
	中上3针并1针
	右上3针并1针
	左上3针并1针
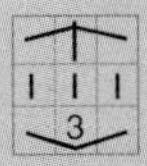 3	3针3行的枣形针
	右上1针交叉
	左上1针交叉
	右上2针交叉
	左上2针交叉
	左上3针交叉

钩针

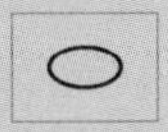	锁针（辫子针）
	短针
	中长针
	长针
	长长针
	3卷长针
	狗牙针
	长针3针并1针
	长针3针的枣形针
	1针分2针长针
	1针分3针长针
	1针分4针长针
	1针分4针长针（间夹1针锁针）
	外钩长针
	内钩长针

no. 01
花线背心

编织材料： 粗羊毛线　花线270g
编织工具： 8号、9号棒针，10/0钩针(4.0mm)
编织密度： 17针×24行/10cm×10cm
成品尺寸： 衣长42.5cm、胸宽37cm、肩宽21cm、袖口18.5cm

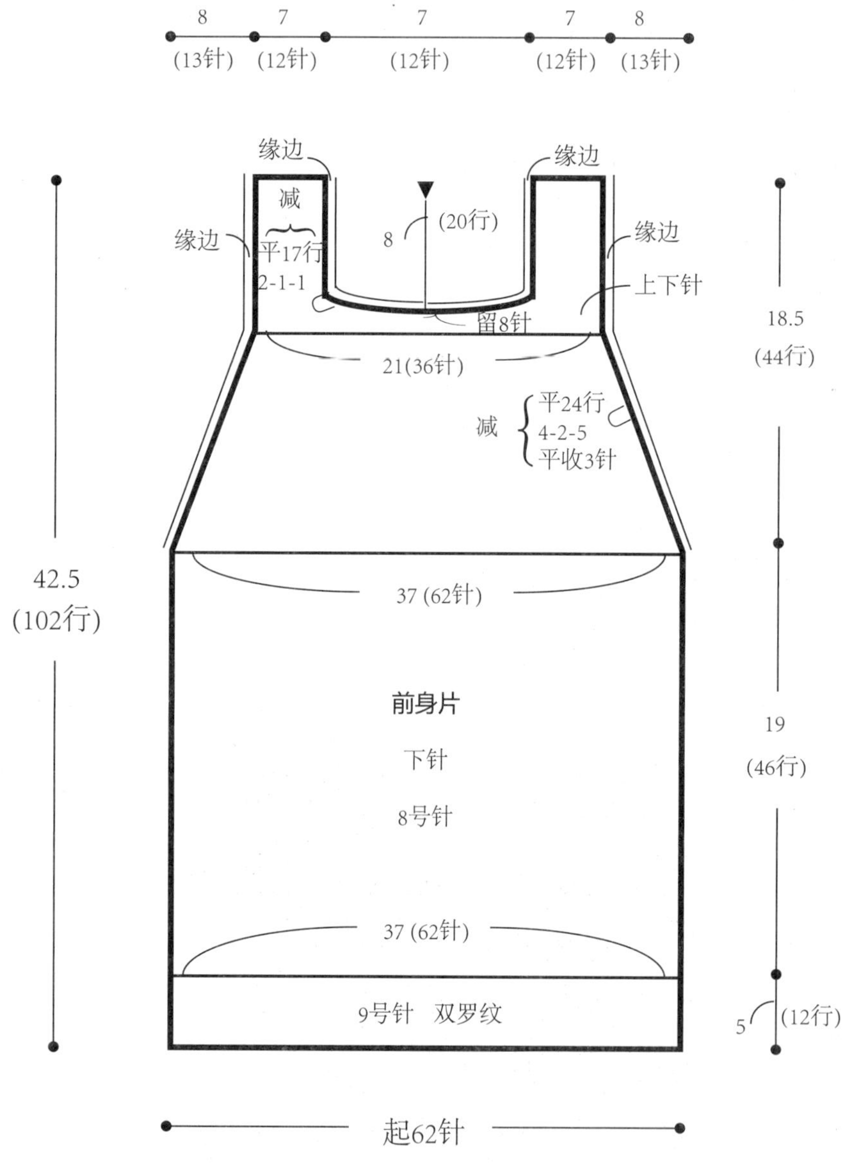

8 (13针)　7 (12针)　7 (12针)　7 (12针)　8 (13针)

缘边　减　平17行　2-1-1　8 (20行)　留8针　上下针　缘边
21(36针)
减 平24行 4-2-5 平收3针
37 (62针)
前身片
下针
8号针
37 (62针)
9号针　双罗纹
起62针

42.5 (102行)
18.5 (44行)
19 (46行)
5 (12行)

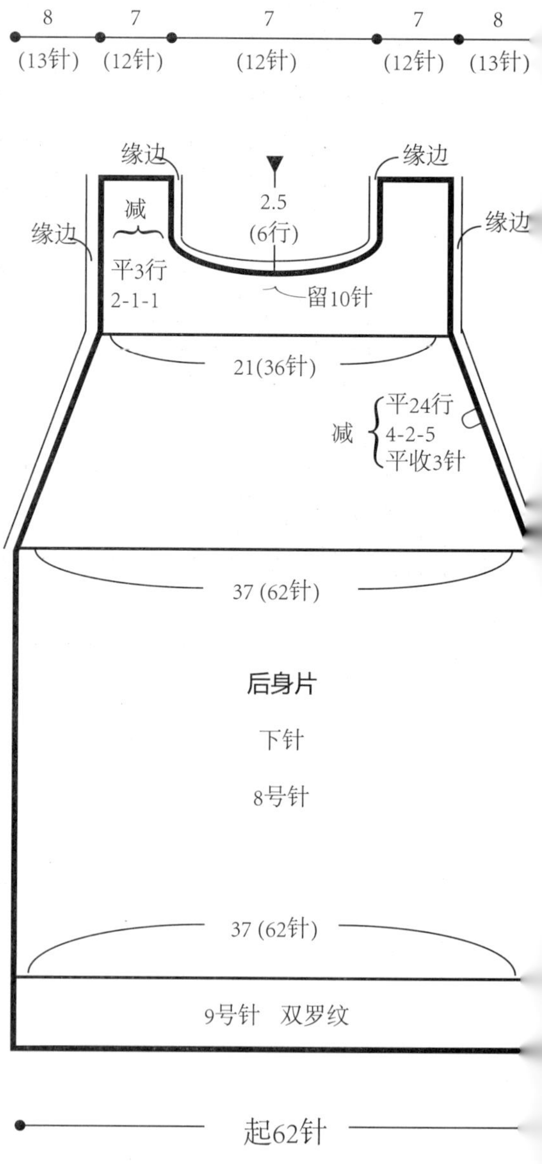

8 (13针)　7 (12针)　7 (12针)　7 (12针)　8 (13针)

缘边　减　平3行　2-1-1　2.5 (6行)　留10针　缘边
21(36针)
减 平24行 4-2-5 平收3针
37 (62针)
后身片
下针
8号针
37 (62针)
9号针　双罗纹
起62针

编织方法：此款毛衣编织的难点是袖窿。

首先分别将前、后身片编织好并缝合（由于袖窿减针和变针比较频繁，所以编织时要注意手劲松紧适当及变化的规律），缝合时要注意花样对齐、平整。

接着编织领口及袖口的缘边。

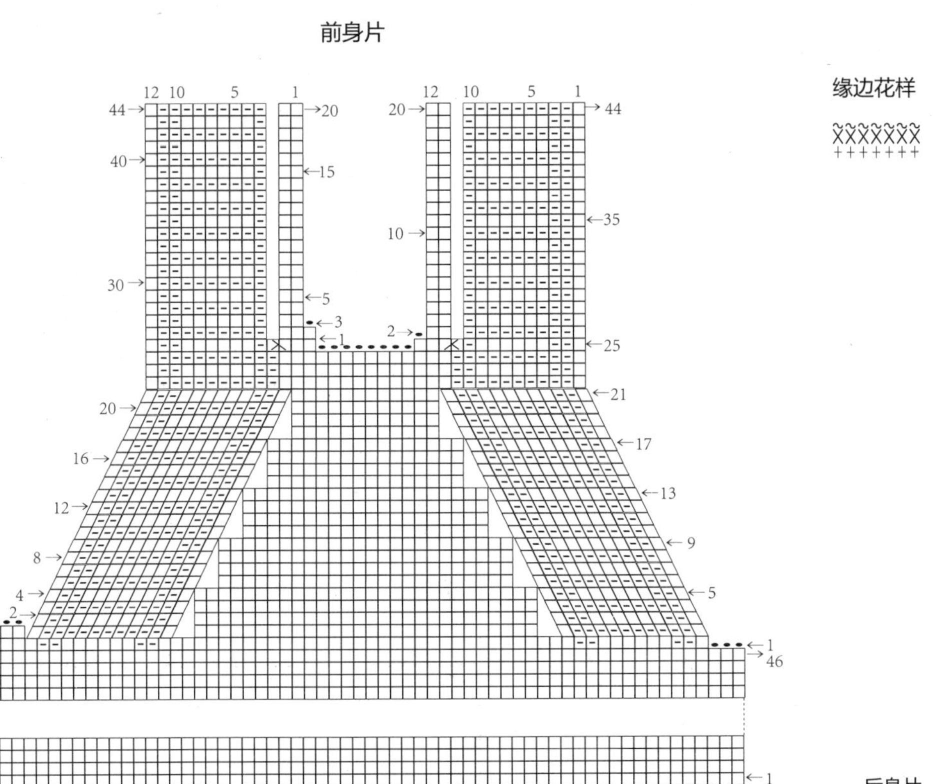
前身片
缘边花样

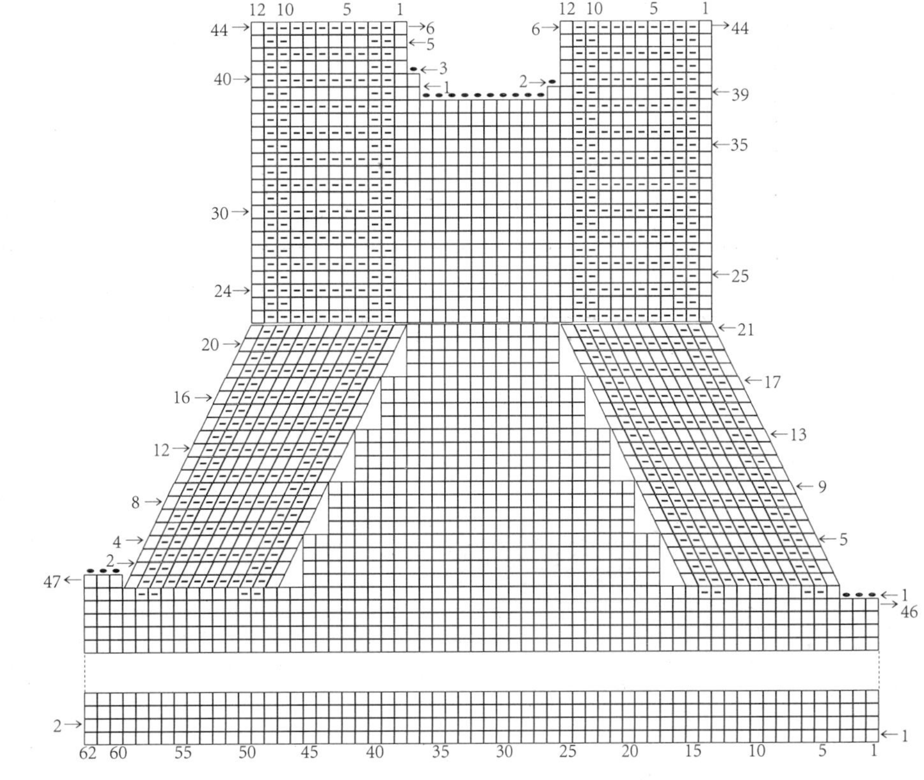
后身片

□= 下针

no.02
橙色外套

编织材料： 中粗羊毛线　橙色460g
编织工具： 7号、8号棒针
编织密度： 22针×31行/10cm×10cm
成品尺寸： 衣长44cm、胸宽34cm、肩宽25cm、袖长28cm

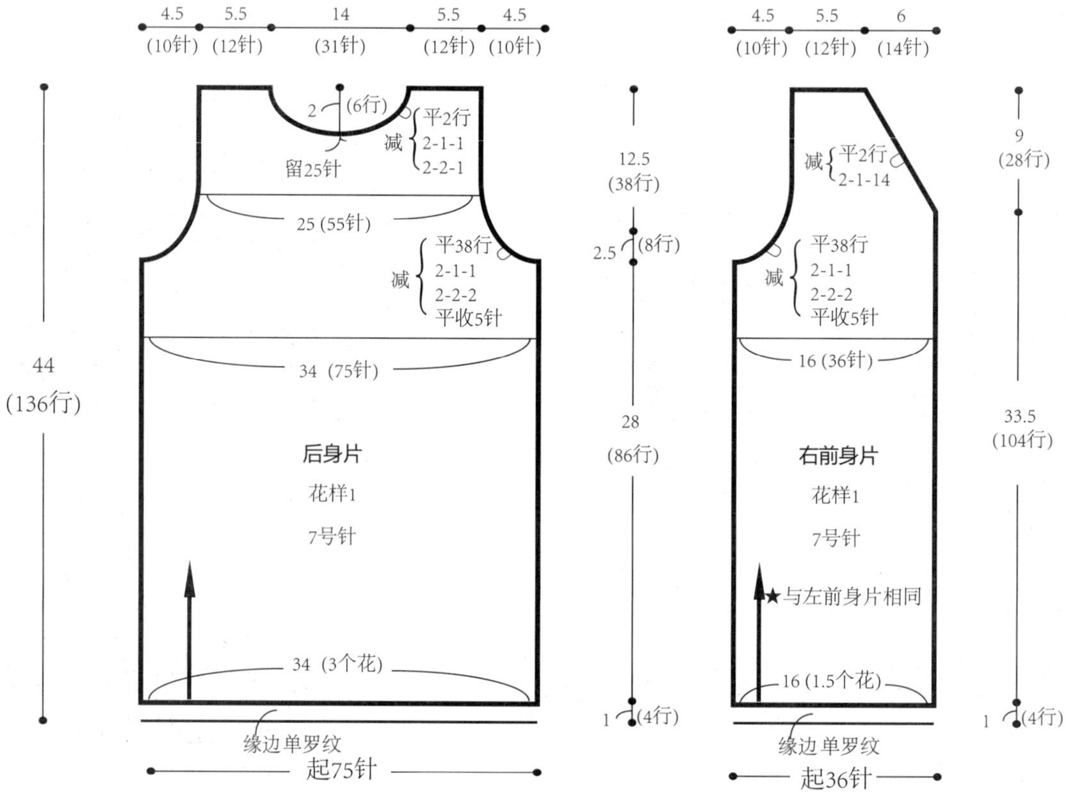

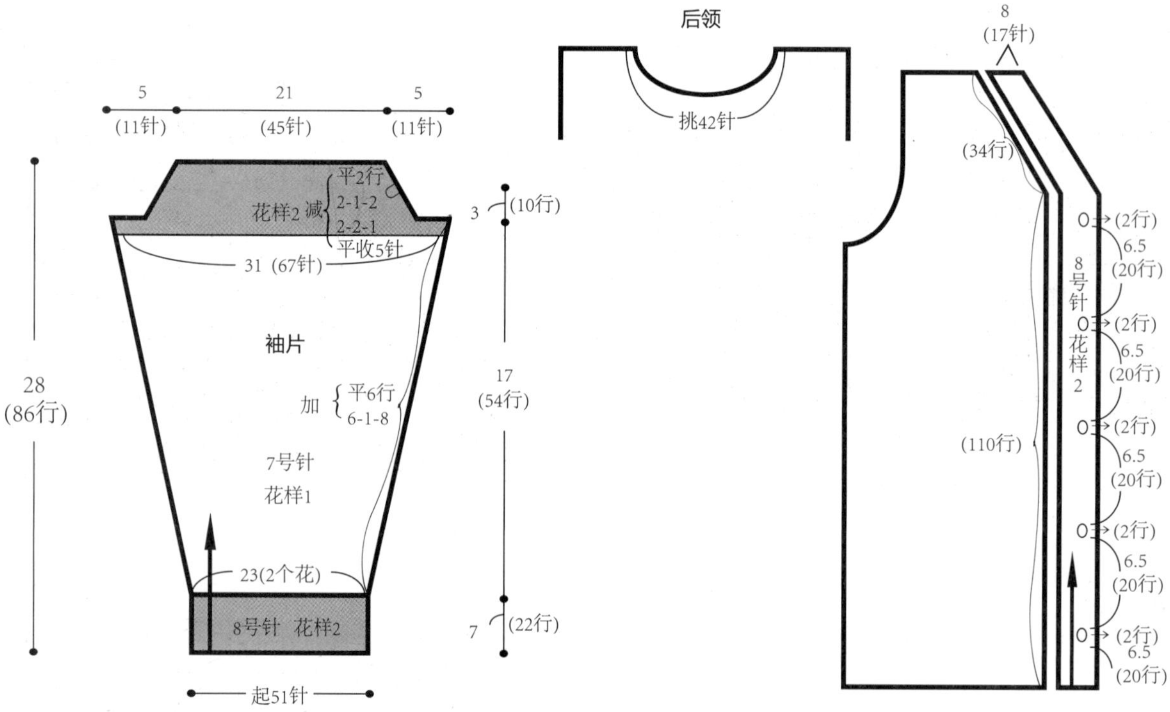

后身片
花样1
7号针
4.5 (10针) 5.5 (12针) 14 (31针) 5.5 (12针) 4.5 (10针)
2 (6行)
减 平2行 2-1-1 2-2-1
留25针
25 (55针)
减 平38行 2-1-1 2-2-2 平收5针
34 (75针)
34 (3个花)
44 (136行)
12.5 (38行)
2.5 (8行)
28 (86行)
1 (4行)
缘边单罗纹
起75针

右前身片
花样1
7号针
4.5 (10针) 5.5 (12针) 6 (14针)
减 平2行 2-1-14
减 平38行 2-1-1 2-2-2 平收5针
16 (36针)
★与左前身片相同
16 (1.5个花)
9 (28行)
33.5 (104行)
1 (4行)
缘边单罗纹
起36针

袖片
5 (11针) 21 (45针) 5 (11针)
花样2 减 平2行 2-1-2 2-2-1 平收5针
31 (67针)
加 平6行 6-1-8
7号针
花样1
23(2个花)
8号针　花样2
起51针
28 (86行)
3 (10行)
17 (54行)
7 (22行)

后领
挑42针

8 (17针)
(34行)
(110行)
8号针
花样2
(2行) 6.5 (20行)
(2行) 6.5 (20行)
(2行) 6.5 (20行)
(2行) 6.5 (20行)
(2行) 6.5 (20行)

编织方法： 此款毛衣编织的难点是花样。由于花样变化比较多，而且针脚密，所以要特别注意变化的规律及手劲的松紧适当。

首先编织好左、右前身片，接着编织后身片并与左、右前身片缝合，缝合时要注意花样对齐、平整无皱。

再编织门襟及衣领。最后编织左、右袖片并与袖窿缝合。

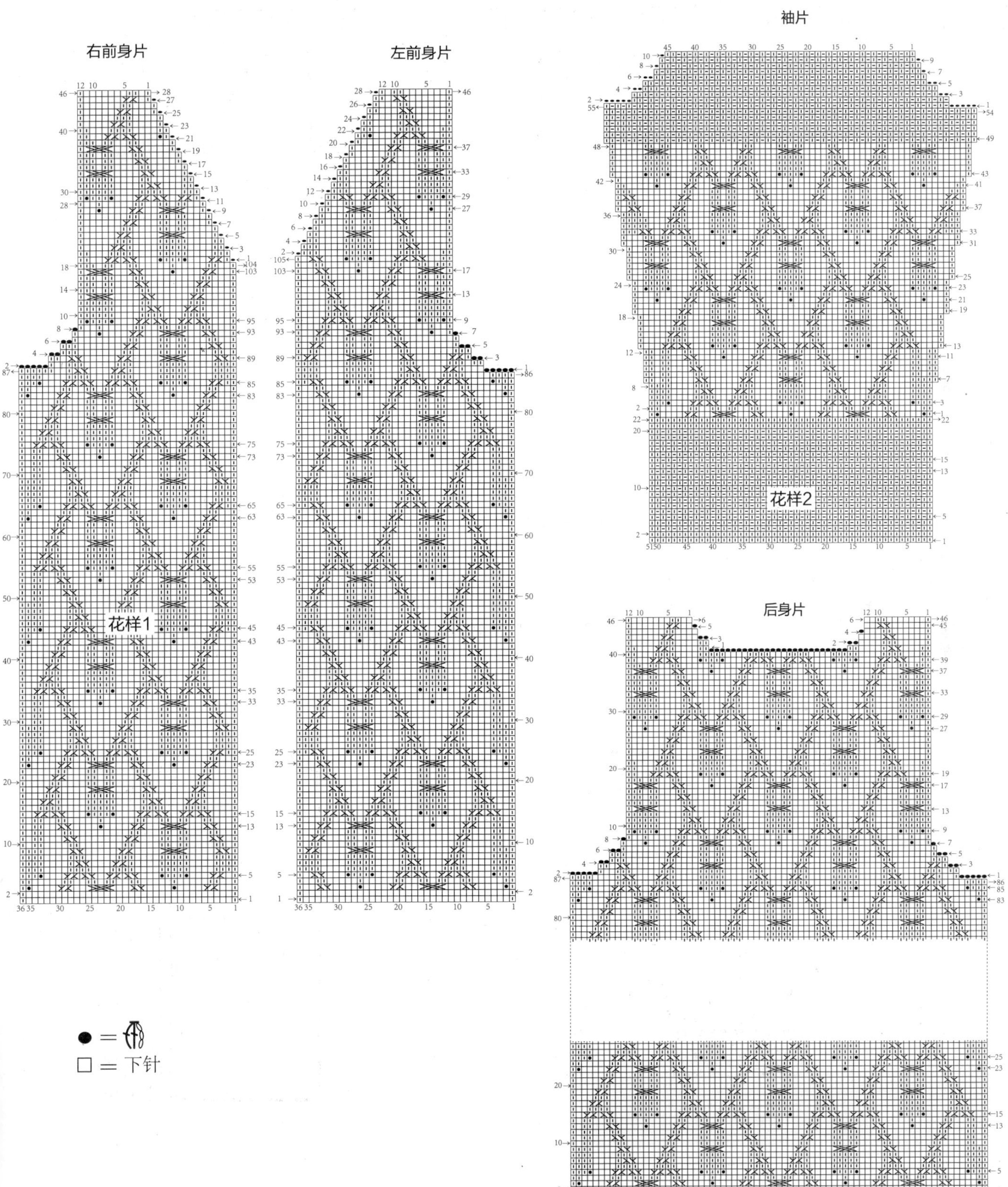

右前身片
左前身片
袖片
后身片
花样1
花样2
● =
□ = 下针

no. 03
黑白点点
套头衫

编织材料： 中粗羊毛线　黑色95g、白色225g
编织工具： 8号、9号棒针
编织密度： 22针×31行/10cm×10cm
成品尺寸： 衣长45cm、胸宽30cm、肩宽24cm、袖长30cm

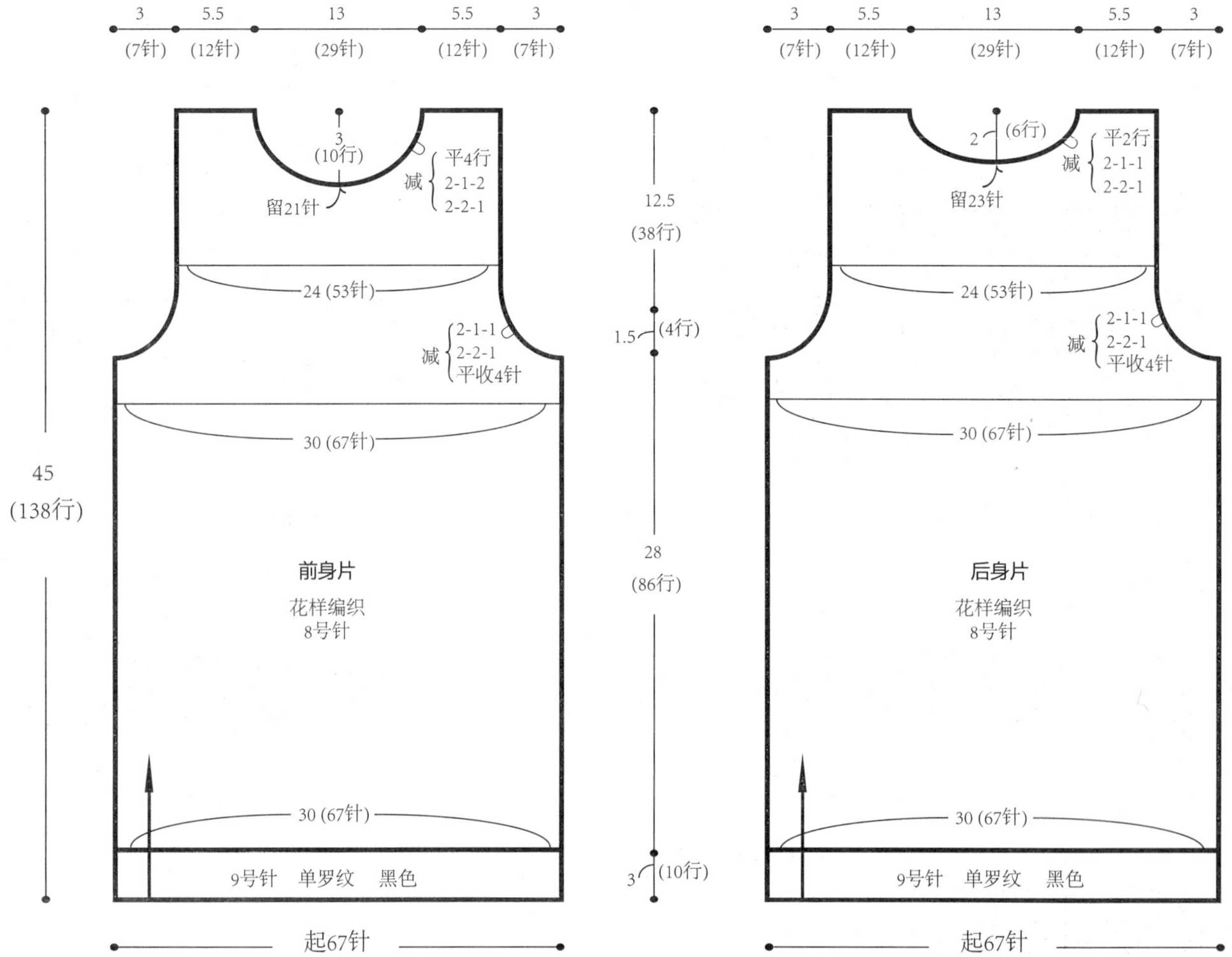

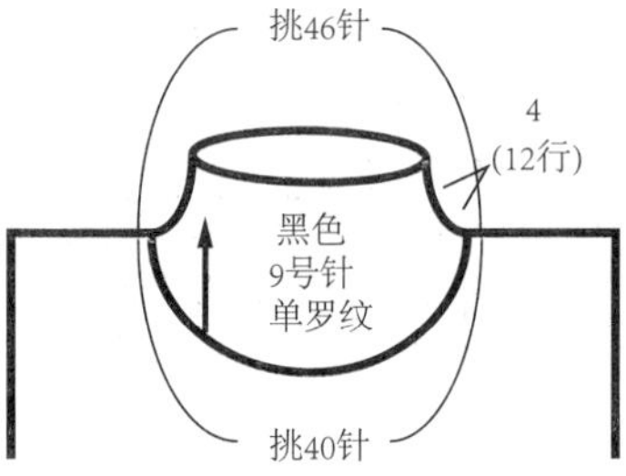

前身片
花样编织
8号针
3 (7针)　5.5 (12针)　13 (29针)　5.5 (12针)　3 (7针)
3 (10行)
留21针
减 平4行 2-1-2 2-2-1
24 (53针)
减 2-1-1 2-2-1 平收4针
30 (67针)
45 (138行)
12.5 (38行)
1.5 (4行)
28 (86行)
3 (10行)
30 (67针)
9号针　单罗纹　黑色
起67针

后身片
花样编织
8号针
3 (7针)　5.5 (12针)　13 (29针)　5.5 (12针)　3 (7针)
2 (6行)
留23针
减 平2行 2-1-1 2-2-1
24 (53针)
减 2-1-1 2-2-1 平收4针
30 (67针)
30 (67针)
9号针　单罗纹　黑色
起67针

挑46针
4 (12行)
黑色
9号针
单罗纹
挑40针

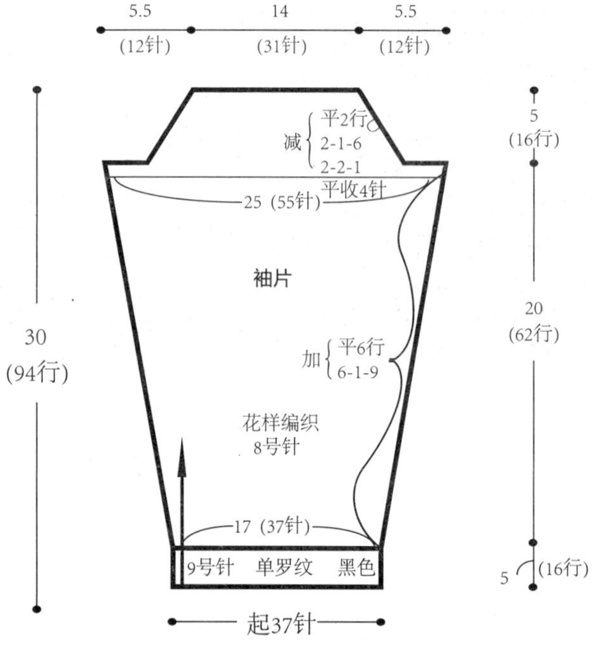

袖片
5.5 (12针)　14 (31针)　5.5 (12针)
减 平2行 2-1-6 2-2-1 平收4针
25 (55针)
5 (16行)
20 (62行)
30 (94行)
加 平6行 6-1-9
花样编织
8号针
17 (37针)
9号针　单罗纹　黑色
5 (16行)
起37针

编织方法： 此款毛衣的编织难点是花样。建议用左、右分线法编织图案。
首先分别编织好前、后身片并缝合，缝合时要注意花样对齐、平整。
接着编织左、右袖片并缝合，缝合时注意平整无皱。
最后编织领子。

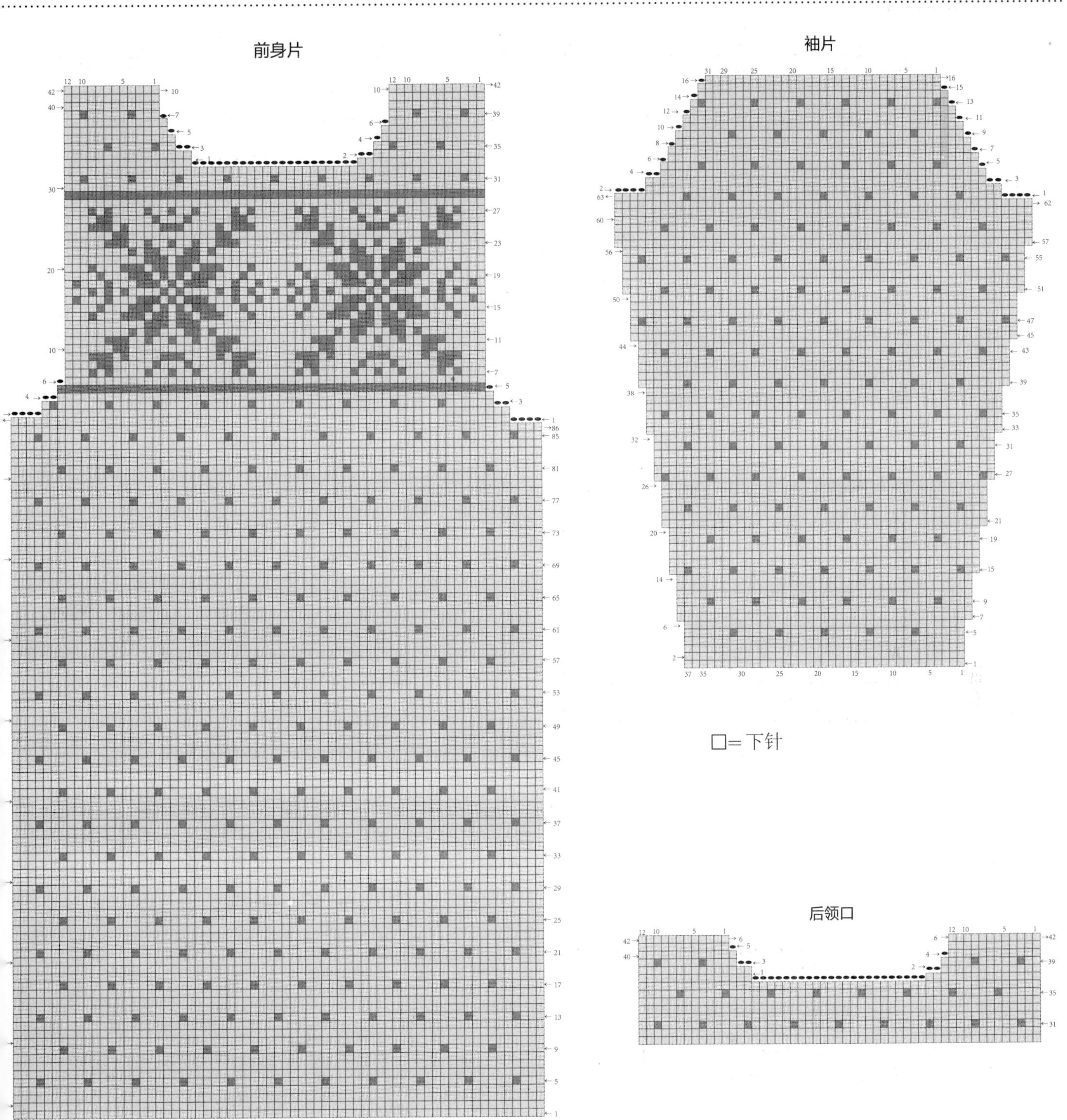

前身片
袖片
后领口

□= 下针

no.04
双色长外套

编织材料：粗羊毛线　花色250g、白色200g

编织工具：7号、8号棒针

编织密度：16针×23行/10cm×10cm

成品尺寸：衣长44cm、胸宽27cm、肩宽19cm、袖长31cm

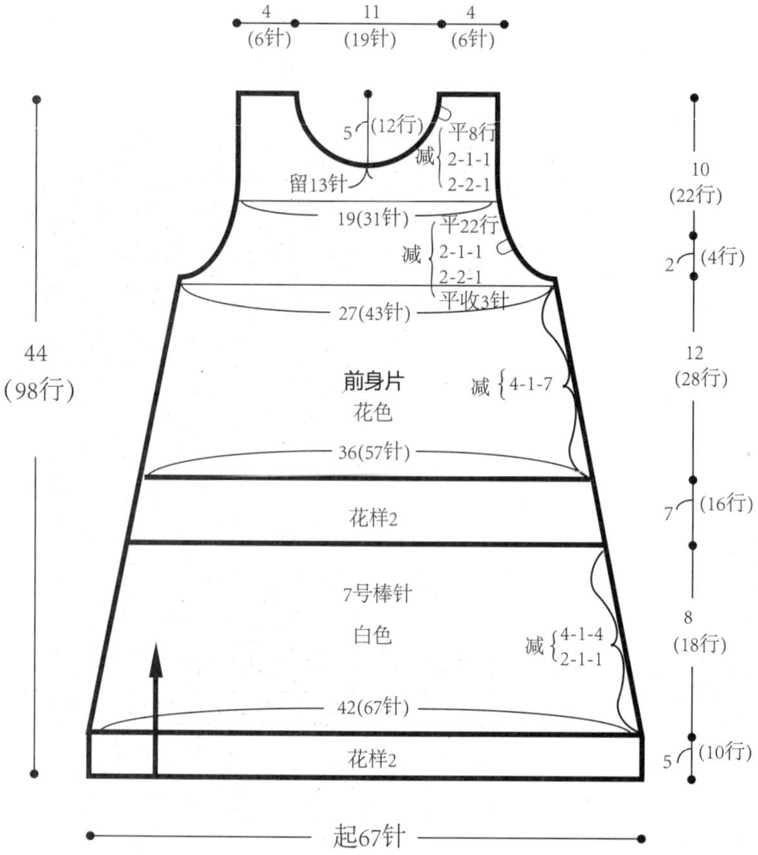

4 (6针)　11 (19针)　4 (6针)

5 (12行)
减 平8行 2-1-1 2-2-1
留13针
19(31针)
减 平22行 2-1-1 2-2-1 平收3针
27(43针)
前身片
花色
减 {4-1-7
36(57针)
花样2
7号棒针
白色
减 {4-1-4 2-1-1
42(67针)
花样2
44 (98行)
起67针

10 (22行)
2 (4行)
12 (28行)
7 (16行)
8 (18行)
5 (10行)

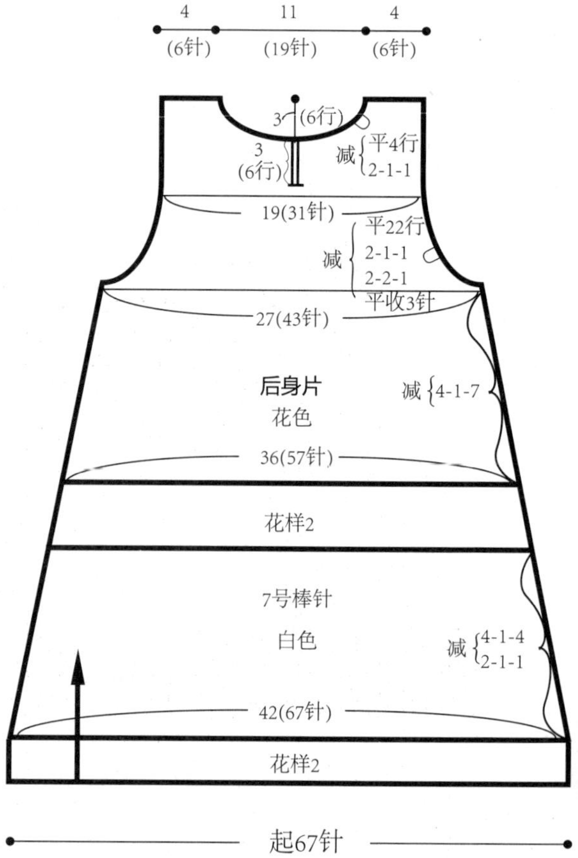

4 (6针)　11 (19针)　4 (6针)

3 (6行)
3 (6行)
减 平4行 2-1-1
19(31针)
减 平22行 2-1-1 2-2-1 平收3针
27(43针)
后身片
花色
减 {4-1-7
36(57针)
花样2
7号棒针
白色
减 {4-1-4 2-1-1
42(67针)
花样2
起67针

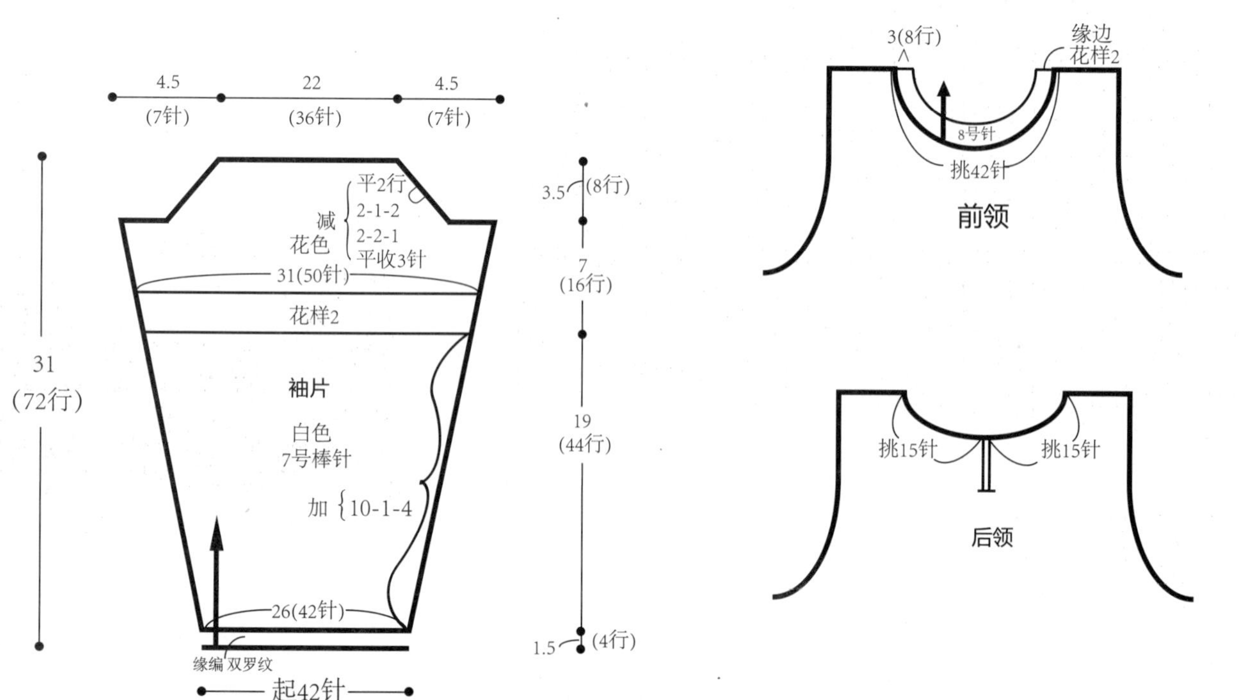
4.5 (7针)
22 (36针)
4.5 (7针)
减 平2行 2-1-2 2-2-1 平收3针
花色
31(50针)
花样2
袖片
白色
7号棒针
加 {10-1-4
26(42针)
缘编 双罗纹
起42针
31 (72行)
3.5 (8行)
7 (16行)
19 (44行)
1.5 (4行)
3(8行)
缘边 花样2
8号针
挑42针
前领
挑15针
挑15针
后领

编织方法： 首先将前后身片织好、缝合，注意花样的对称、平整。
再将袖片织好、缝合，注意花样的对称、平整。
最后挑织领子。

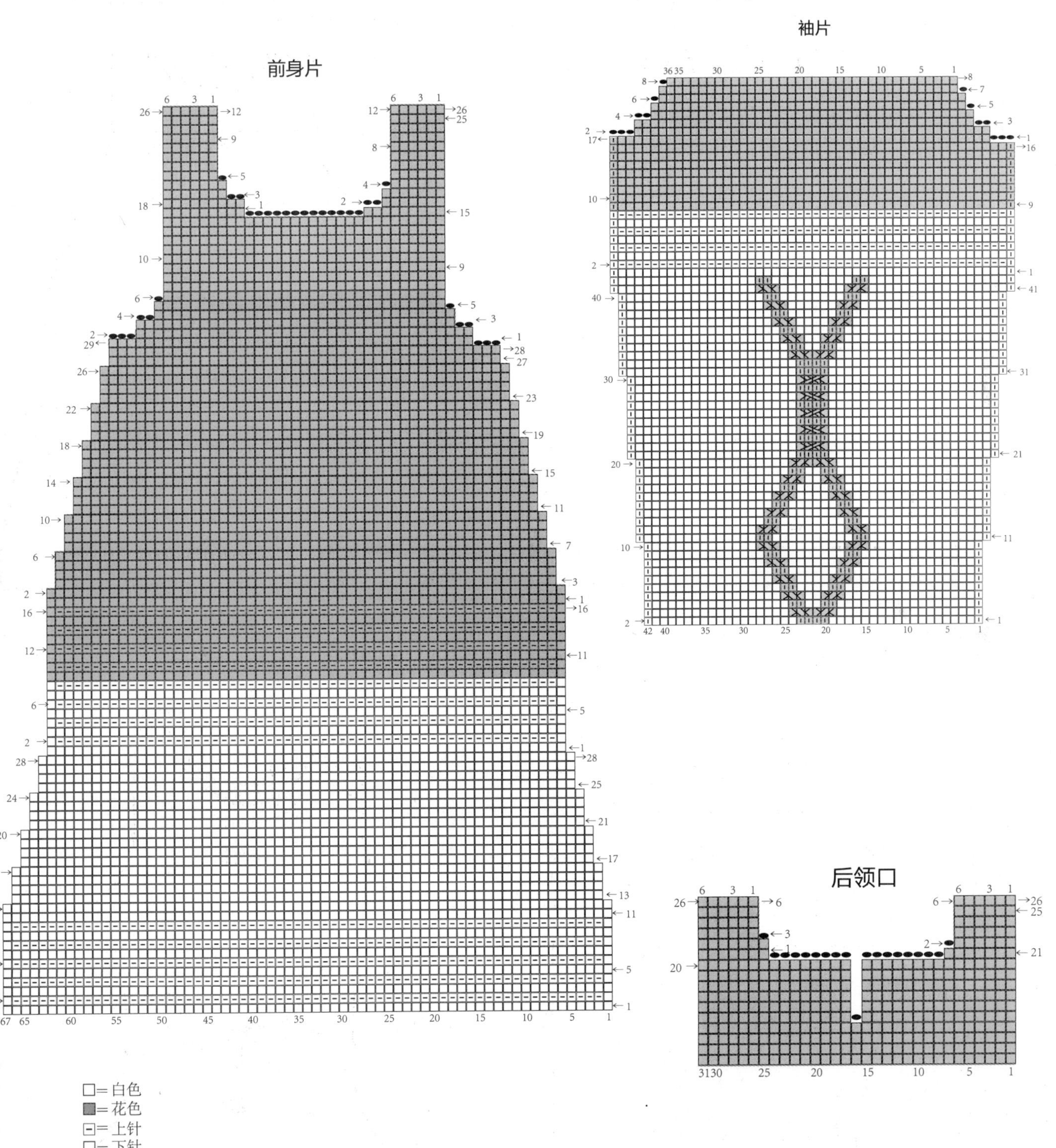

前身片
袖片
后领口
□= 白色
■= 花色
⊟= 上针
□= 下针

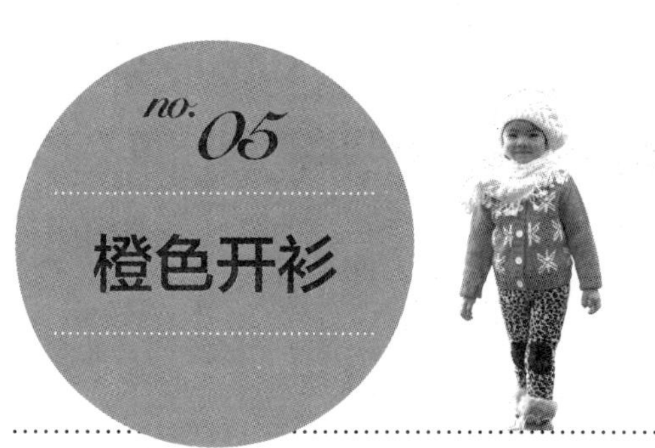
no. 05
橙色开衫

编织材料： 中粗羊毛线　橙色300g、白色少量

编织工具： 8号、9号棒针

编织密度： 22针×31行/10cm×10cm

成品尺寸： 衣长32cm、胸宽31cm、肩宽24cm、袖长30cm

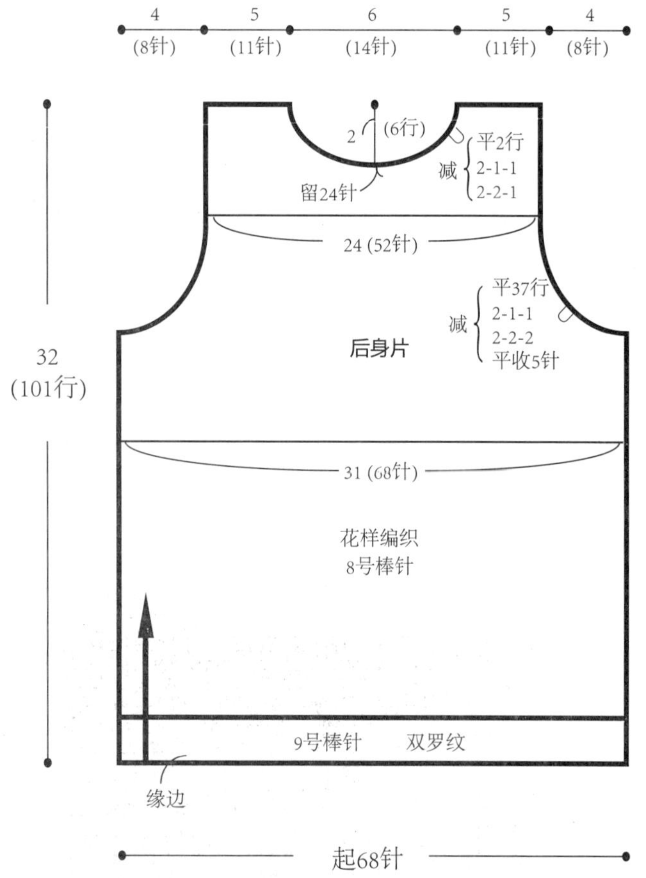

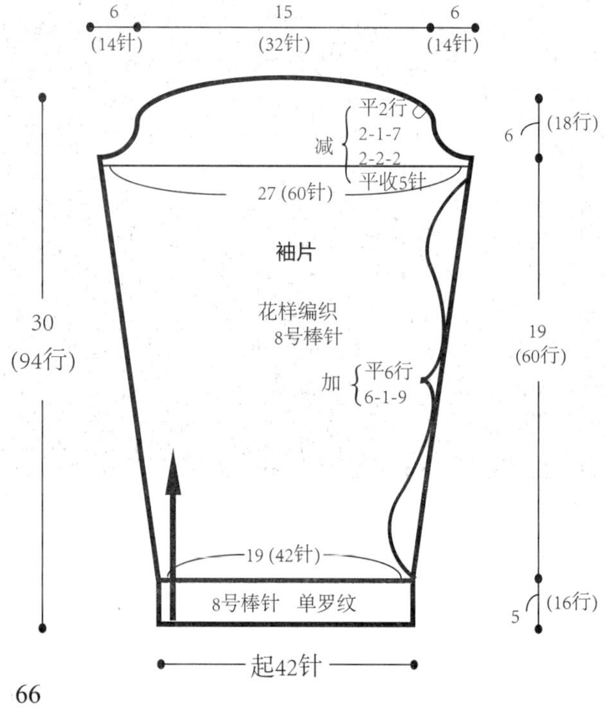

后身片
4 (8针)　5 (11针)　6 (14针)　5 (11针)　4 (8针)
32 (101行)
2 (6行)　留24针
减 平2行 2-1-1 2-2-1
24 (52针)
减 平37行 2-1-1 2-2-2 平收5针
31 (68针)
花样编织 8号棒针
9号棒针　双罗纹
缘边
起68针

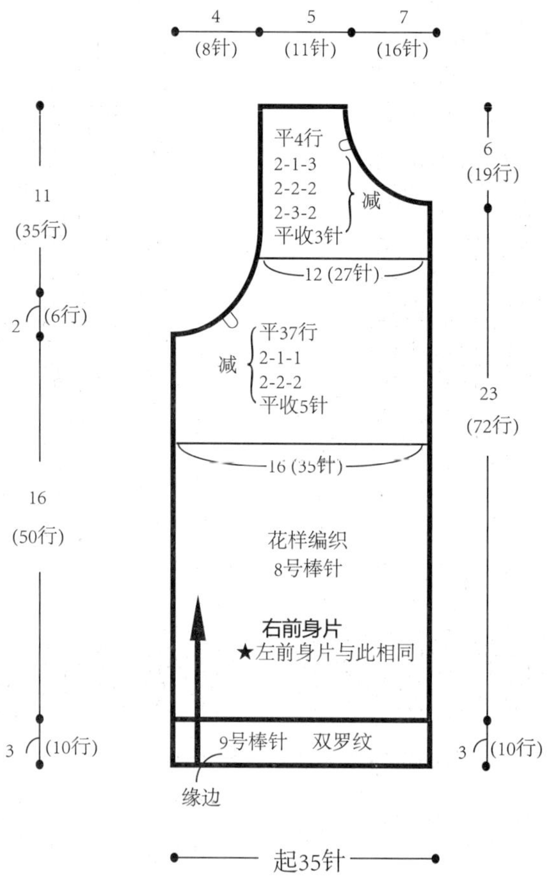

右前身片
4 (8针)　5 (11针)　7 (16针)
11 (35行)　2 (6行)　16 (50行)　3 (10行)
6 (19行)　23 (72行)　3 (10行)
减 平4行 2-1-3 2-2-2 2-3-2 平收3针
12 (27针)
减 平37行 2-1-1 2-2-2 平收5针
16 (35针)
花样编织 8号棒针
★左前身片与此相同
9号棒针　双罗纹
缘边
起35针

袖片
6 (14针)　15 (32针)　6 (14针)
30 (94行)
6 (18行)　19 (60行)　5 (16行)
减 平2行 2-1-7 2-2-2 平收5针
27 (60针)
花样编织 8号棒针
加 平6行 6-1-9
19 (42针)
8号棒针　单罗纹
起42针

前领、门襟
挑(24针)
4.5 (14行)
(4针)
9号棒针 双罗纹
7 (15针)
7 (15针)
7 (15针)
7 (15针)
(6针)
花样编织 8号棒针

后领
4.5 (14行)
9号针 双罗纹
挑(40针)

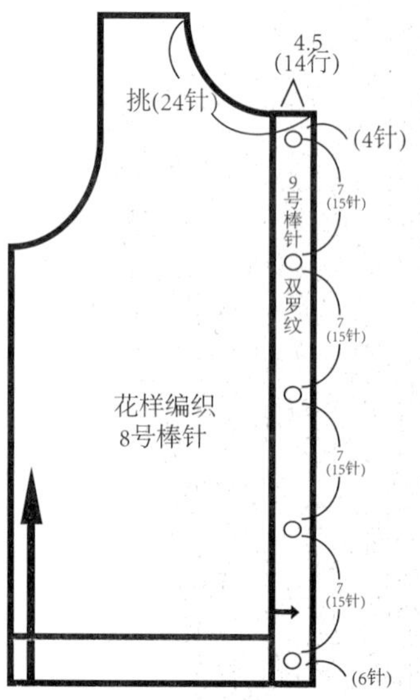

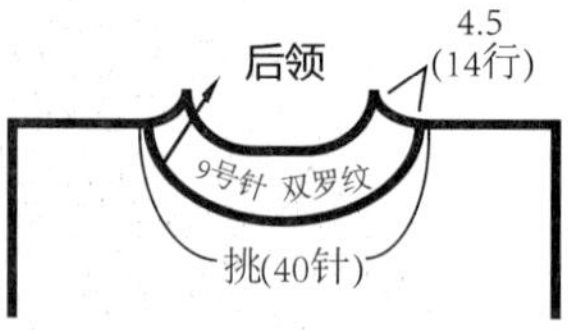

编织方法：首先分别将左、右前身片及后身片编织好并缝合，缝合时注意花样对齐、平整无皱。
接着编织左、右袖片并缝合，缝合时注意花样对齐、平整无皱。
最后编织前门襟及领子。

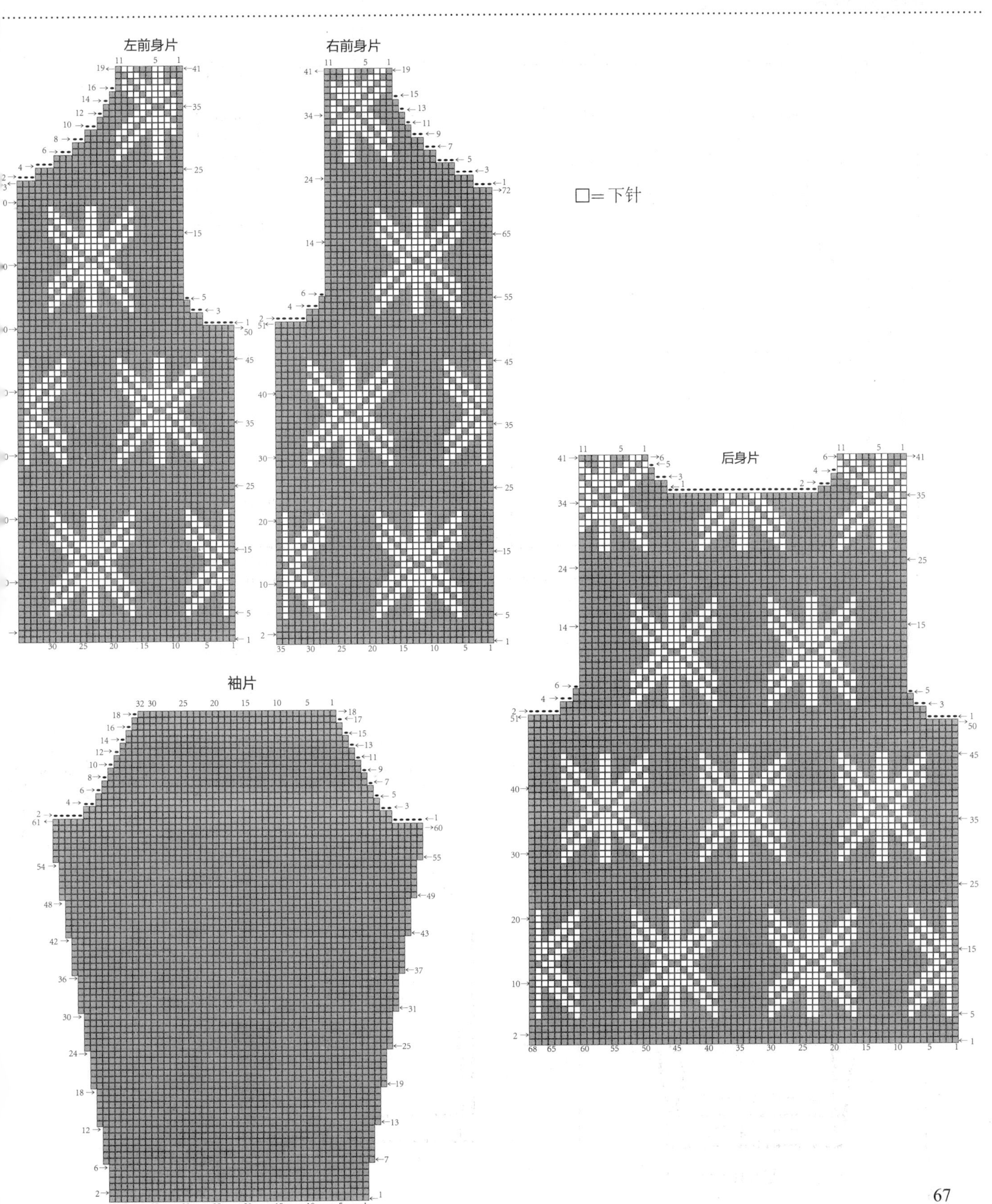

左前身片
右前身片
后身片
袖片
□= 下针

no.06
粉色开衫

编织材料：中粗毛线　粉红色220g、军绿色少量、橙色少量
编织工具：7号、8号棒针
编织密度：18针×26行/10cm×10cm
成品尺寸：衣长33cm、胸宽32cm、肩宽21cm、袖长33cm

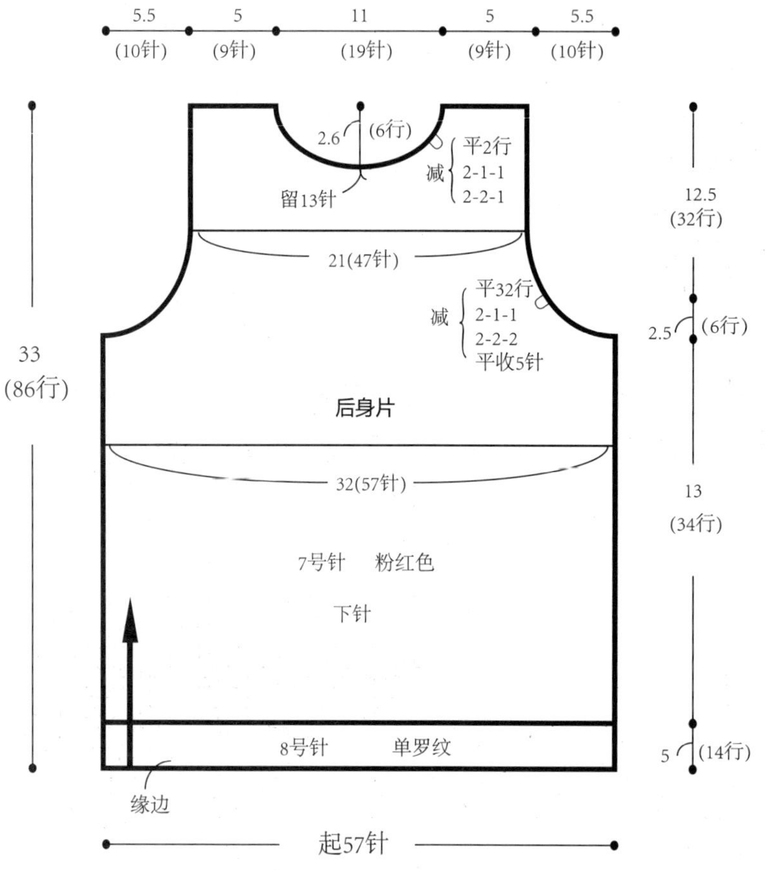

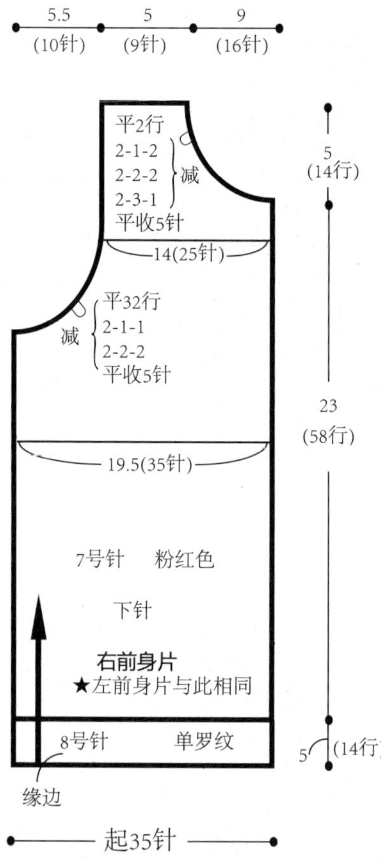

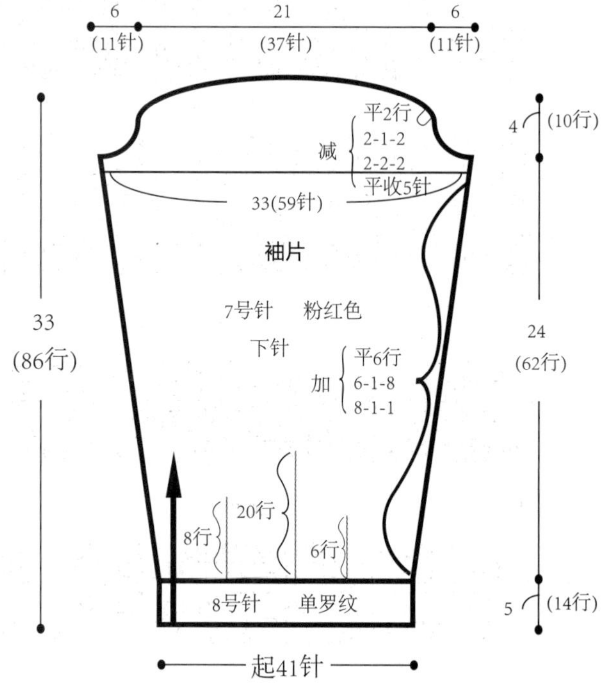

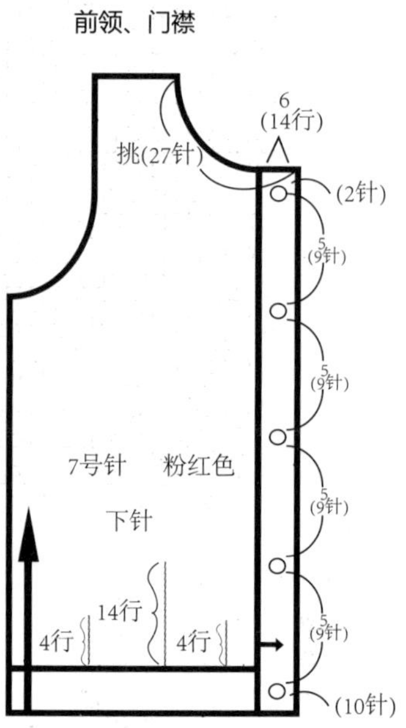

5.5 (10针)　5 (9针)　11 (19针)　5 (9针)　5.5 (10针)
2.6 (6行)
留13针
减 平2行 2-1-1 2-2-1
21(47针)
减 平32行 2-1-1 2-2-2 平收5针
后身片
32(57针)
7号针　粉红色
下针
8号针　单罗纹
缘边
起57针
33 (86行)
12.5 (32行)
2.5 (6行)
13 (34行)
5 (14行)
5.5 (10针)　5 (9针)　9 (16针)
平2行 2-1-2 2-2-2 2-3-1 平收5针 减
14(25针)
减 平32行 2-1-1 2-2-2 平收5针
19.5(35针)
7号针　粉红色
下针
右前身片
★左前身片与此相同
8号针　单罗纹
缘边
起35针
5 (14行)
23 (58行)
5 (14行)
6 (11针)　21 (37针)　6 (11针)
减 平2行 2-1-2 2-2-2 平收5针
33(59针)
袖片
7号针　粉红色
下针
加 平6行 6-1-8 8-1-1
8行　20行　6行
8号针　单罗纹
起41针
33 (86行)
4 (10行)
24 (62行)
5 (14行)
后领
5 (12行)
8号针 单罗纹
挑(29针)
前领、门襟
挑(27针)
6 (14行)
(2针)
5 (9针)
5 (9针)
5 (9针)
5 (9针)
(10针)
7号针　粉红色
下针
4行　14行　4行

编织方法： 此款毛衣编织的难点是花样。

首先分别编织好左、右前身片及后身片并将其对应缝合，缝合时注意花样平整、无皱。

接着编织左、右袖片并缝合，缝合时注意花样平整、无皱。

再编织领口及门襟缘边，注意松紧适当、平坦无皱。最后将装饰物固定好。

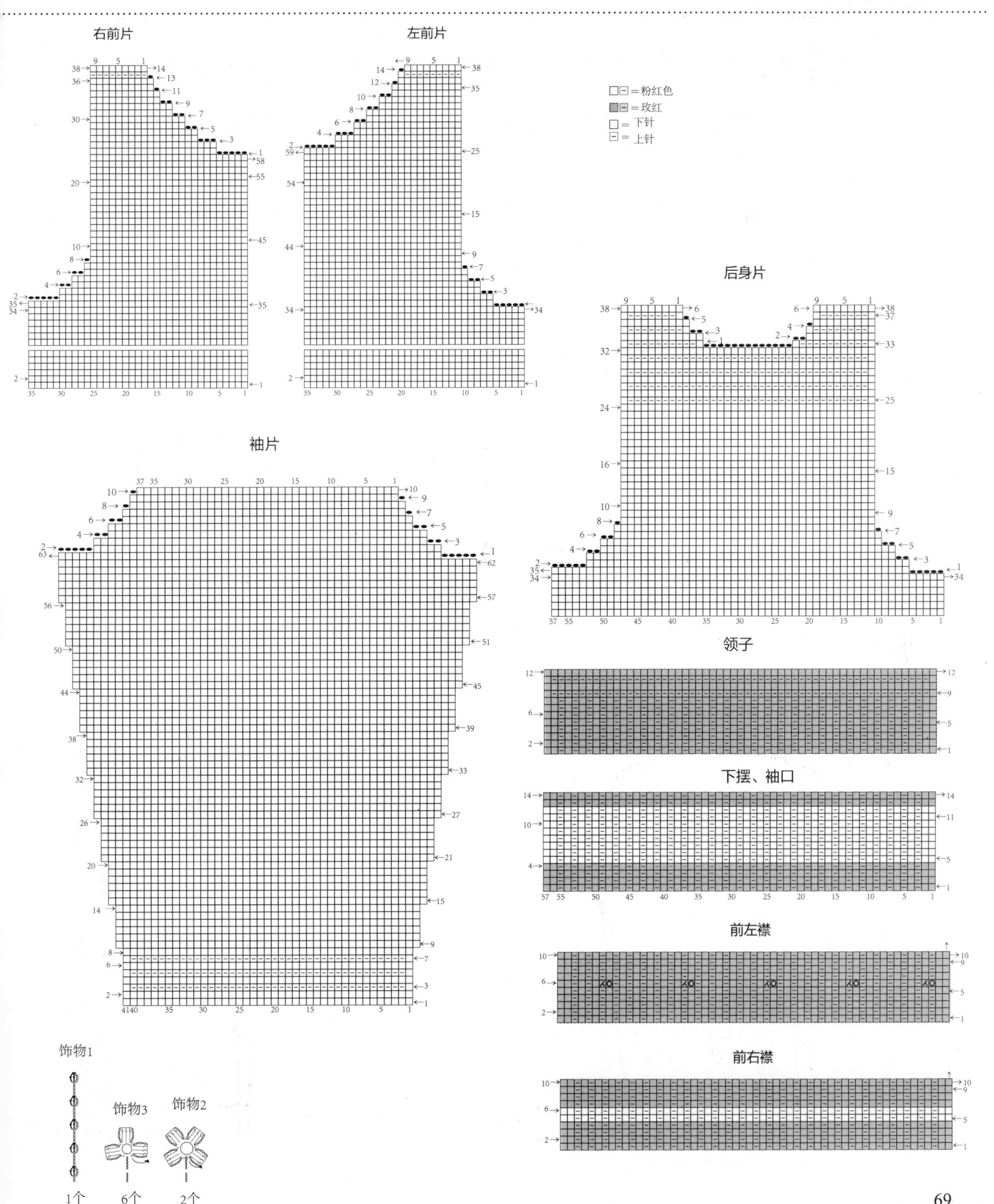

右前片
左前片
□⊟＝粉红色
■⊟＝玫红
□＝下针
⊟＝上针
后身片
袖片
领子
下摆、袖口
前左襟
前右襟
饰物1
饰物3
饰物2
1个
6个
2个

no.07
彩条套头衫

编织材料： 中粗棉线　白色200g、橙色10g、蓝色10g
编织工具： 8号、10号棒针
编织密度： 22针×30行/10cm×10cm
成品尺寸： 衣长37cm、胸宽28cm、袖长20cm

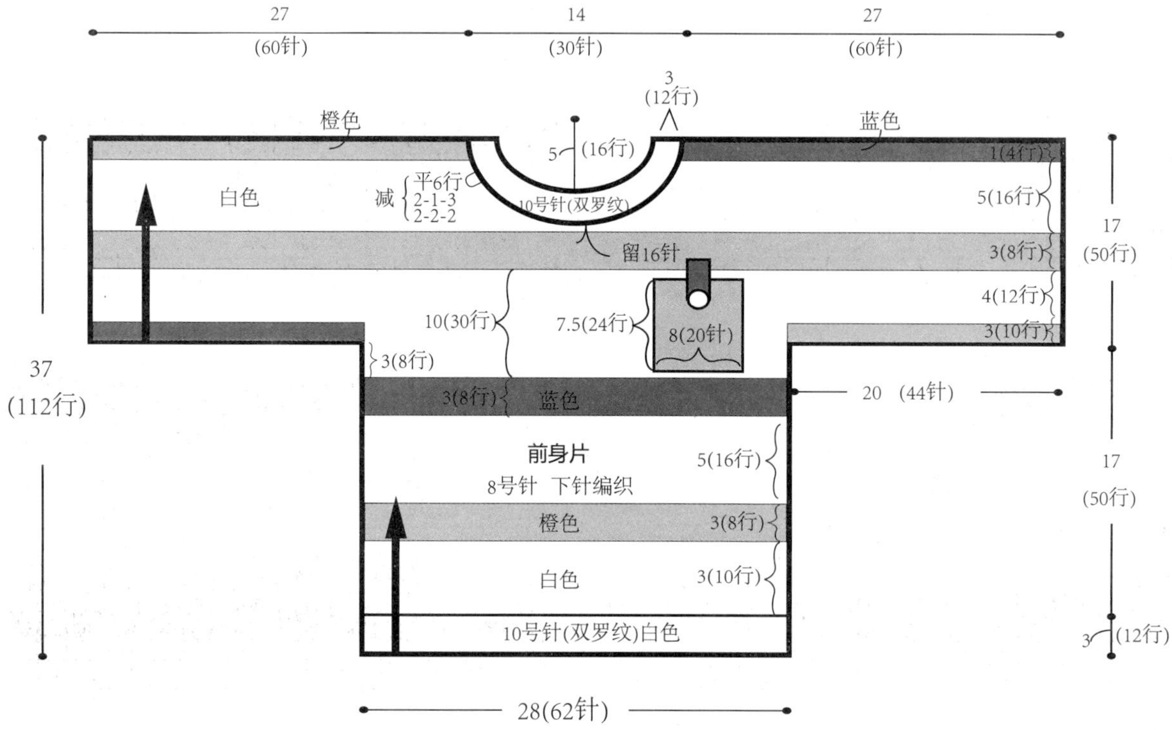

27 (60针)　14 (30针)　27 (60针)
3 (12行)
橙色　蓝色
5 (16行)
白色　减 平6行 2-1-3 2-2-2
10号针(双罗纹)
留16针
1(4行)　5(16行)　3(8行)　4(12行)　3(10行)
17 (50行)
10(30行)　7.5(24行)　8(20针)
37 (112行)
3(8行)
3(8行)　蓝色
20 (44针)
前身片
8号针　下针编织
5(16行)
橙色　3(8行)
17 (50行)
白色　3(10行)
10号针(双罗纹)白色
3 (12行)
28(62针)

袋口装饰

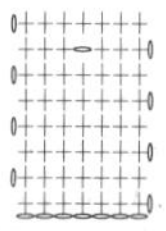

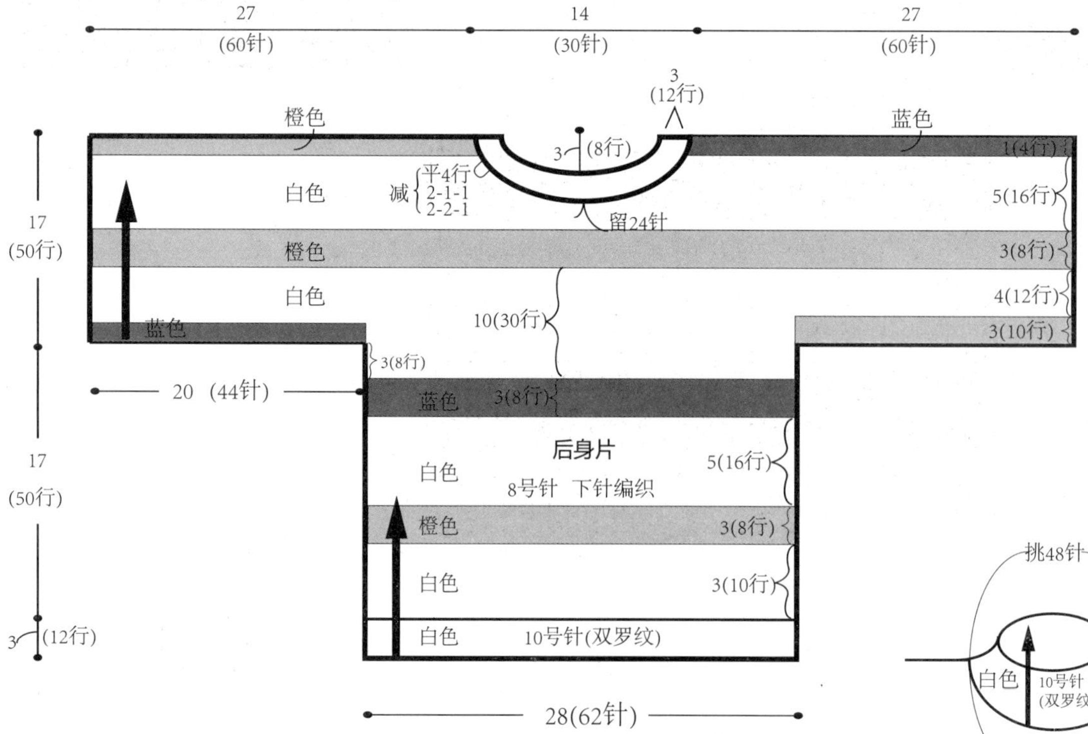

27 (60针)　14 (30针)　27 (60针)
3 (12行)
橙色　蓝色
3 (8行)
白色　减 平4行 2-1-1 2-2-1
留24针
1(4行)　5(16行)
17 (50行)
橙色　3(8行)
白色　10(30行)　4(12行)
蓝色　3(10行)
3(8行)
20 (44针)
蓝色　3(8行)
后身片
白色　8号针　下针编织　5(16行)
17 (50行)
橙色　3(8行)
白色　3(10行)
3 (12行)
白色　10号针(双罗纹)
28(62针)

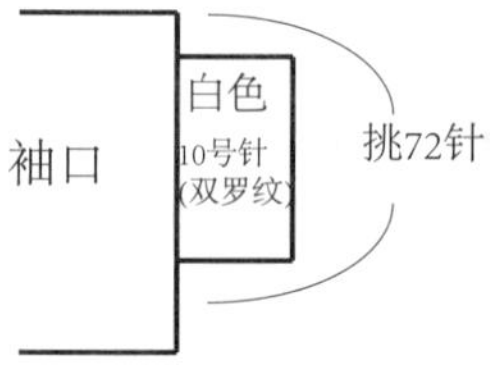

袖口　白色　10号针(双罗纹)　挑72针

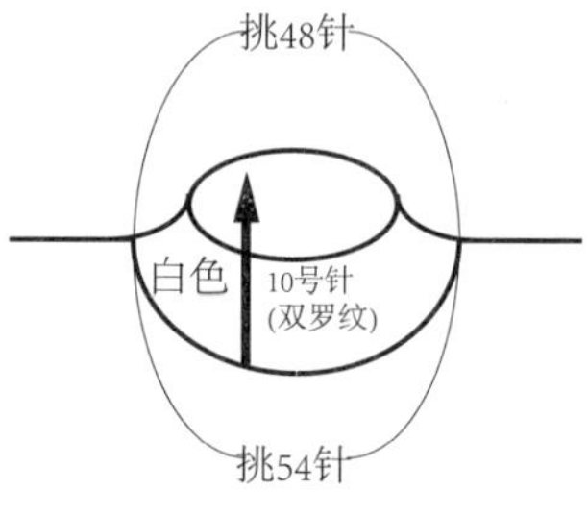

挑48针
白色　10号针(双罗纹)
挑54针
领口

编织方法： 此款毛衣编织的难点是袖子的加针，由于袖子直接在身片加出所以针数比较多，要特别注意手劲松紧适当。

首先编织前、后身片（注意更换色线时平整无皱）并缝合，缝合时注意花样对齐、平整。

接着编织袖口，最后编织领口。

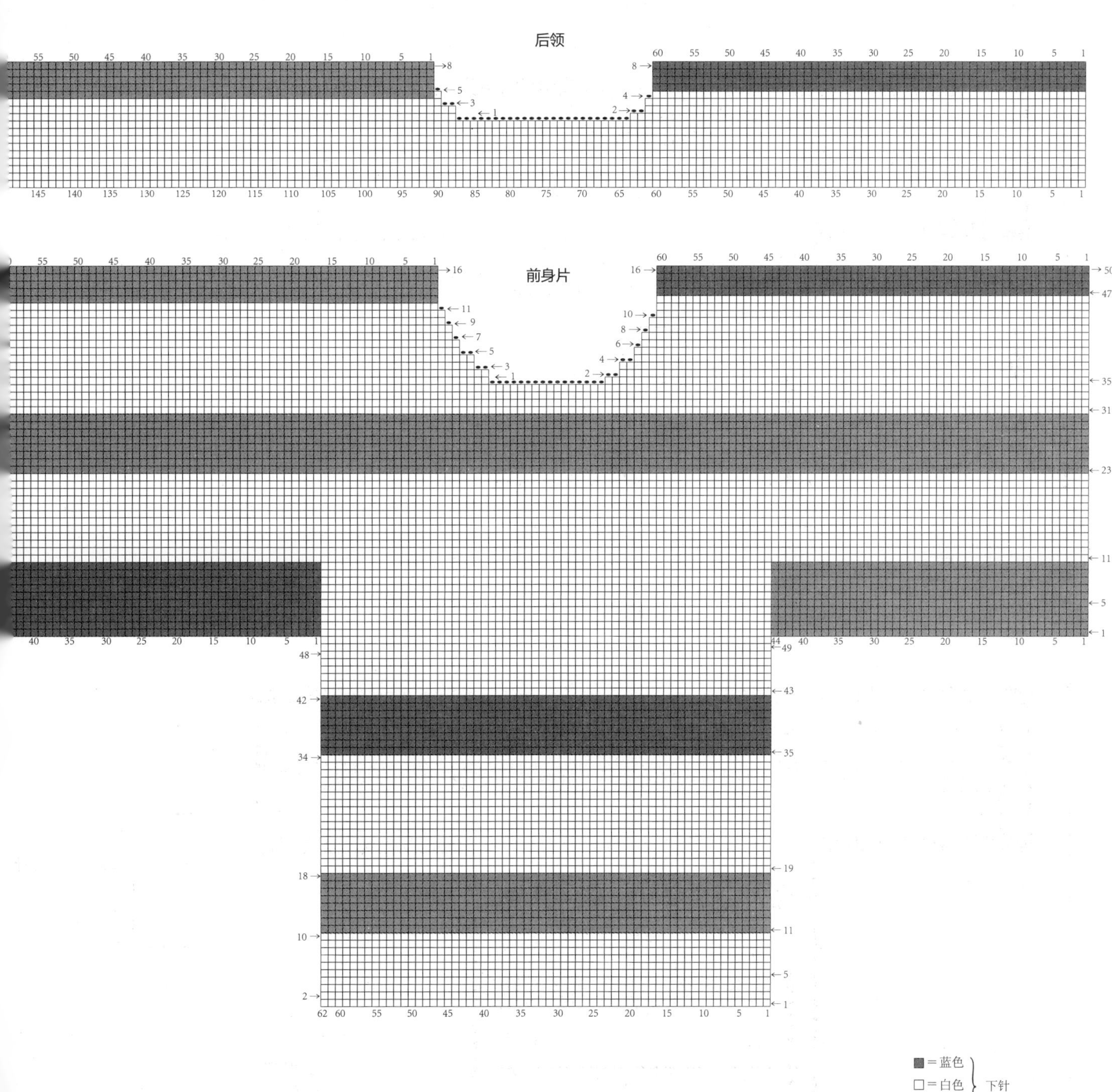

后领
前身片
■＝蓝色
□＝白色
■＝橙色
下针

no.08
蓝白配色背心

编织材料： 中粗棉线　深蓝色40g、白色20g、浅蓝色30g

编织工具： 8号棒针，8/0钩针（3.25mm）

编织密度： 棒针：21针×28行/10cm×10cm

钩针：1.5cm×1cm/1个花（花样1）

成品尺寸： 衣长33cm、胸宽28.5cm、肩宽24cm

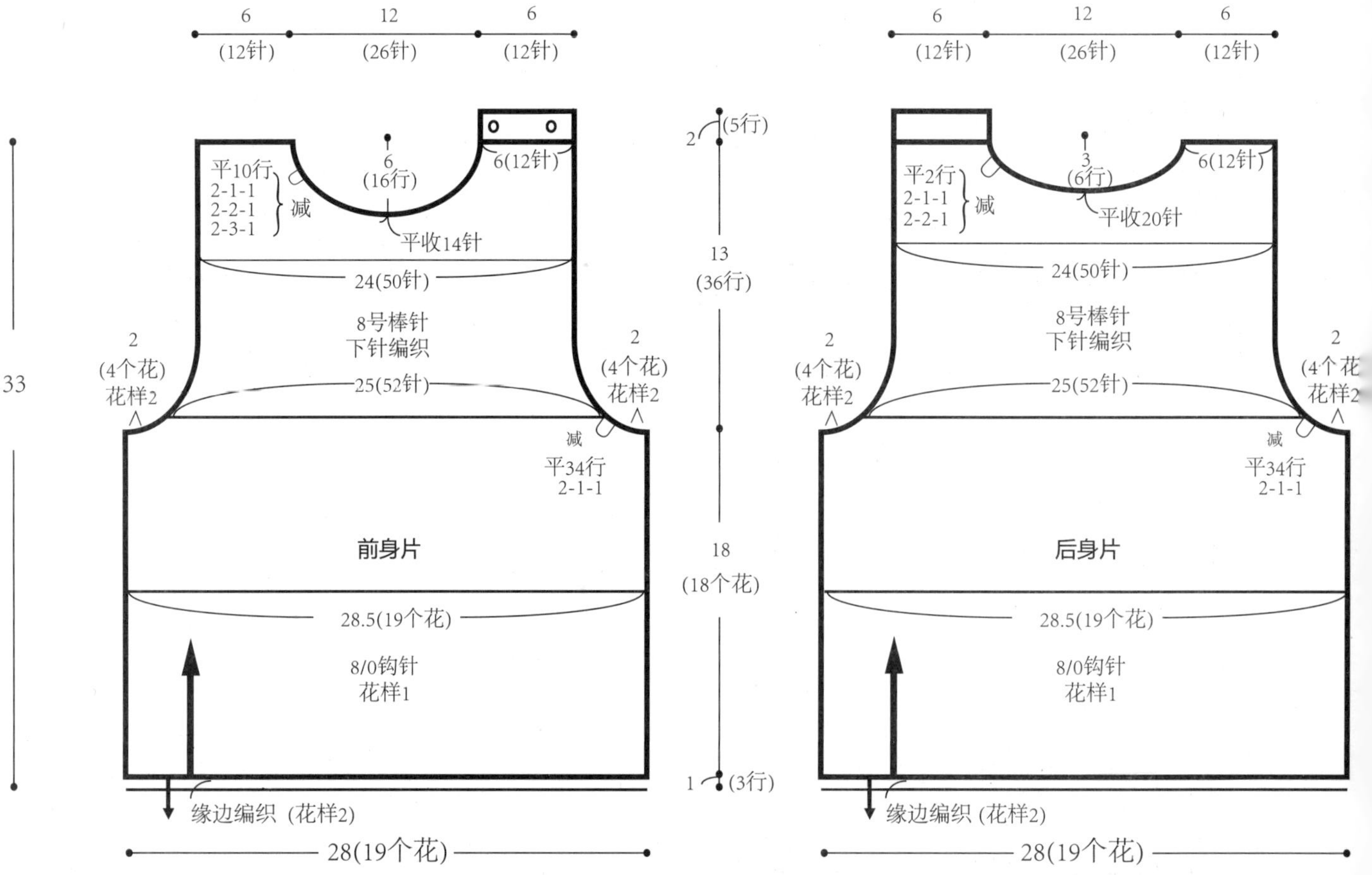

前身片
6 (12针) 12 (26针) 6 (12针)
平10行 2-1-1 2-2-1 2-3-1 减
6 (16行)
平收14针
6(12针)
24(50针)
8号棒针 下针编织
2 (4个花) 花样2
25(52针)
减 平34行 2-1-1
28.5(19个花)
8/0钩针 花样1
缘边编织（花样2）
28(19个花)
33

2 (5行)
13 (36行)
18 (18个花)
1 (3行)

后身片
6 (12针) 12 (26针) 6 (12针)
平2行 2-1-1 2-2-1 减
3 (6行)
平收20针
6(12针)
24(50针)
8号棒针 下针编织
2 (4个花) 花样2
25(52针)
减 平34行 2-1-1
28.5(19个花)
8/0钩针 花样1
缘边编织（花样2）
28(19个花)

缘边花样
前领
挑44针
后领
挑34针

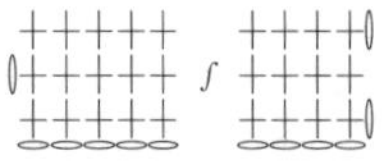

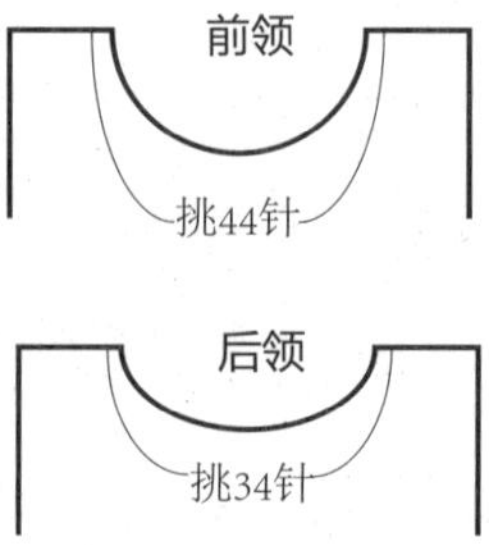

编织方法：此款毛衣的编织难点是袖口。

首先分别将前、后身片编织好并缝合，注意花样平整对齐。

接着编织领口及袖口的缘边，注意手劲松紧适当。接着编织下摆缘边，注意松紧适当、平坦无皱。最后绣上装饰物。

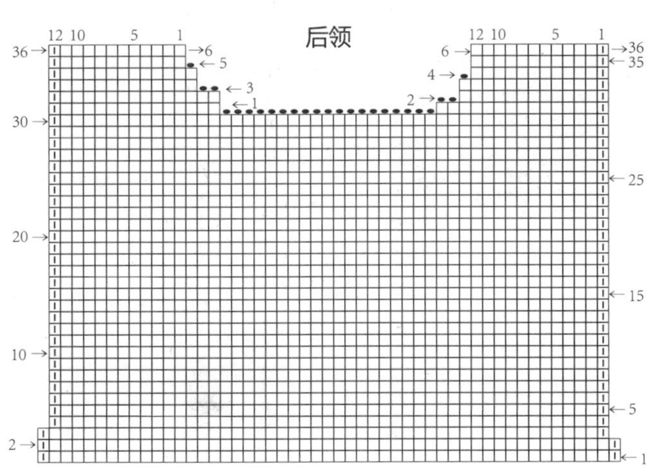
后领

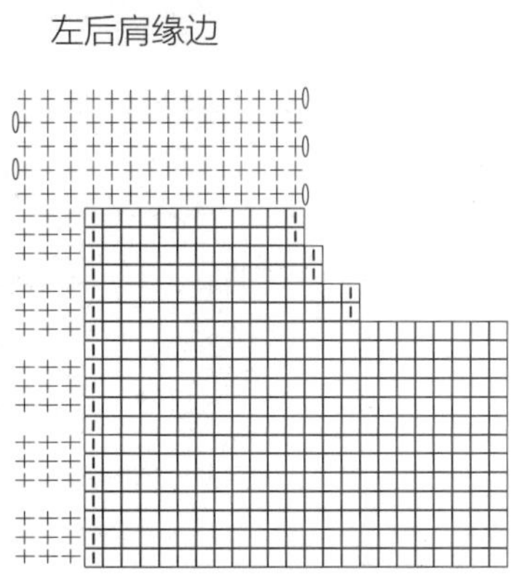
左后肩缘边

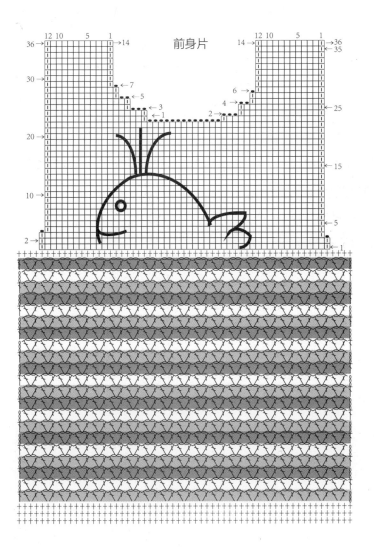

领口缘边

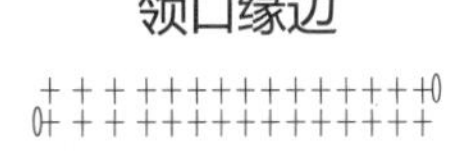

前身片

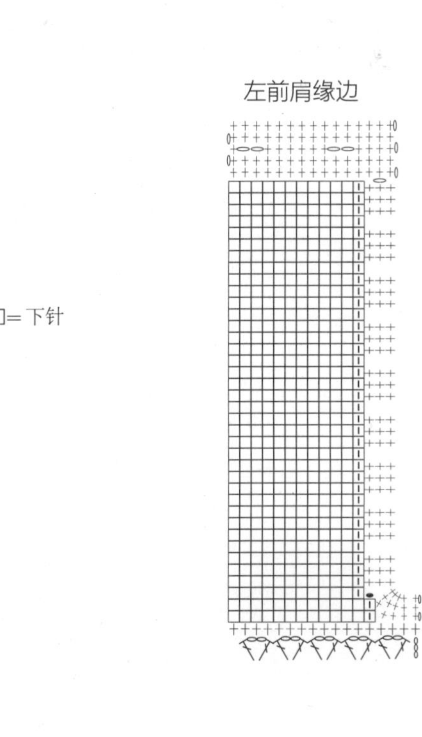
左前肩缘边

□= 下针

no. 09
彩条背心

编织材料：中粗棉线 青色40g、嫩绿色30g、黄色30g
编织工具：5/0钩针（2.2mm）
编织密度：3cm×2.5cm/1个花
成品尺寸：衣长39.5cm、胸宽30cm、肩宽24cm

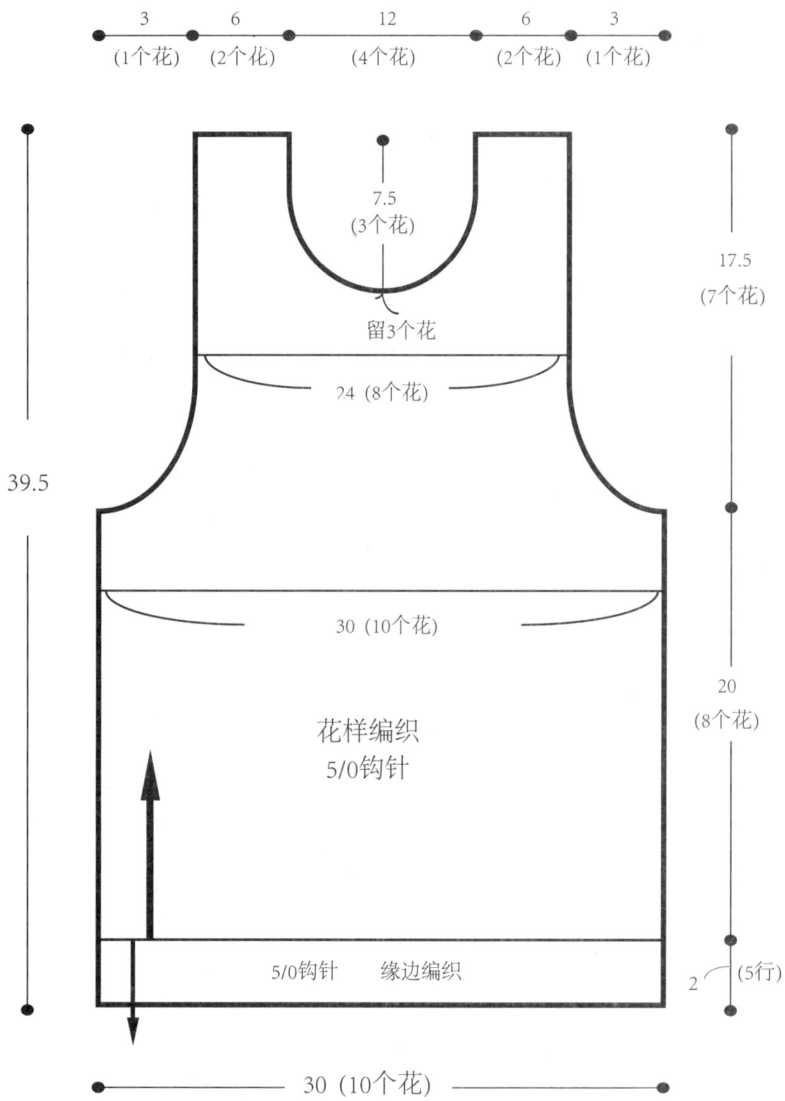

3（1个花） 6（2个花） 12（4个花） 6（2个花） 3（1个花）

7.5（3个花）
留3个花
24（8个花）
39.5
30（10个花）
花样编织
5/0钩针
5/0钩针 缘边编织
30（10个花）

17.5（7个花）
20（8个花）
2（5行）

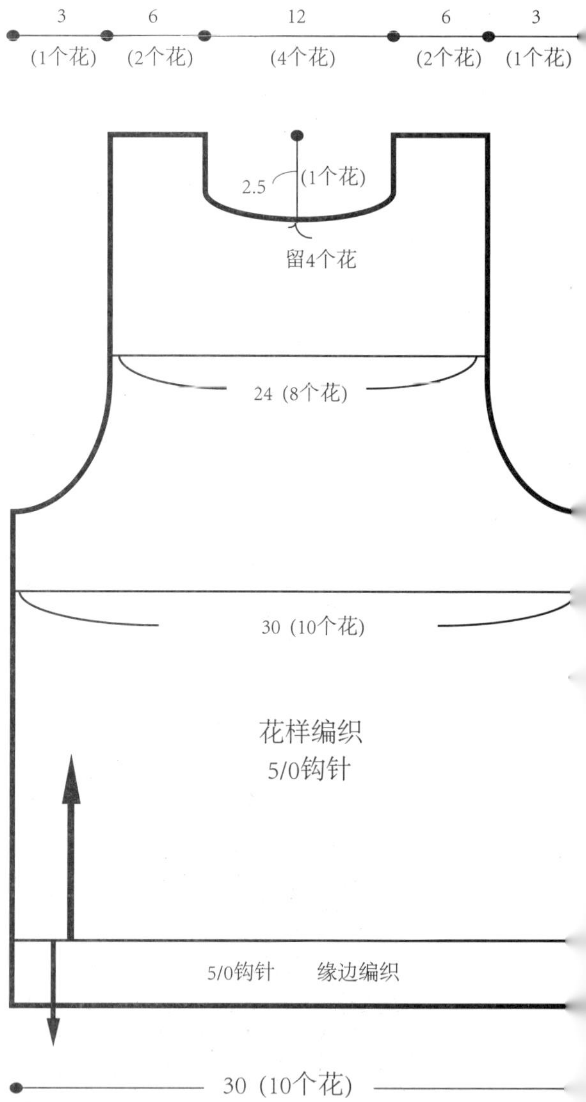

3（1个花） 6（2个花） 12（4个花） 6（2个花） 3（1个花）

2.5（1个花）
留4个花
24（8个花）
30（10个花）
花样编织
5/0钩针
5/0钩针 缘边编织
30（10个花）

缘边花样

编织方法： 此款毛衣编织的难点是花样编织。
首先分别将前、后身片编织好并缝合，缝合时注意花样平整、对齐。
接着编织领口及袖口缘边，注意松紧适当、平坦无皱。最后编织下摆缘边。

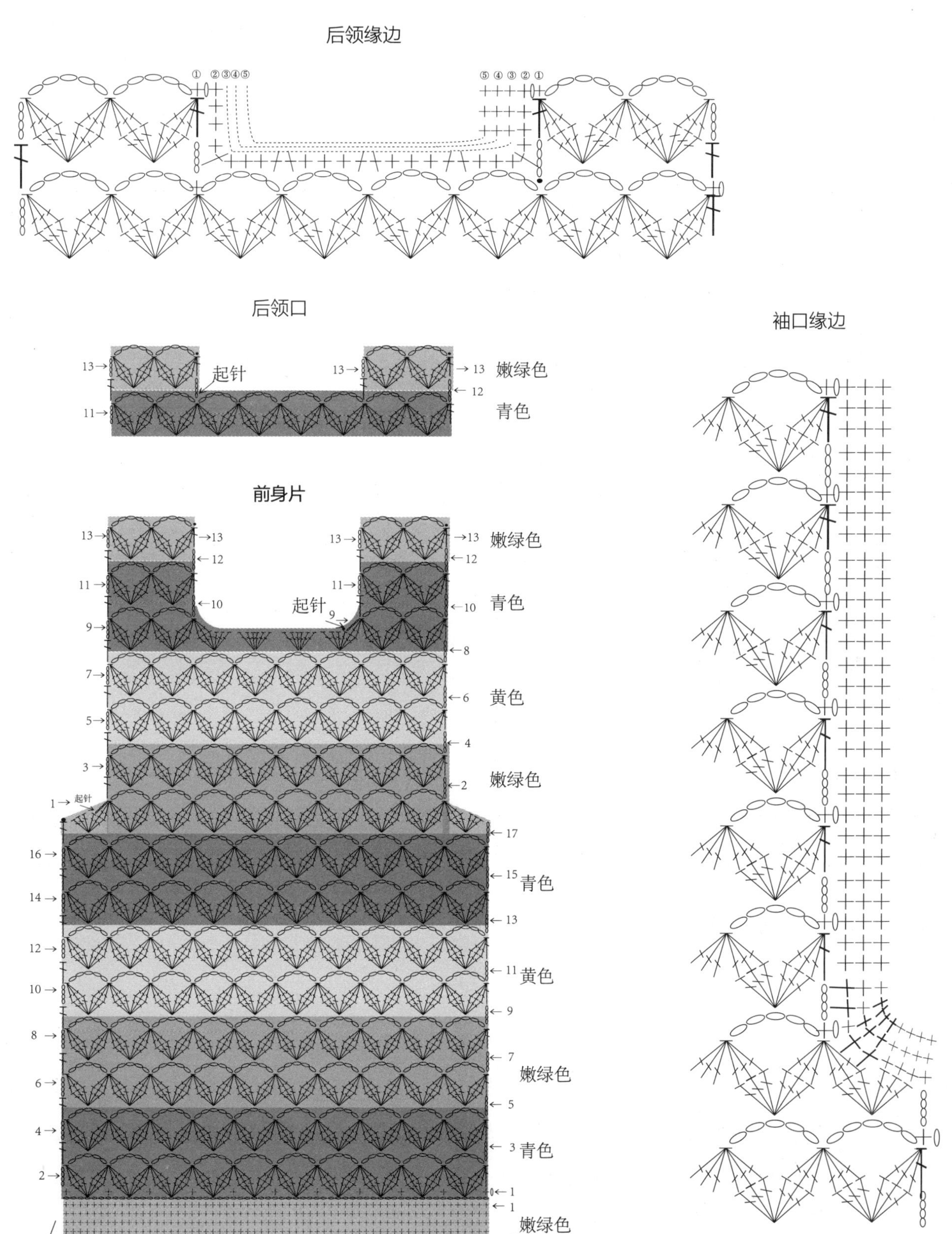

后领缘边
① ②③④⑤
⑤ ④ ③ ② ①
后领口
13
起针
13
13
嫩绿色
12
11
青色
袖口缘边
前身片
13
13
13
13
嫩绿色
12
12
11
11
10
起针
9
10
青色
9
8
7
6
黄色
5
4
3
2
嫩绿色
1
起针
17
16
15
青色
14
13
12
11
黄色
10
9
8
7
嫩绿色
6
5
4
3
青色
2
1
1
嫩绿色
5
缘边

no.10
棋盘格花样
背心

编织材料：中粗棉线　黄色70g、灰色10g、蓝黑色10g
编织工具：8号、9号棒针
编织密度：22针×30行/10cm×10cm
成品尺寸：衣长37cm、胸宽28cm、肩宽22cm

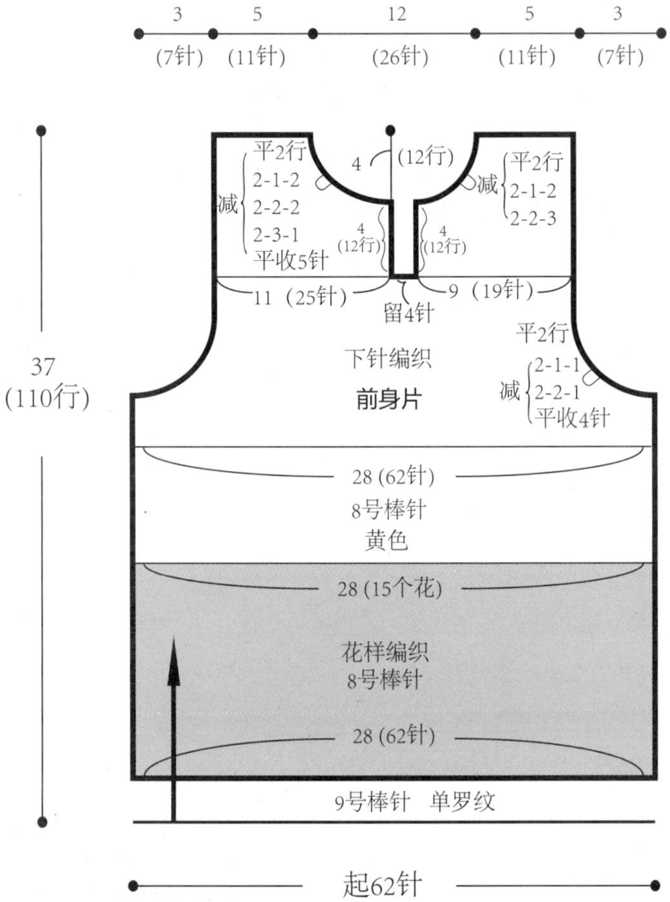

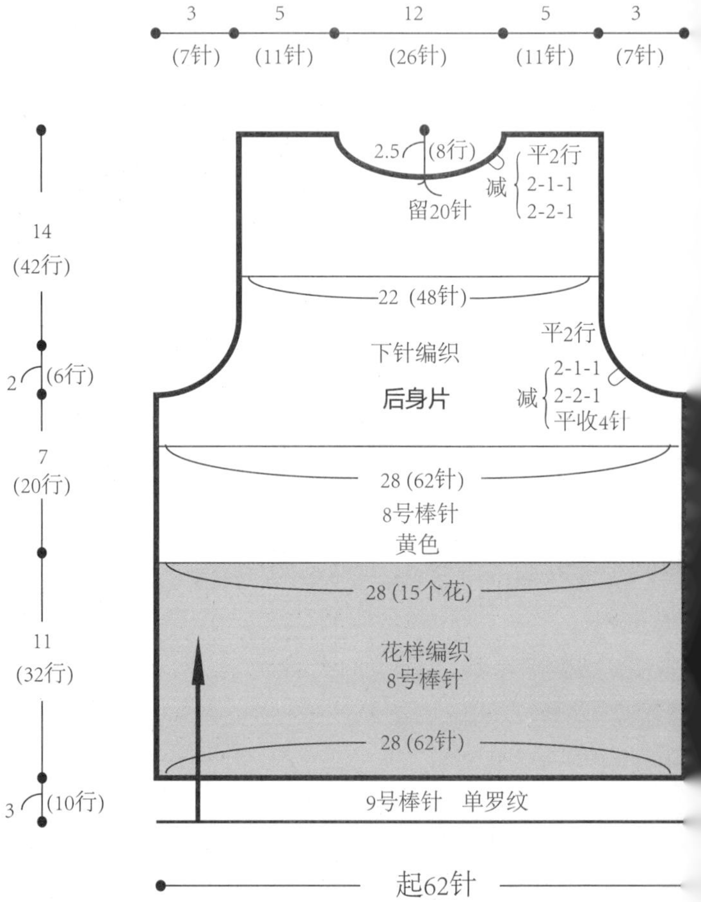

3 5 12 5 3
(7针) (11针) (26针) (11针) (7针)

平2行
减 2-1-2
2-2-2
2-3-1
平收5针
4 (12行)
减 平2行
2-1-2
2-2-3
4 (12行)
4 (12行)
11 (25针)
留4针
9 (19针)
下针编织
前身片
平2行
减 2-1-1
2-2-1
平收4针
37 (110行)
28 (62针)
8号棒针
黄色
28 (15个花)
花样编织
8号棒针
28 (62针)
9号棒针　单罗纹
起62针

14 (42行)
2 (6行)
7 (20行)
11 (32行)
3 (10行)

3 5 12 5 3
(7针) (11针) (26针) (11针) (7针)

2.5 (8行)
留20针
平2行
减 2-1-1
2-2-1
22 (48针)
下针编织
后身片
平2行
减 2-1-1
2-2-1
平收4针
28 (62针)
8号棒针
黄色
28 (15个花)
花样编织
8号棒针
28 (62针)
9号棒针　单罗纹
起62针

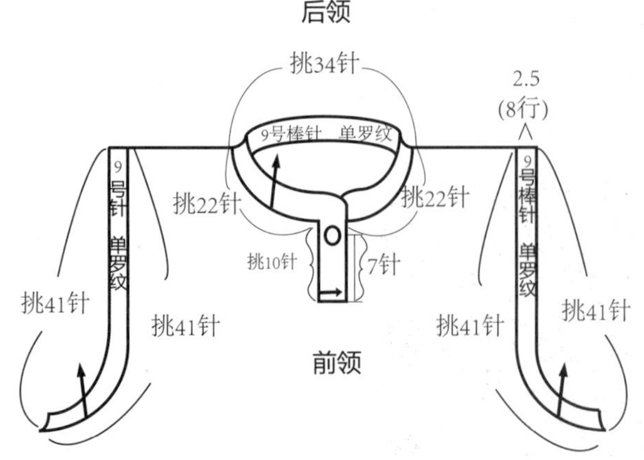
后领
挑34针
9号棒针　单罗纹
2.5
(8行)
9号针
单罗纹
挑22针
挑22针
9号棒针
单罗纹
挑10针
7针
挑41针
挑41针
挑41针
挑41针
前领

编织方法： 此款毛衣编织的难点是花样，建议用左、右分线法来编织图案。
首先分别将前、后身片编织好并缝合，缝合时注意花样的对齐、平整。
接着编织领口及袖口缘边。

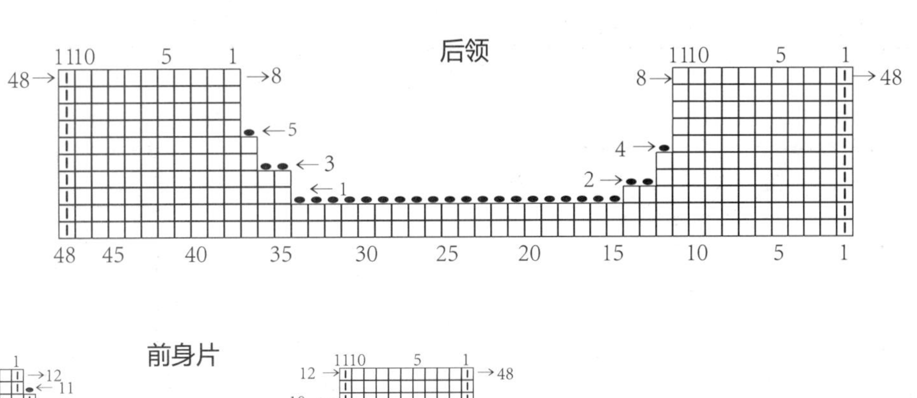

后领

前身片

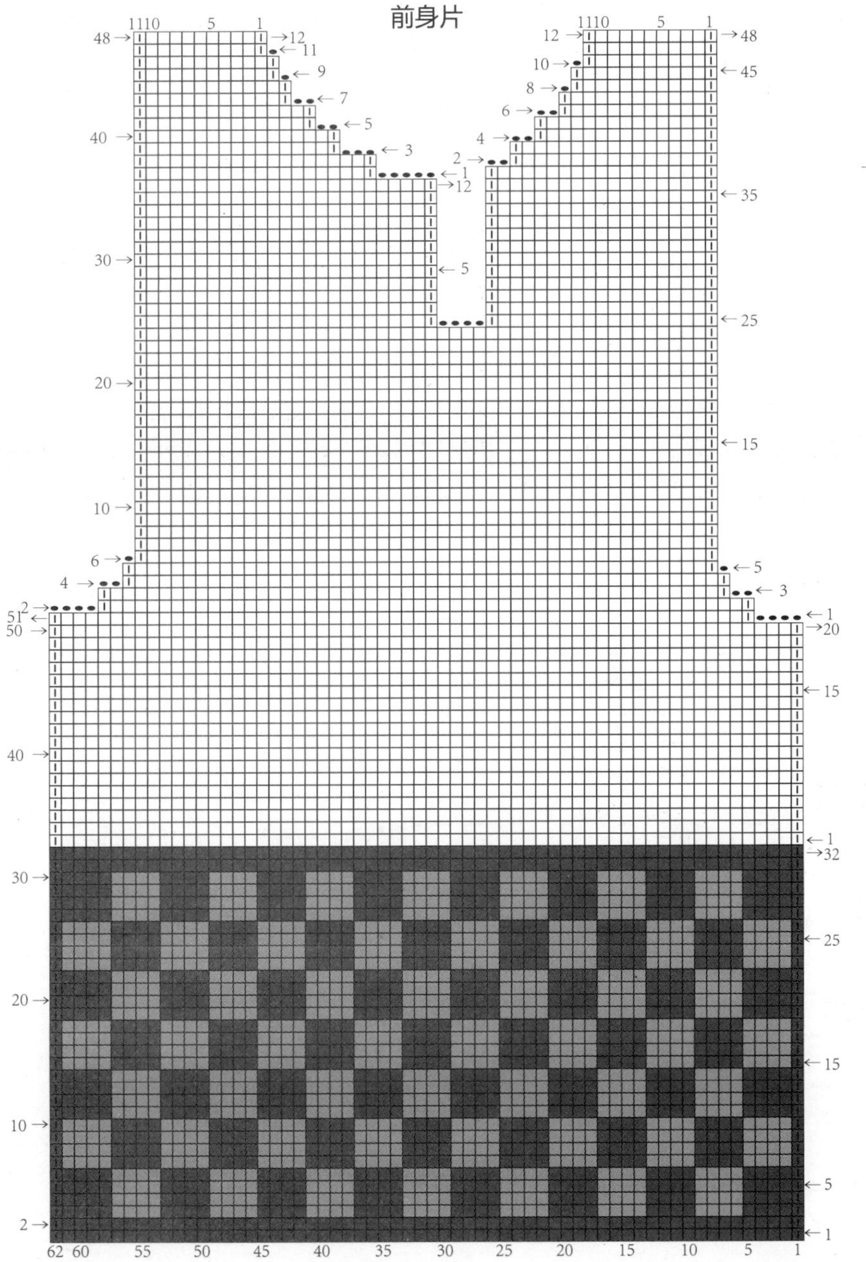

下针 ■ =蓝黑色 ■ =灰色 □ =黄色

领缘边、袖口缘边

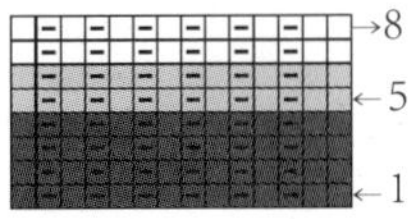

领口

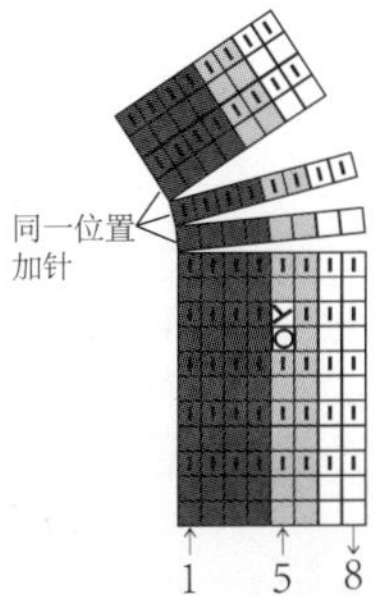

同一位置加针

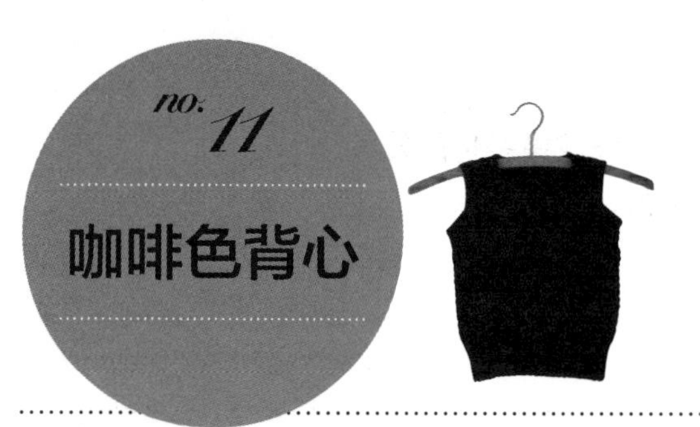

no. 11
咖啡色背心

编织材料：中细棉线　咖啡色130g
编织工具：9号、10号棒针
编织密度：32针×36行/10cm×10cm
成品尺寸：衣长39cm、胸宽32cm、肩宽27cm

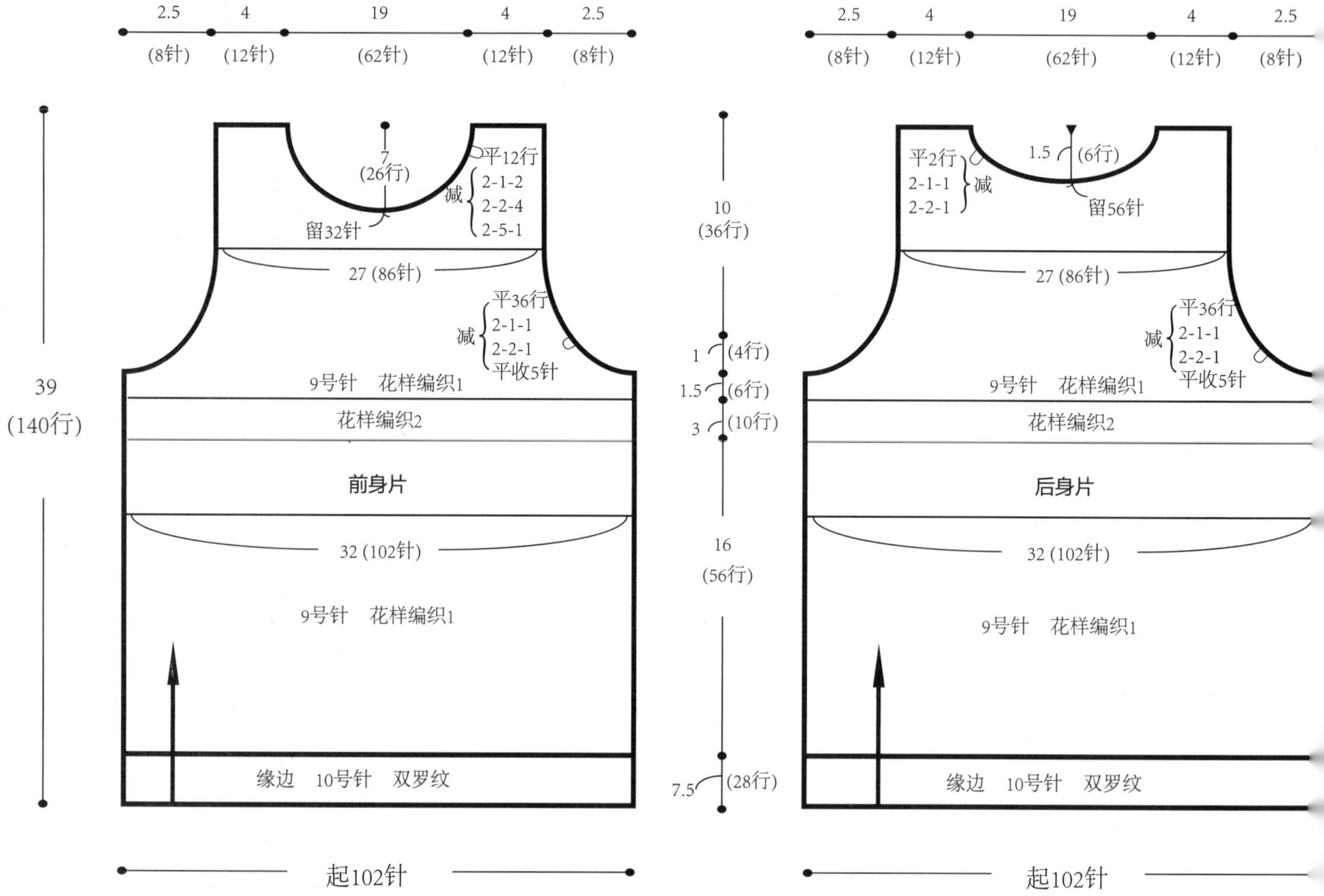

2.5　4　19　4　2.5
(8针)　(12针)　(62针)　(12针)　(8针)

7 (26行)
平12行
减 2-1-2 2-2-4 2-5-1
留32针
27 (86针)
平36行
减 2-1-1 2-2-1 平收5针
9号针　花样编织1
花样编织2
前身片
32 (102针)
9号针　花样编织1
缘边　10号针　双罗纹
39 (140行)
起102针

10 (36行)
1 (4行)
1.5 (6行)
3 (10行)
16 (56行)
7.5 (28行)

2.5　4　19　4　2.5
(8针)　(12针)　(62针)　(12针)　(8针)

1.5 (6行)
平2行
减 2-1-1 2-2-1
留56针
27 (86针)
平36行
减 2-1-1 2-2-1 平收5针
9号针　花样编织1
花样编织2
后身片
32 (102针)
9号针　花样编织1
缘边　10号针　双罗纹
起102针

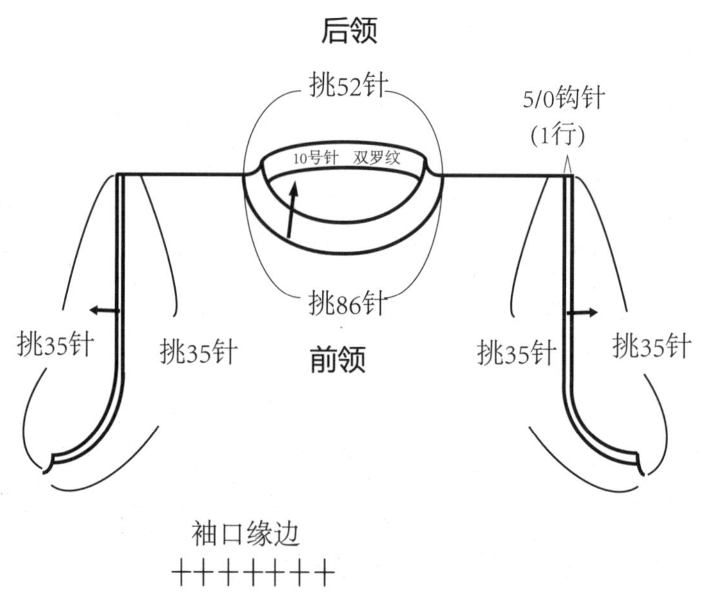

后领
挑52针
10号针　双罗纹
5/0钩针
(1行)
挑86针
前领
挑35针
挑35针
挑35针
挑35针
袖口缘边
+++++++

编织方法： 此款毛衣编织的难点是花样，由于花样多针法改变频繁，所以要注意变化的规律。
首先分别将前、后身片编织好并缝合，缝合时要注意花样平整、对齐。
最后编织领口及袖口缘边。

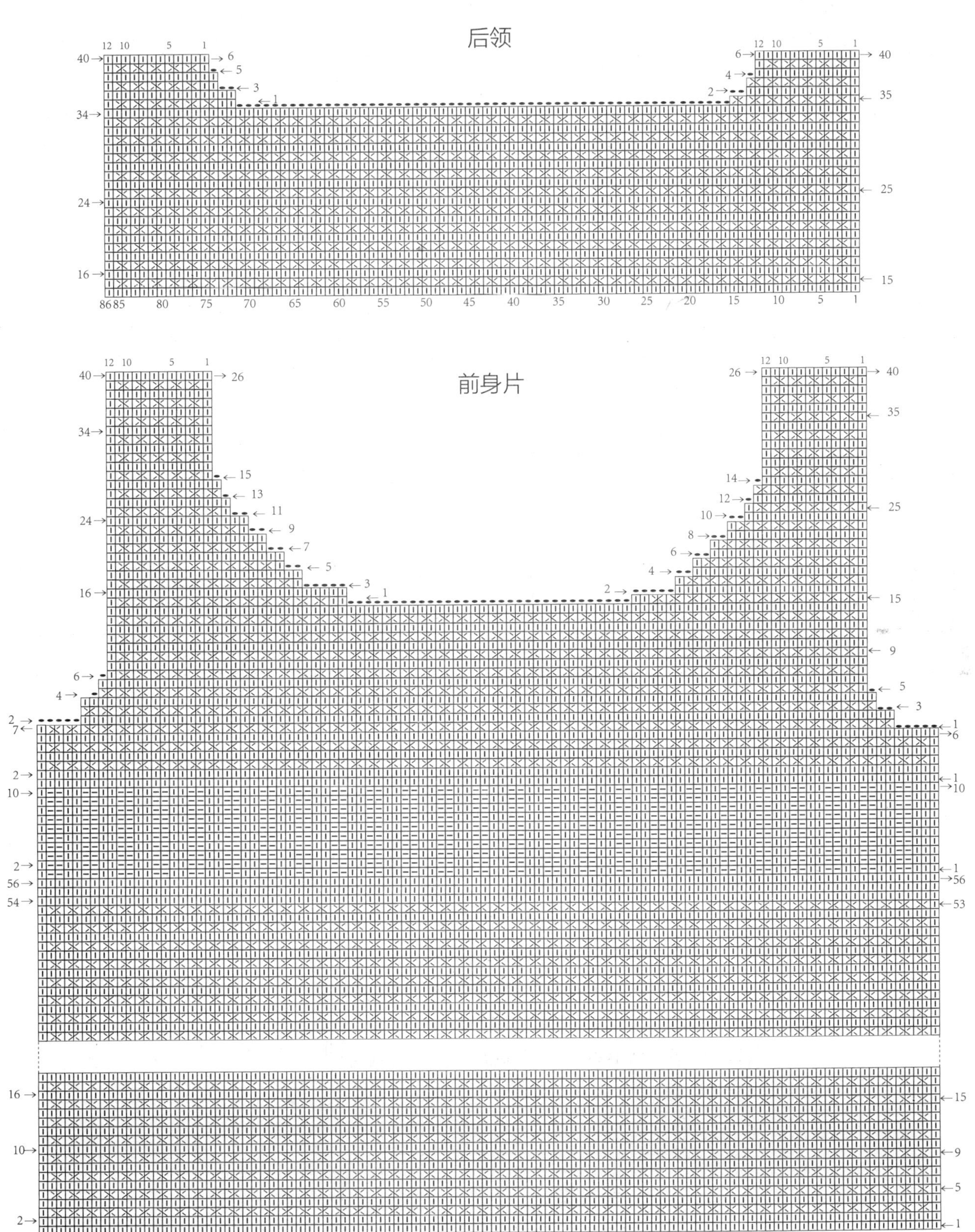

后领
前身片

no.12
蓝白配色
套头衫

编织材料：中粗棉线　深蓝色180g、白色10g
编织工具：9号棒针、10号棒针、5/0钩针(2.2mm)
编织密度：24针×30行/10cm×10cm
成品尺寸：衣长39cm、胸宽28cm、肩宽22cm、袖长32cm

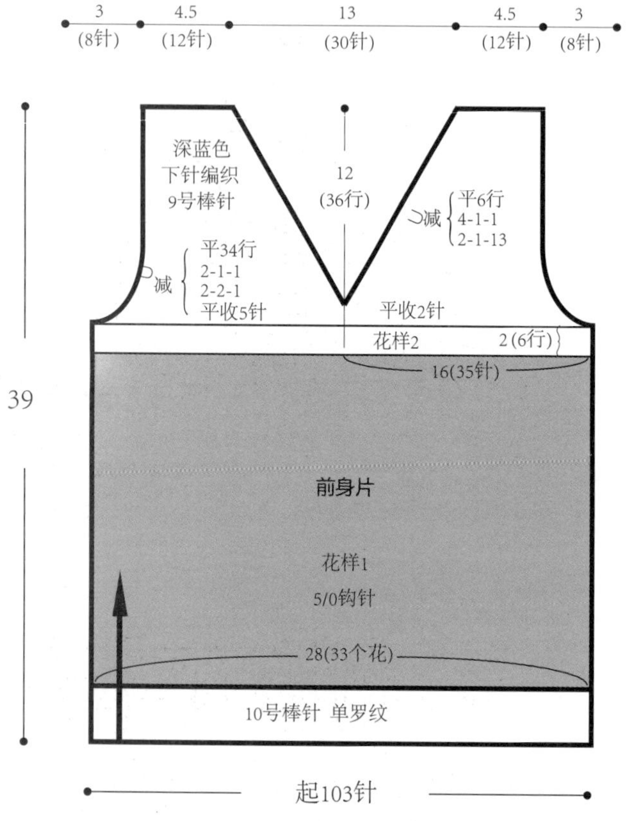

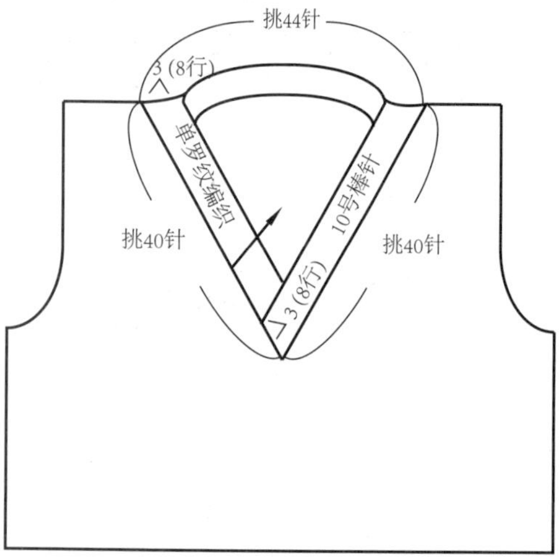

前身片
3(8针) 4.5(12针) 13(30针) 4.5(12针) 3(8针)
深蓝色
下针编织
9号棒针
12(36行)
减 平6行 4-1-1 2-1-13
减 平34行 2-1-1 2-2-1 平收5针
平收2针
花样2 2(6行)
16(35针)
39
前身片
花样1
5/0钩针
28(33个花)
10号棒针 单罗纹
起103针

15(44行)
20(22个花)
4(16行)

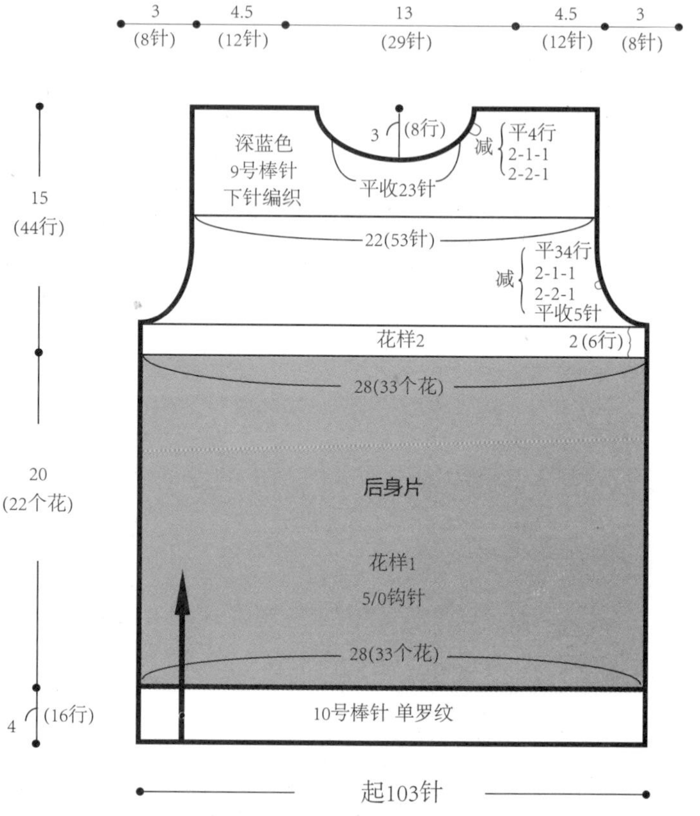

后身片
3(8针) 4.5(12针) 13(29针) 4.5(12针) 3(8针)
深蓝色
9号棒针
下针编织
3(8行)
平收23针
减 平4行 2-1-1 2-2-1
22(53针)
减 平34行 2-1-1 2-2-1 平收5针
花样2 2(6行)
28(33个花)
后身片
花样1
5/0钩针
28(33个花)
10号棒针 单罗纹
起103针

挑44针
3(8行)
单罗纹编织
10号棒针
挑40针
挑40针
3(8行)

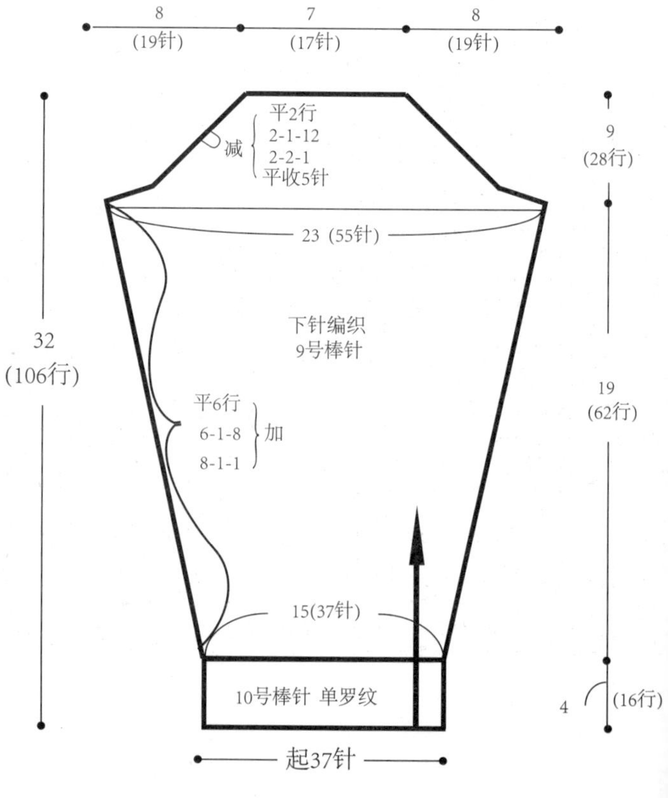

8(19针) 7(17针) 8(19针)
减 平2行 2-1-12 2-2-1 平收5针
9(28行)
23(55针)
下针编织
9号棒针
32(106行)
平6行 6-1-8 8-1-1 加
19(62行)
15(37针)
10号棒针 单罗纹
4(16行)
起37针

编织方法： 此款毛衣的编织难点是花样。

首先分别将前、后身片编织好并缝合，缝合时要注意花样对齐、平坦。

接着编织左、右袖片并缝合，缝合时注意平坦无皱。

最后编织领口缘边。

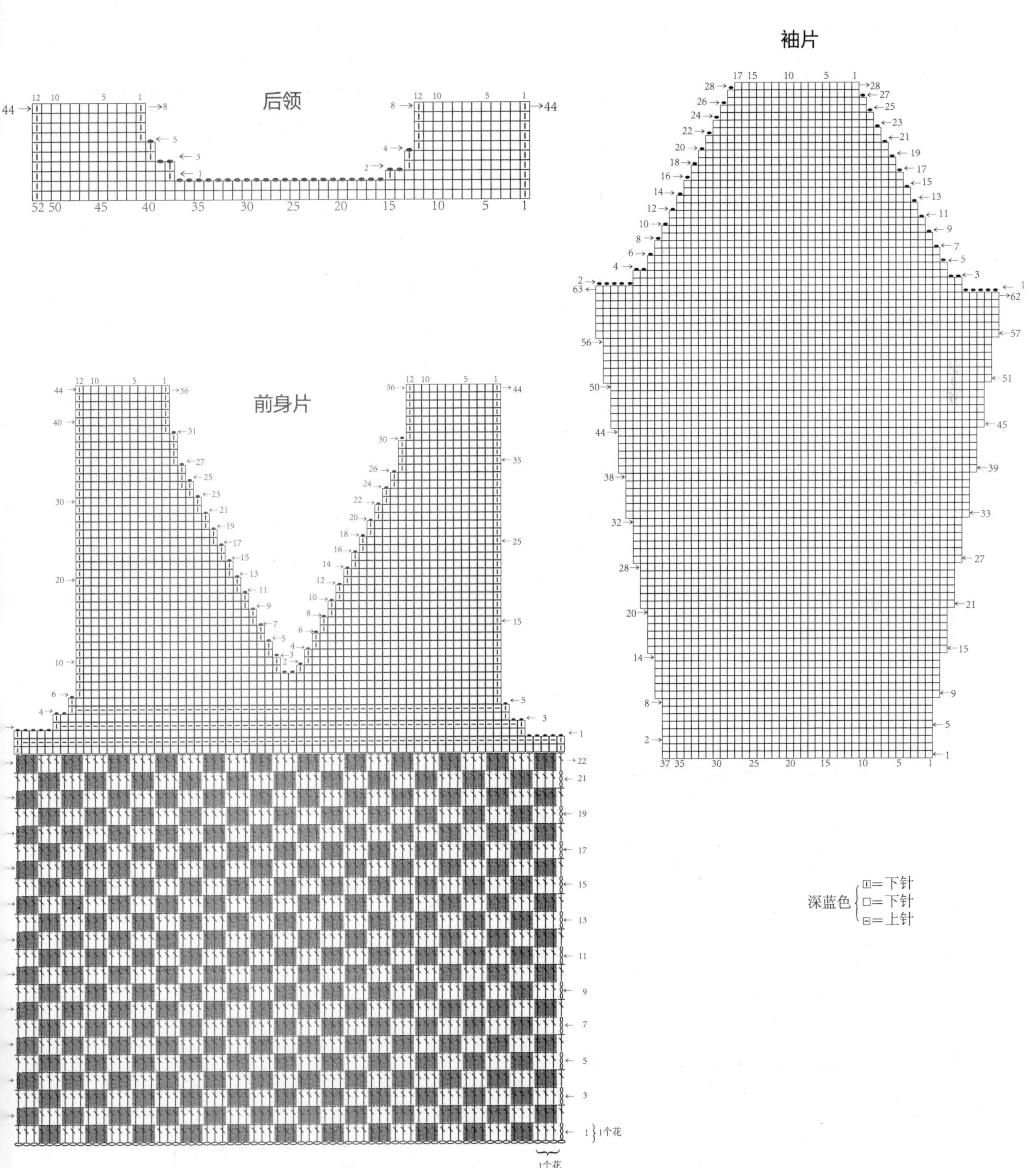

后领
前身片
袖片
1个花
深蓝色
⊡=下针
□=下针
⊟=上针

no.13
玫红色
镂空衫

编织材料： 中粗棉线　玫红色170g
编织工具： 8/0号钩针（3.25mm）
编织密度： 16cm×16cm/1个单元花
成品尺寸： 衣长51.5cm、胸宽32cm、肩袖长34cm

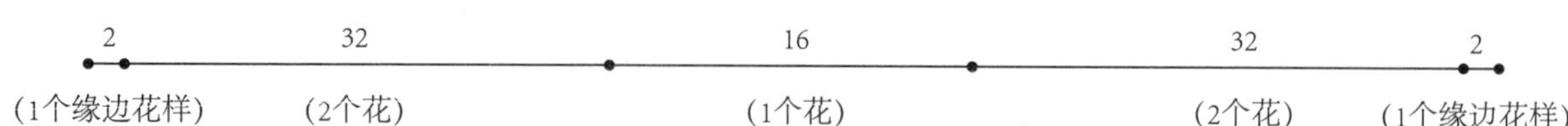
2
32
16
32
2
(1个缘边花样)
(2个花)
(1个花)
(2个花)
(1个缘边花样)

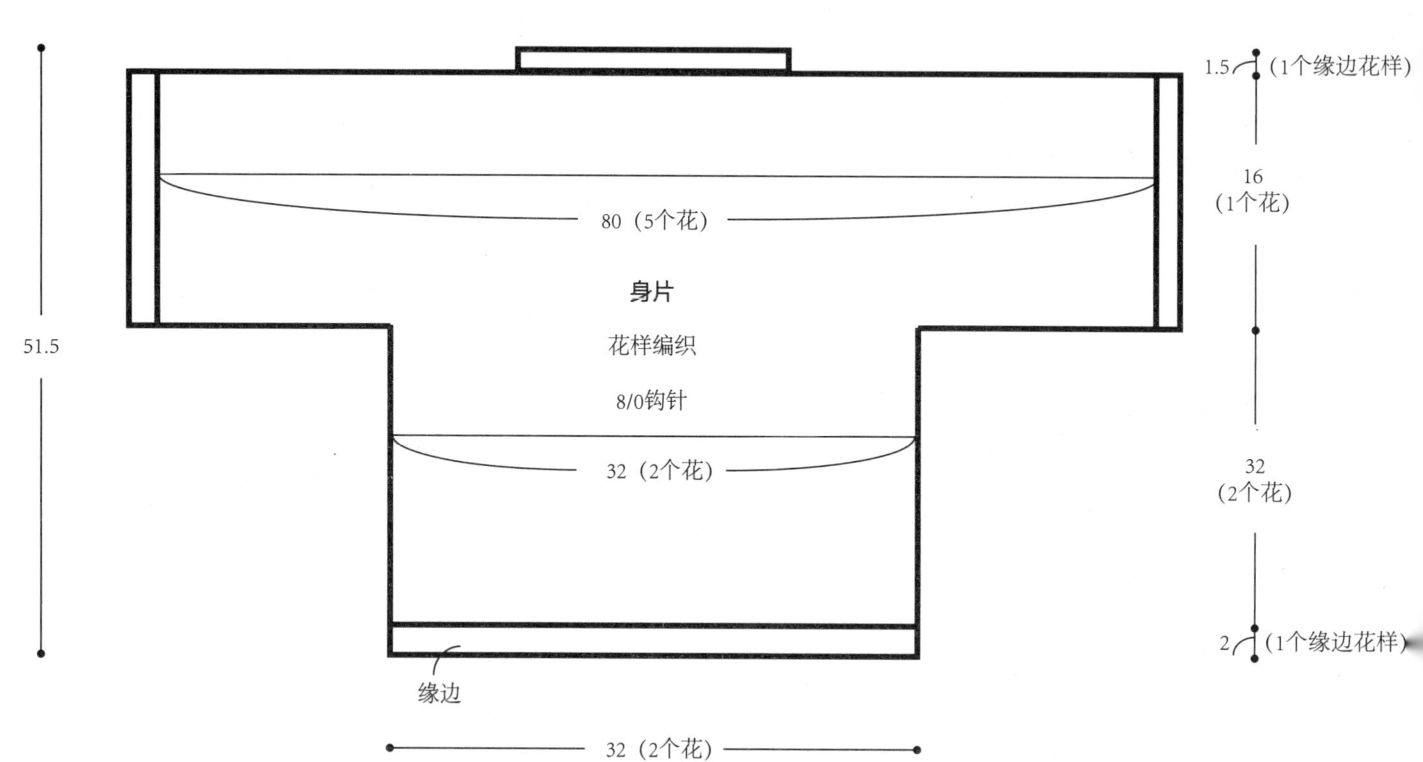
1.5
(1个缘边花样)
16
(1个花)
80（5个花）
身片
花样编织
8/0钩针
51.5
32（2个花）
32
(2个花)
2
(1个缘边花样)
缘边
32（2个花）

缘边花样

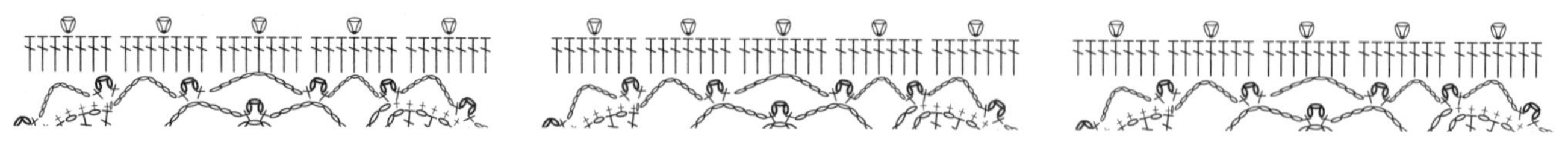

编织方法：此款毛衣编织的难点是单元花。

首先将单元花编织好并一一对应连接，注意花样平整、无皱。

接着编织下摆缘边，注意松紧适当。最后编织袖口及领口缘边。

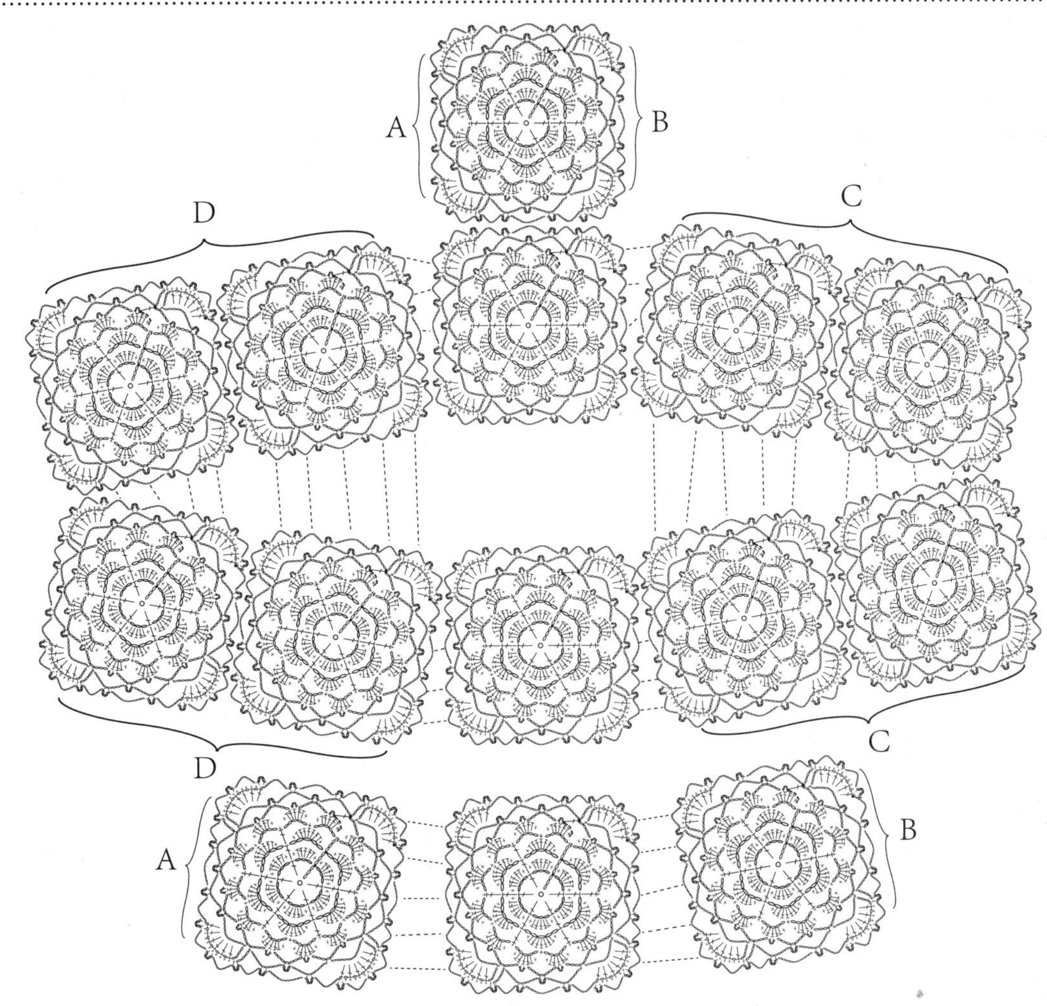
A
B
D
C
D
C
A
B

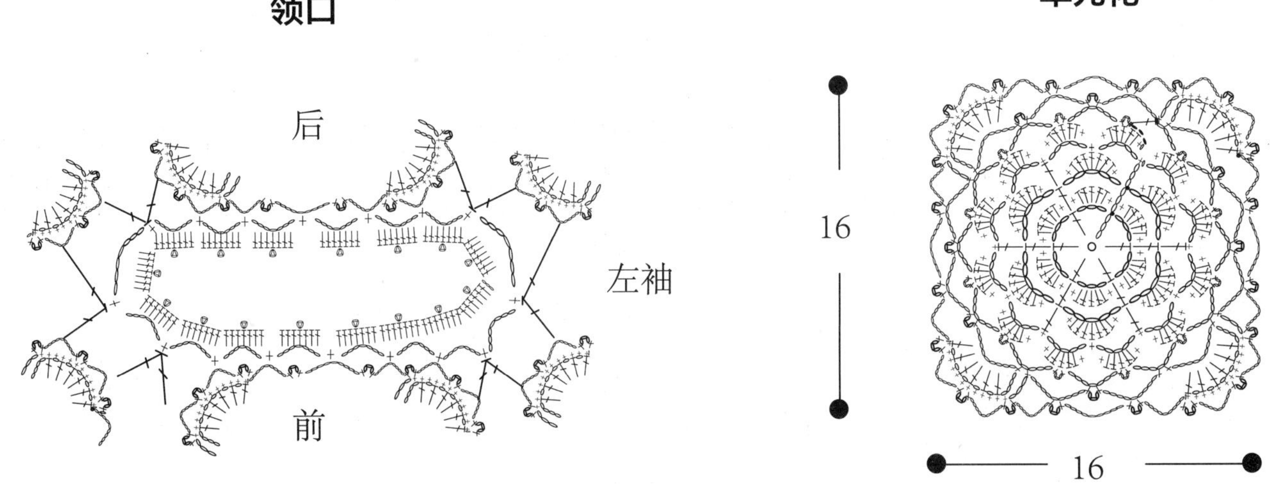
领口
后
右袖
左袖
前
单元花
16
16

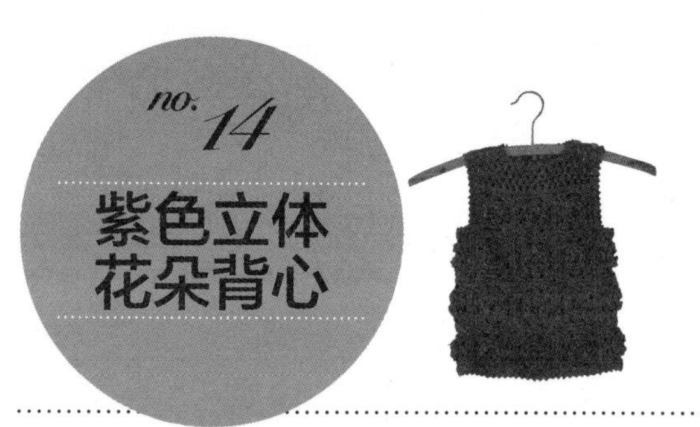
no.14
紫色立体
花朵背心

编织材料： 细棉线　紫色190g

编织工具： 5/0钩针（2.2mm）

编织密度： 8cm×8cm/1个单元花（花样1）

成品尺寸： 衣长35cm、胸宽32cm、肩宽24cm

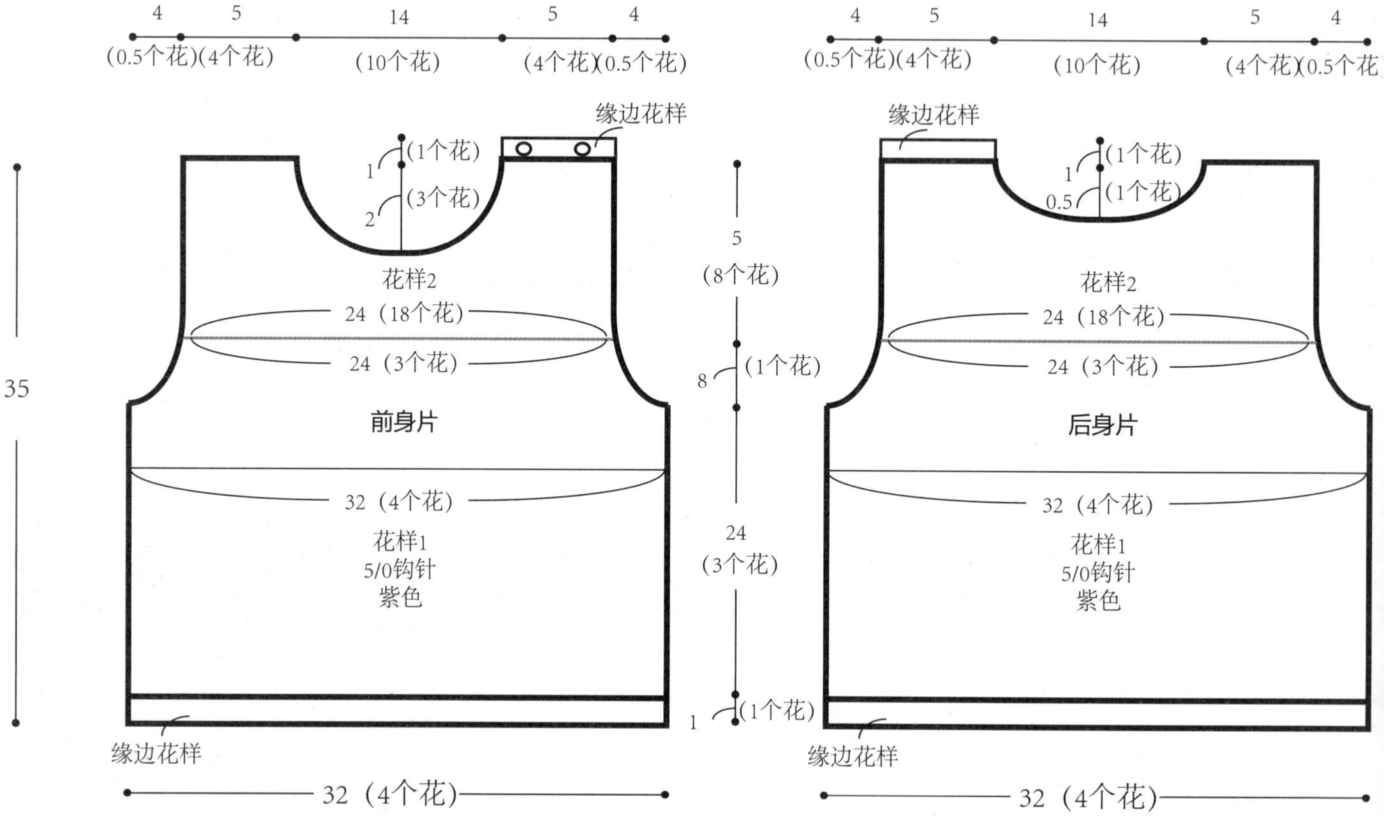

前身片

4（0.5个花）　5（4个花）　14（10个花）　5（4个花）　4（0.5个花）

缘边花样

1（1个花）
2（3个花）

花样2
24（18个花）
24（3个花）

35

32（4个花）
花样1
5/0钩针
紫色

缘边花样

32（4个花）

5（8个花）
8（1个花）
24（3个花）
1（1个花）

后身片

4（0.5个花）　5（4个花）　14（10个花）　5（4个花）　4（0.5个花）

缘边花样

1（1个花）
0.5（1个花）

花样2
24（18个花）
24（3个花）

32（4个花）
花样1
5/0钩针
紫色

缘边花样

32（4个花）

单元花
30枚

编织方法： 此款毛衣编织的难点是花样编织。

首先编织单元花（花样1）并依次连接好，注意连接时手劲松紧适当。

接着编织前、后过肩，注意松紧适当、平坦无皱。再编织领口及袖口的缘边。最后编织下摆缘边。

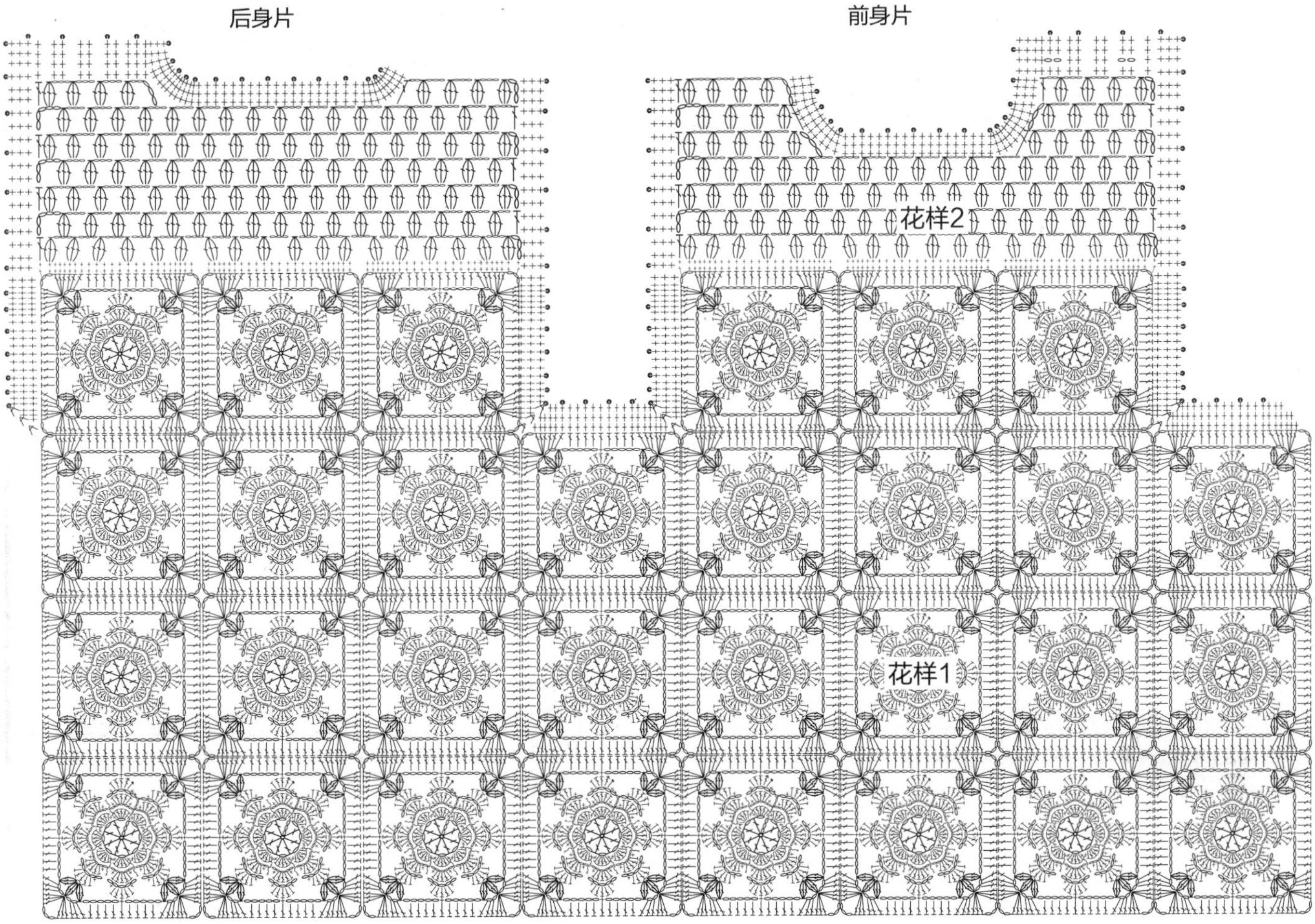

后身片

前身片

花样2

花样1

缘边花样

no.15
蓝色短袖衫

编织材料： 中粗棉线　青蓝色120g

编织工具： 8/0钩针（3.25mm）

编织密度： 13个花×11个花/10cm×10cm

成品尺寸： 衣长30cm、胸宽29cm、肩宽23cm、袖长22.5cm

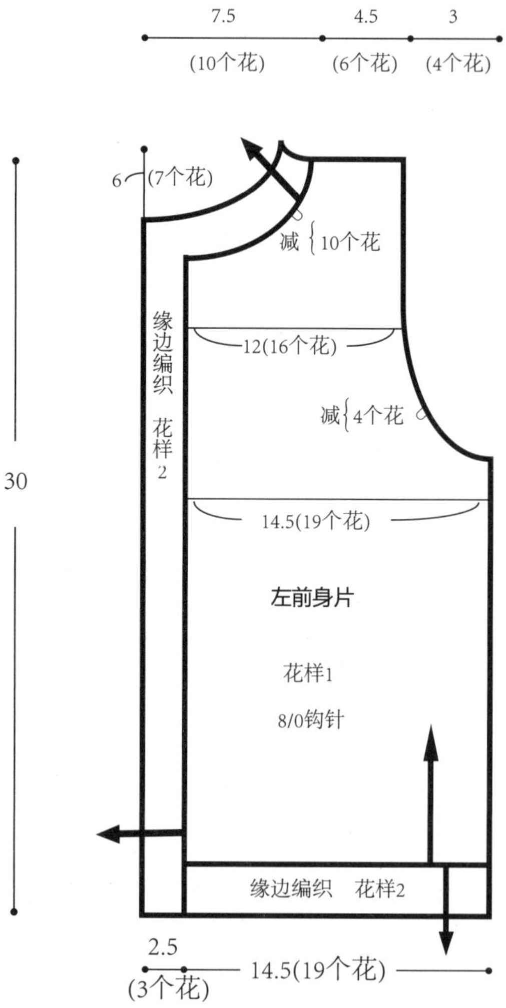

左前身片

7.5 (10个花)　4.5 (6个花)　3 (4个花)

6 (7个花)

减{10个花

12(16个花)

减{4个花

14.5(19个花)

缘边编织　花样2

左前身片

花样1

8/0钩针

缘边编织　花样2

30

2.5 (3个花)　14.5(19个花)

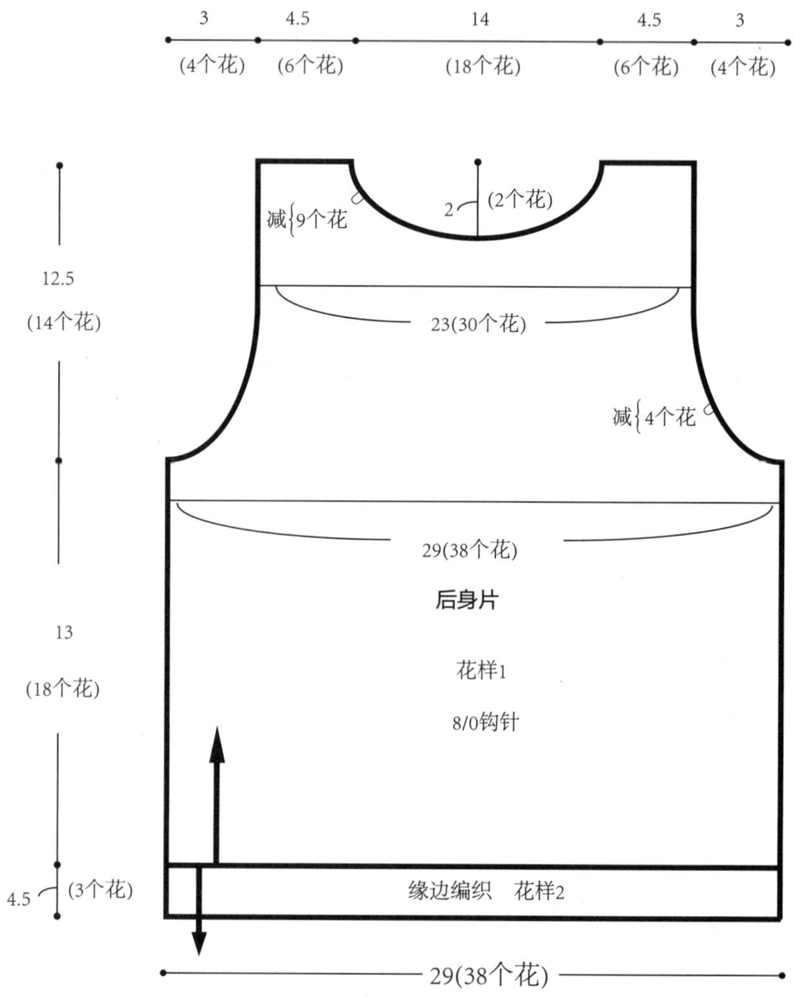

后身片

3 (4个花)　4.5 (6个花)　14 (18个花)　4.5 (6个花)　3 (4个花)

减{9个花

2 (2个花)

23(30个花)

减{4个花

29(38个花)

后身片

花样1

8/0钩针

缘边编织　花样2

12.5 (14个花)

13 (18个花)

4.5 (3个花)

29(38个花)

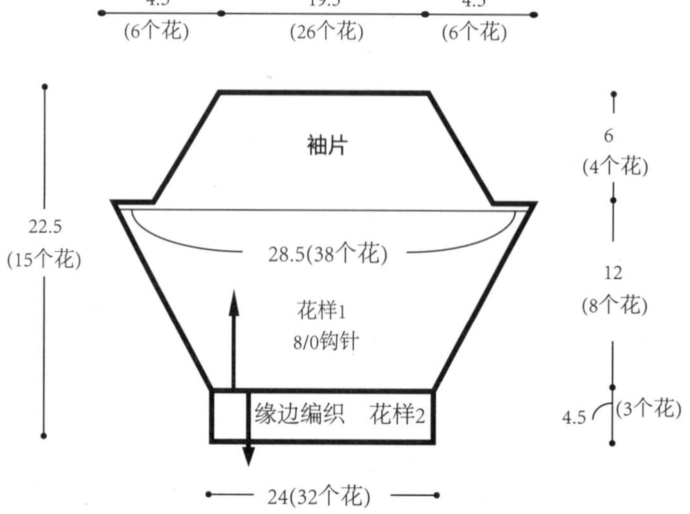

4.5 (6个花)
19.5 (26个花)
4.5 (6个花)
袖片
6 (4个花)
22.5 (15个花)
28.5(38个花)
12 (8个花)
花样1
8/0钩针
缘边编织　花样2
4.5 (3个花)
24(32个花)

编织方法：此款毛衣编织的难点是花样编织。

首先分别将左、右前身片及后身片编织好并缝合，缝合时要注意花样对齐、平坦。接着编织左、右袖片并缝合，缝合时要注意花样对齐、松紧适当。

最后编织领口及门襟缘边。

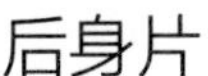

后身片

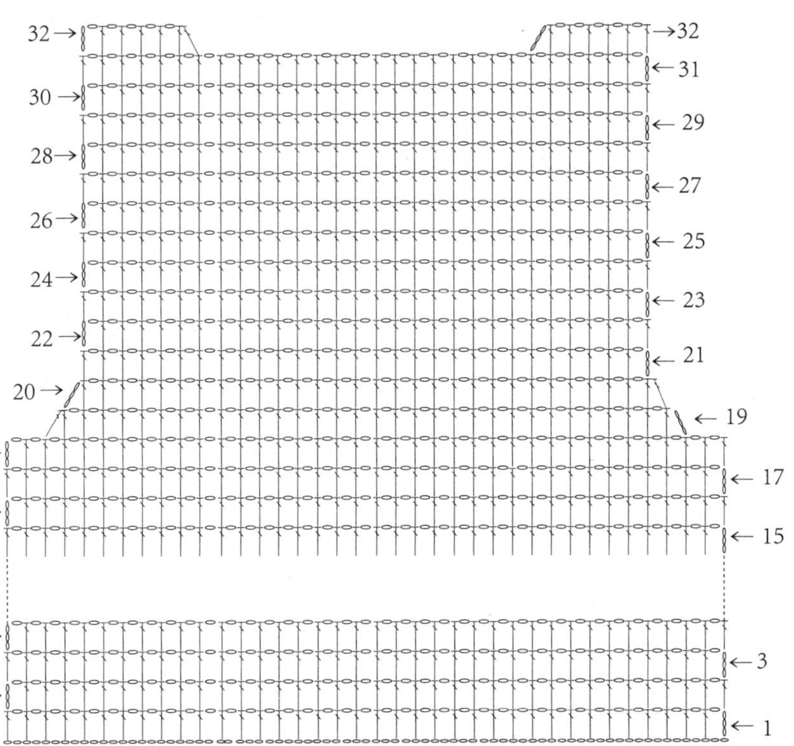

右前身片

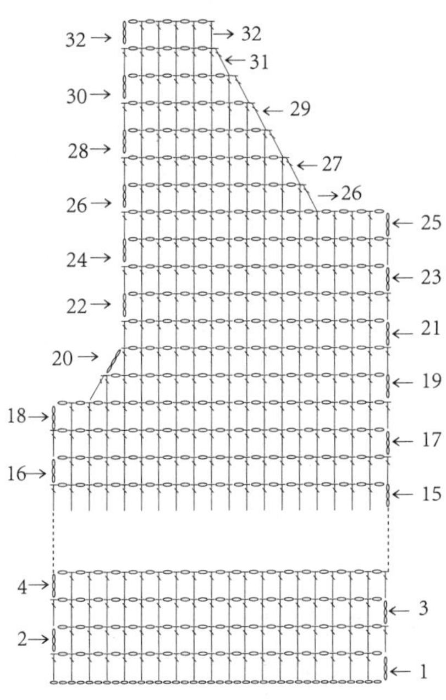

袖片

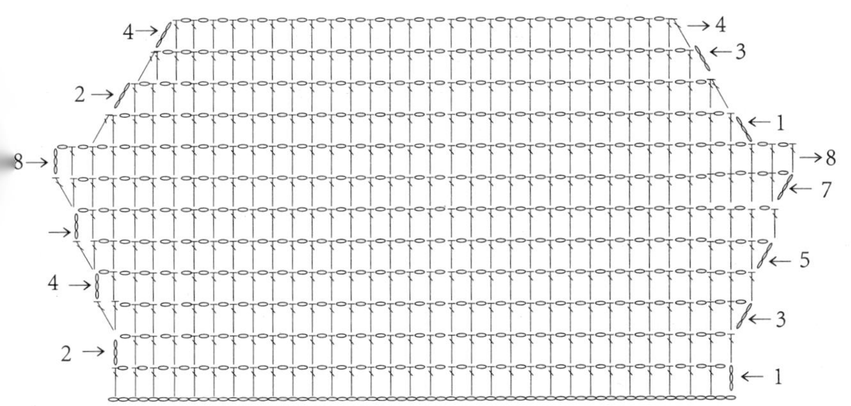

后领

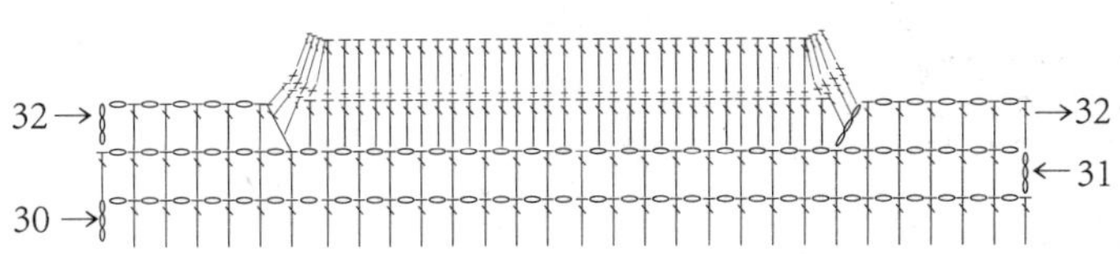

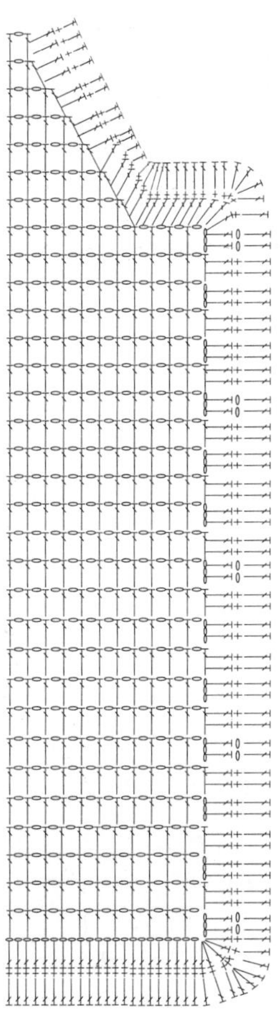

右前身片缘边

no.16
蓝色钩花背心

编织材料： 中粗丝棉线　青蓝色140g、白色少量
编织工具： 8号棒针，8/0钩针（3.25mm）
编织密度： 3cm×3cm/1个花
成品尺寸： 衣长35cm、胸宽30cm、肩宽24cm

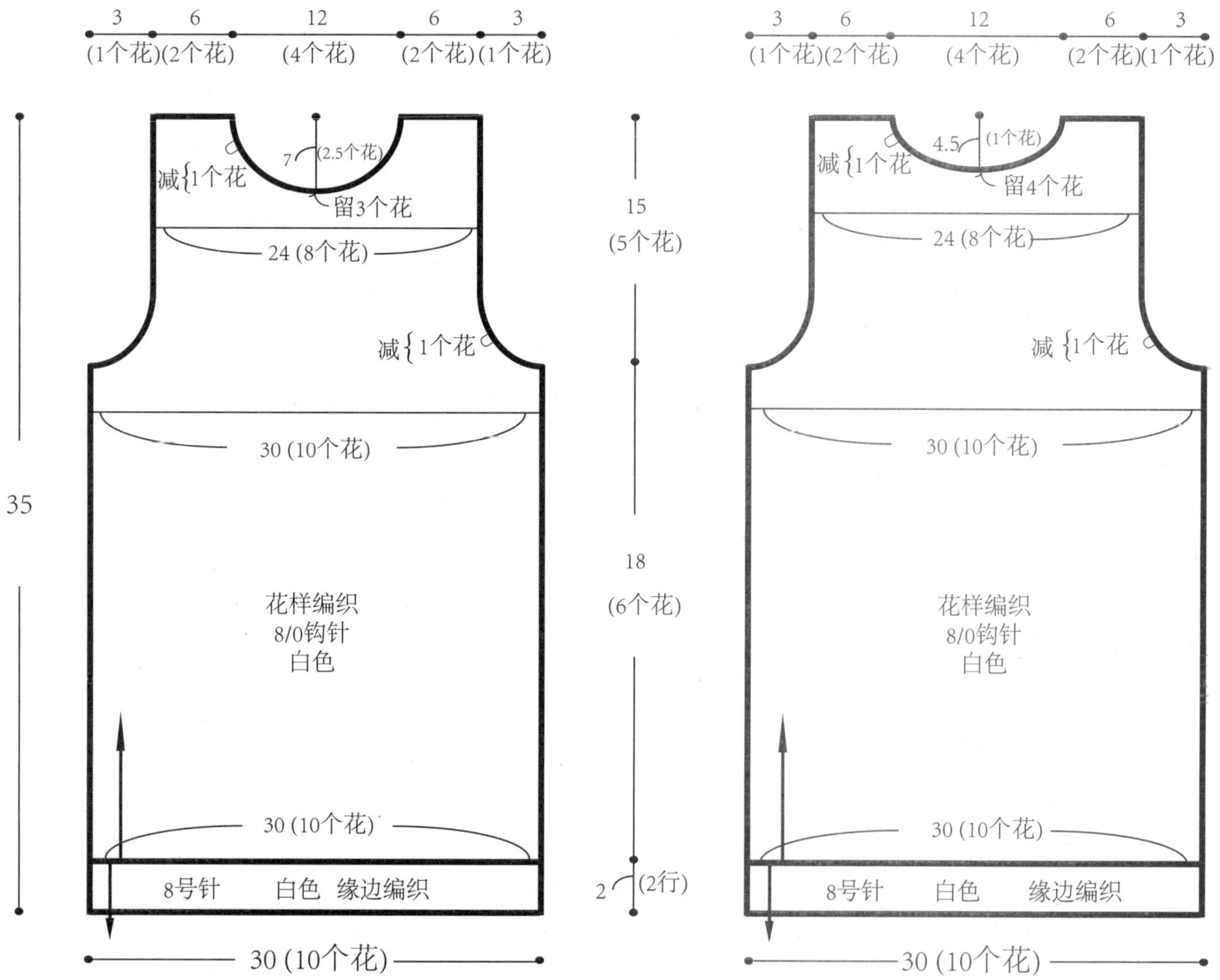

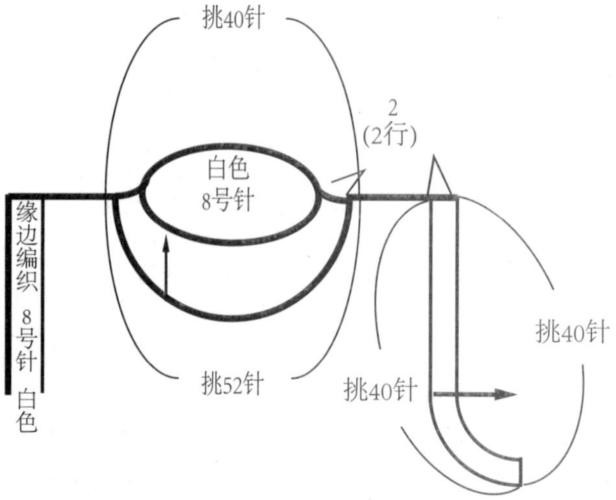

3 (1个花) 6 (2个花) 12 (4个花) 6 (2个花) 3 (1个花)

7 (2.5个花)
减{1个花
留3个花
24 (8个花)
减{1个花
30 (10个花)
35
花样编织
8/0钩针
白色
30 (10个花)
8号针　白色　缘边编织
30 (10个花)

15 (5个花)
18 (6个花)
2 (2行)

3 (1个花) 6 (2个花) 12 (4个花) 6 (2个花) 3 (1个花)

4.5 (1个花)
减{1个花
留4个花
24 (8个花)
减{1个花
30 (10个花)
花样编织
8/0钩针
白色
30 (10个花)
8号针　白色　缘边编织
30 (10个花)

挑40针
2 (2行)
白色
8号针
缘边编织 8号针 白色
挑52针
挑40针
挑40针

编织方法：此款毛衣编织的难点是花样编织。

首先分别将前、后身片编织好并缝合，缝合时注意花样对齐、平坦。

接着编织领口、袖口及下摆缘边。

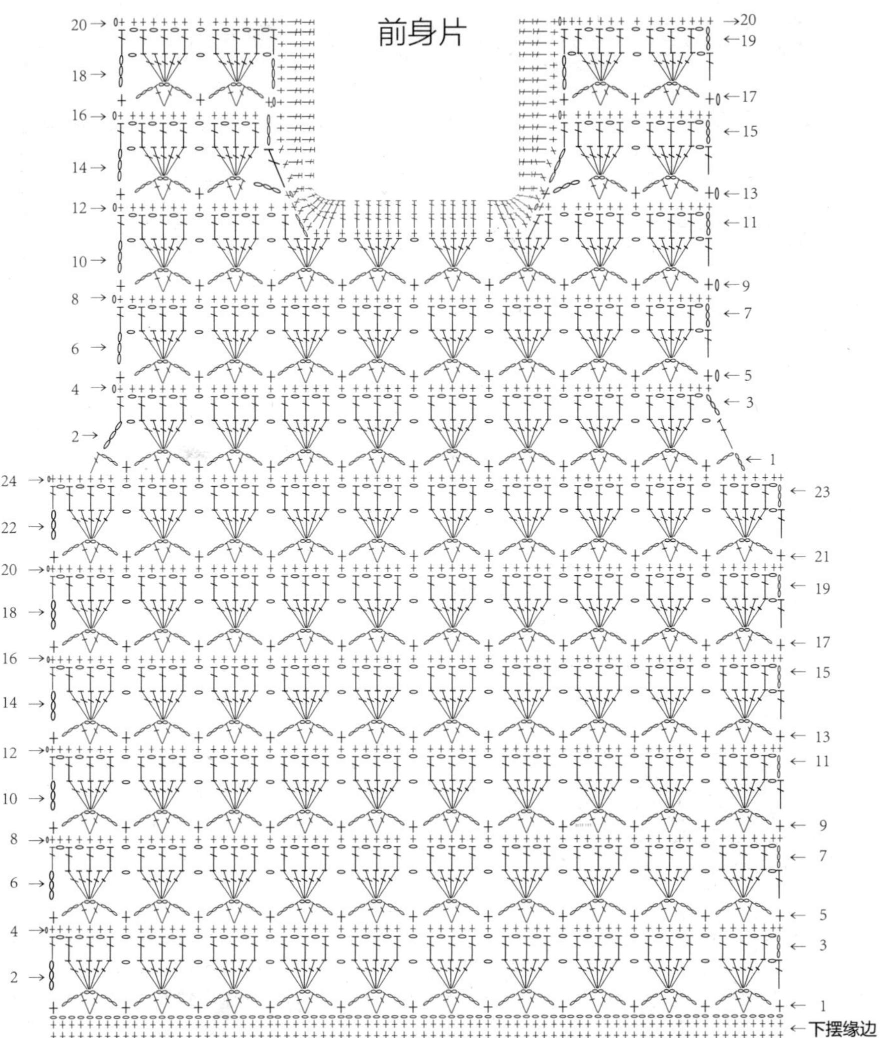
前身片
下摆缘边

袖口缘边

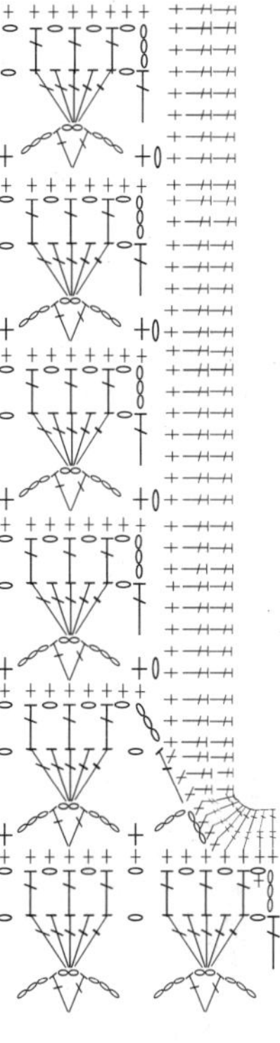

后身片

缘边编织

no. 17
宝蓝色套头衫

编织材料： 中粗棉线　宝蓝色127g

编织工具： 8号、9号棒针

编织密度： 24针×30行/10cm×10cm

成品尺寸： 衣长33cm、胸宽28cm、肩宽21cm、袖长29cm

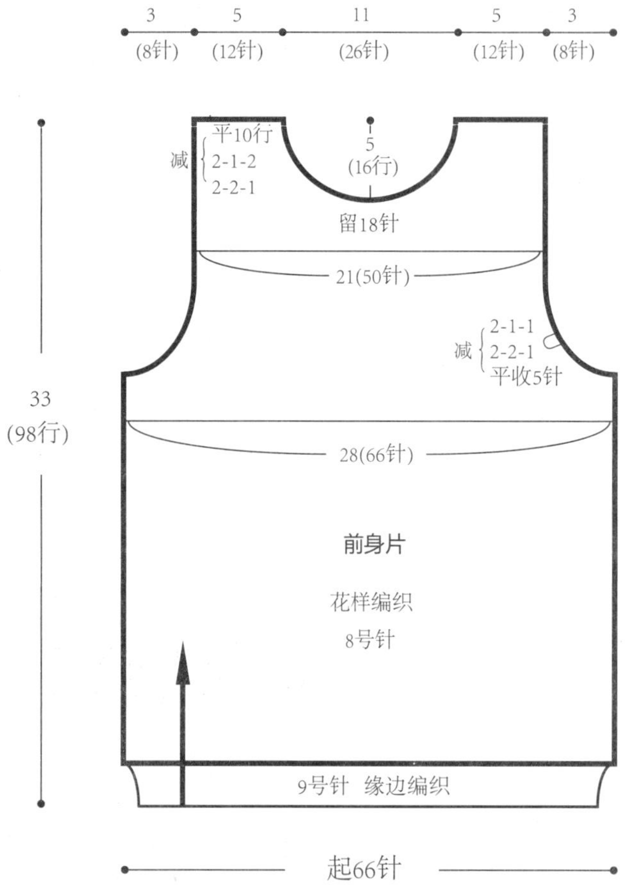

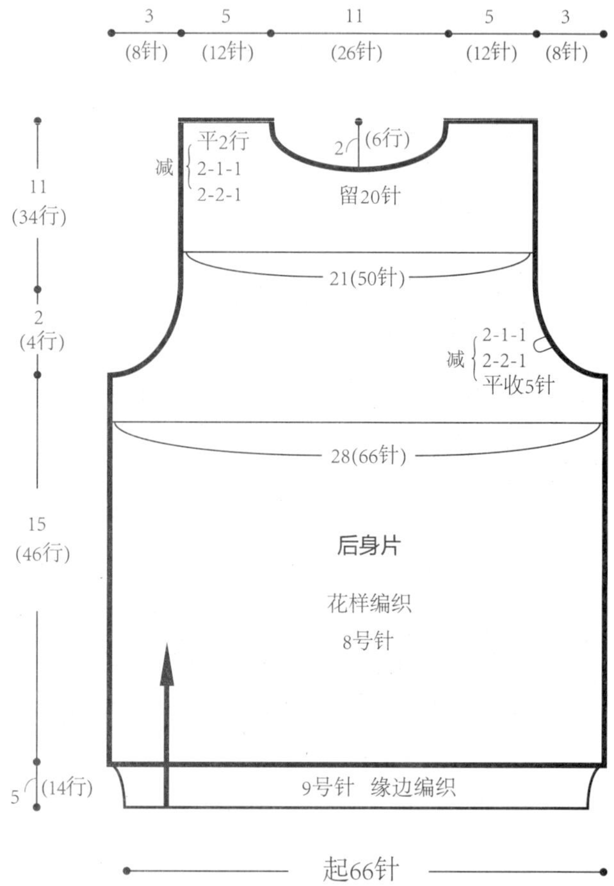

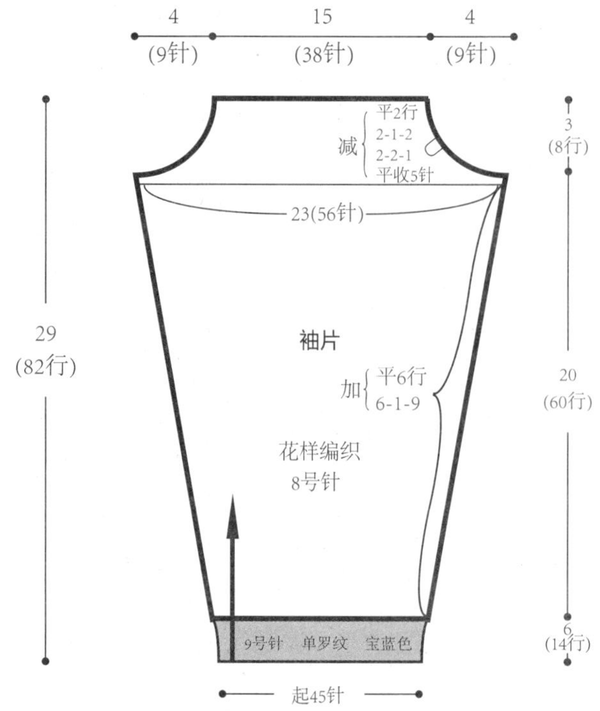

前身片

3 (8针)　5 (12针)　11 (26针)　5 (12针)　3 (8针)

减 平10行 2-1-2 2-2-1

5 (16行)

留18针

21(50针)

减 2-1-1 2-2-1 平收5针

28(66针)

33 (98行)

花样编织
8号针

9号针　缘边编织

起66针

后身片

3 (8针)　5 (12针)　11 (26针)　5 (12针)　3 (8针)

减 平2行 2-1-1 2-2-1

2 (6行)

留20针

21(50针)

减 2-1-1 2-2-1 平收5针

28(66针)

11 (34行)

2 (4行)

15 (46行)

5 (14行)

花样编织
8号针

9号针　缘边编织

起66针

袖片

4 (9针)　15 (38针)　4 (9针)

减 平2行 2-1-2 2-2-1 平收5针

3 (8行)

23(56针)

29 (82行)

加 平6行 6-1-9

20 (60行)

花样编织
8号针

9号针　单罗纹　宝蓝色

6 (14行)

起45针

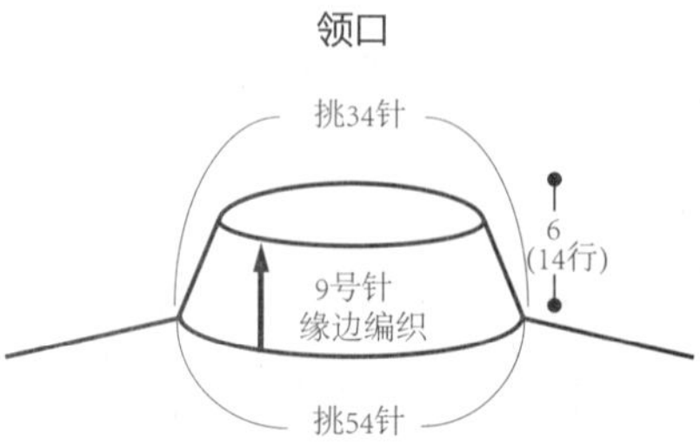

领口

挑34针

9号针
缘边编织

6 (14行)

挑54针

no.19
棋盘格花样马甲

编织材料：中粗驼羊毛线-棕色30g、白色60g
编织工具：9号、10号棒针
编织密度：24针×27行/10cm×10cm
成品尺寸：衣长30cm、胸宽24cm、肩宽17cm

编织方法：此款毛衣编织的难点是花样编织。由于花样多所以要注意变化的规律。
首先分别将前、后身片编织好并缝合，缝合时注意花样对齐、平坦。
接着编织左、右袖并缝合，缝合时注意花样对齐、平坦。
最后编织领口缘边。

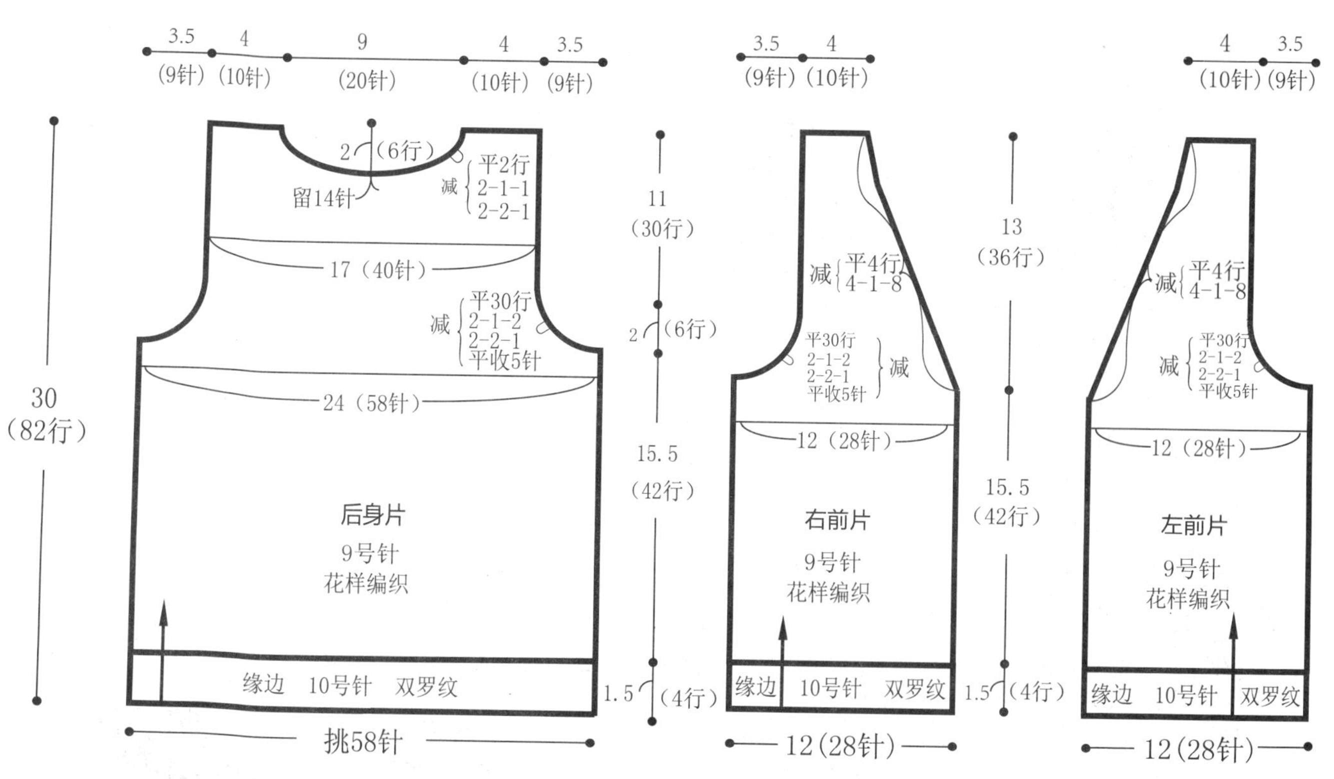

后身片
9号针
花样编织
缘边 10号针 双罗纹
挑58针
右前片
左前片
12(28针)

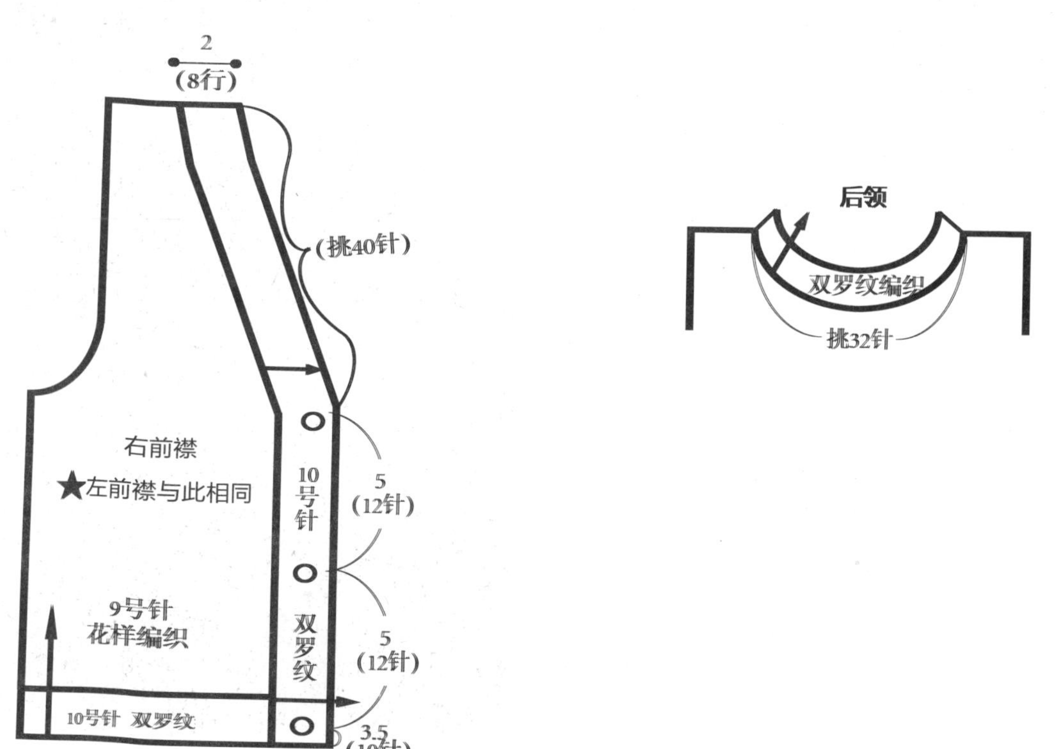

右前襟
★左前襟与此相同
9号针
花样编织
10号针 双罗纹
后领
双罗纹编织
挑32针

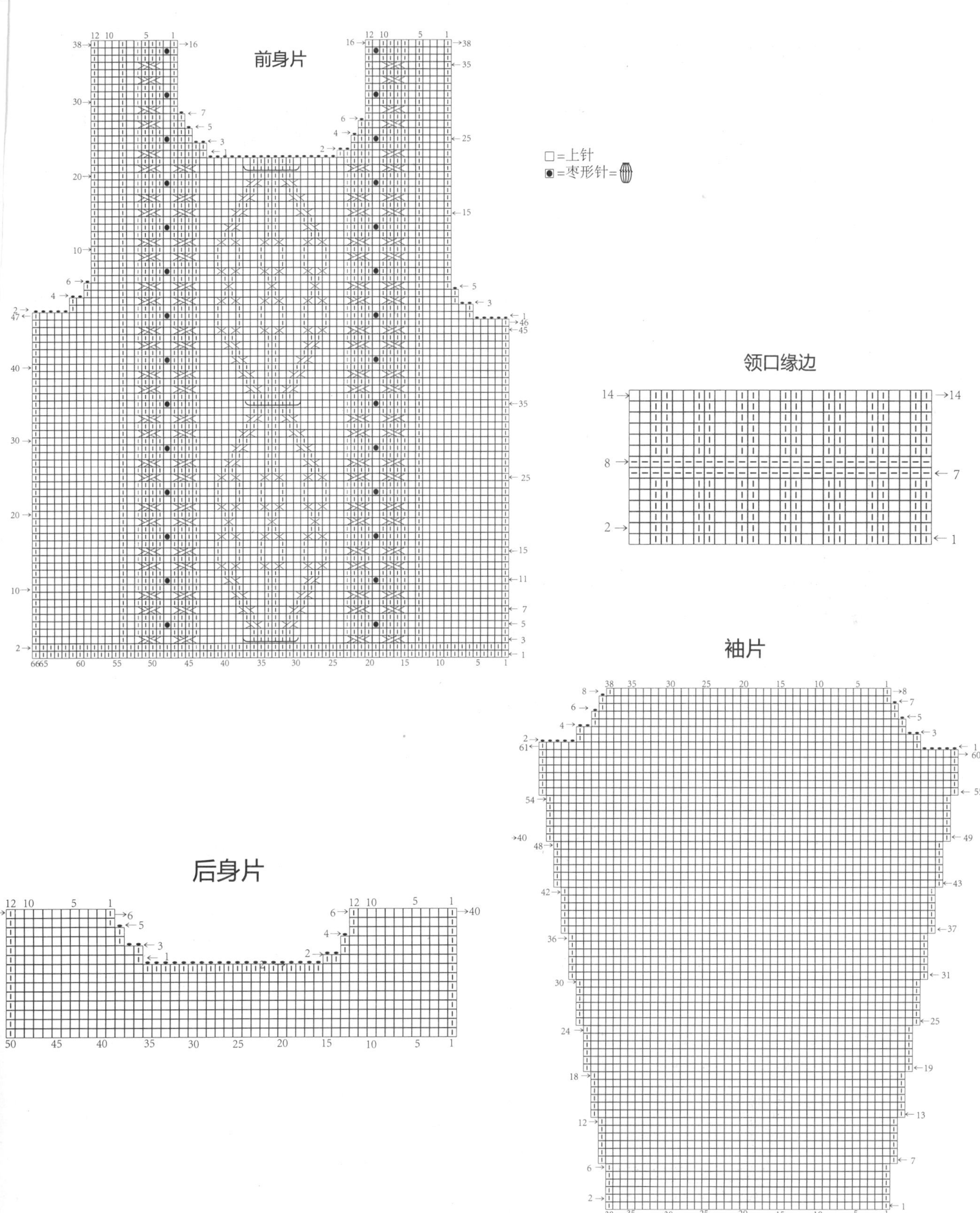

前身片
□=上针
领口缘边
袖片
后身片

no.18
绿色七分袖套头衫

编织材料： 中粗棉线　浅绿色90g
编织工具： 9号、10号棒针
编织密度： 24针×28行/10cm×10cm
成品尺寸： 衣长31cm、胸宽26cm、肩宽20cm、袖长18cm

编织方法： 此款毛衣编织的难点是花样编织。
首先分别将前、后身片编织好并缝合，缝合时要特别注意花样对齐、平整。
接着编织左、右袖片并缝合，缝合时注意花样对齐、平整。最后编织领口缘边。

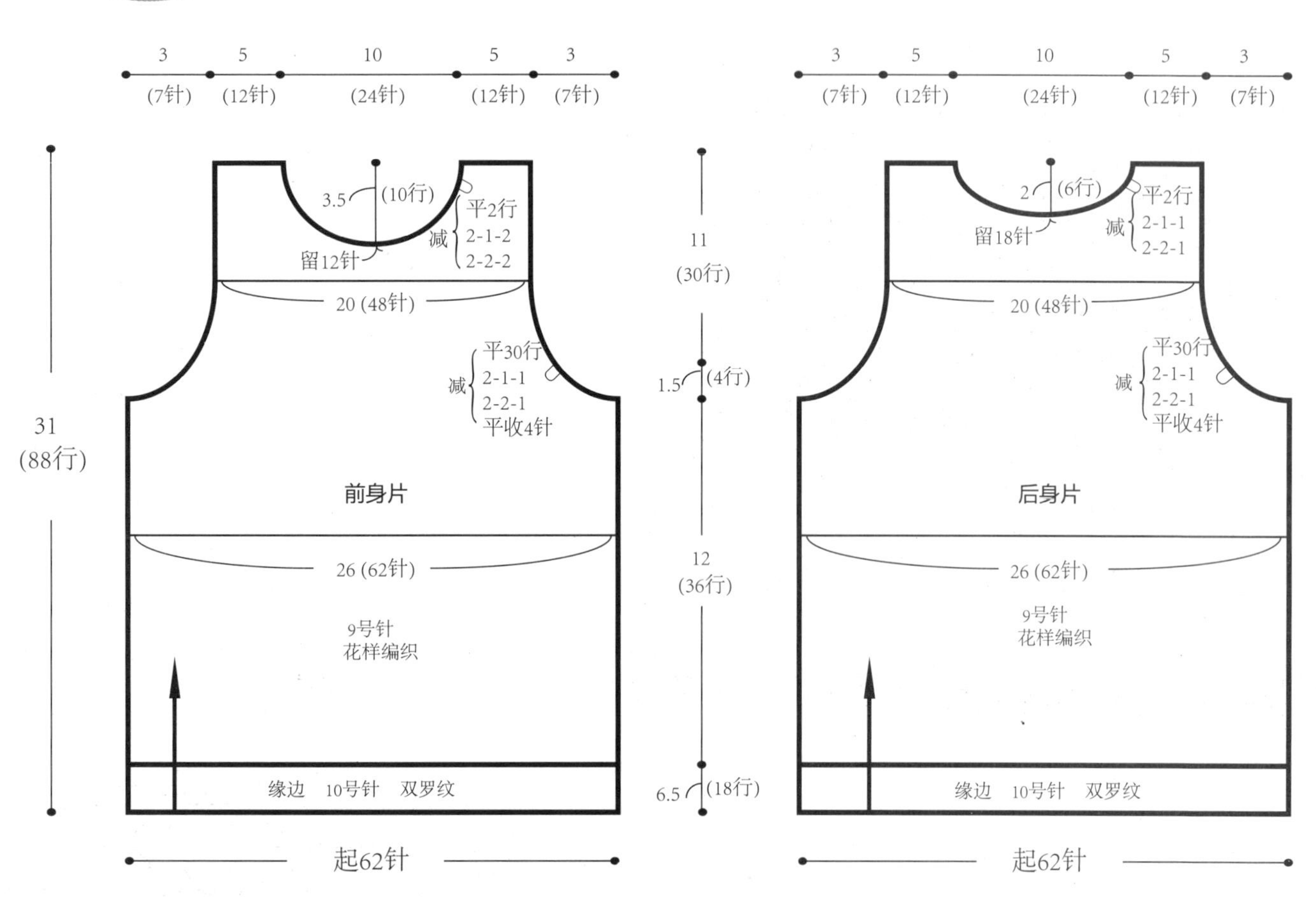
前身片
后身片
起62针
9号针 花样编织
缘边 10号针 双罗纹
留12针
留18针
20 (48针)
26 (62针)
31 (88行)
11 (30行)
12 (36行)
6.5 (18行)

领口
后
挑40针
10号针 双罗纹
挑40针
前

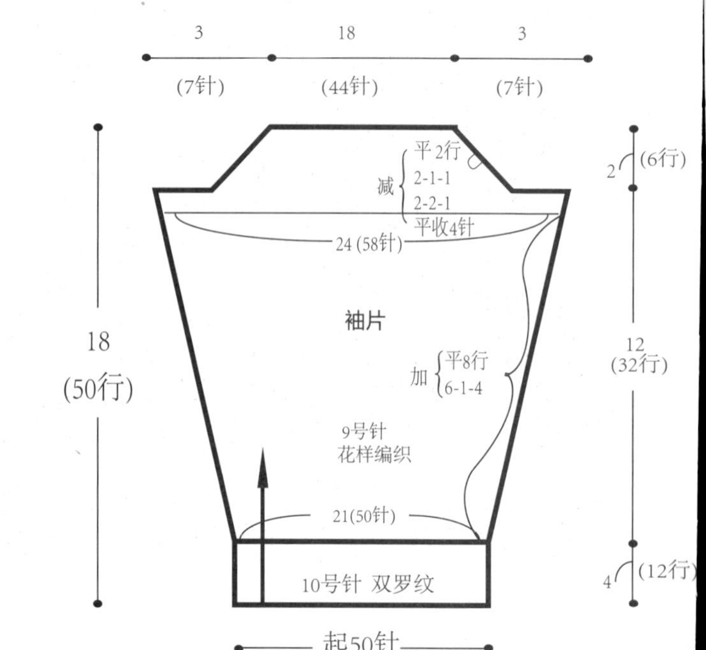
袖片
起50针
10号针 双罗纹
9号针 花样编织
24 (58针)
21(50针)
18 (50行)

前身片

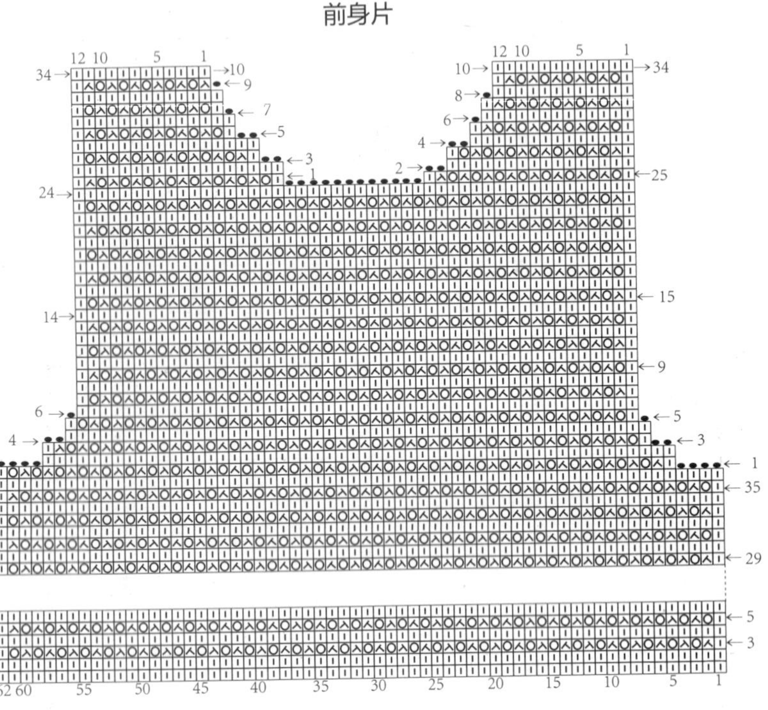

后身片

袖片

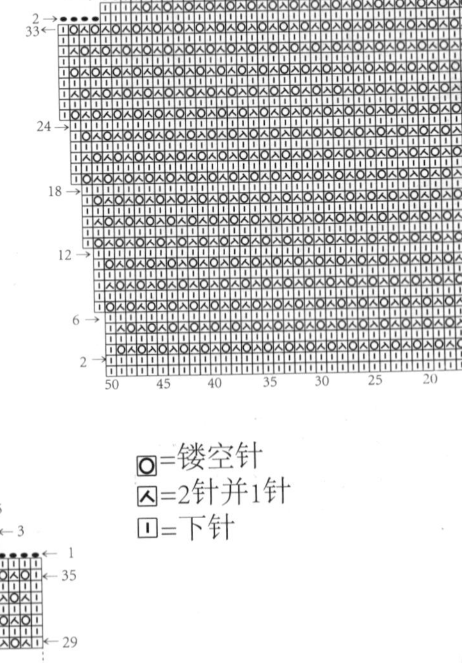

◎=镂空针
⋀=2针并1针
Ⅰ=下针

编织方法： 此款毛衣编织的难点是花样编织。由于色线转换比较频繁，所以要特别注意颜色变化的规律和手劲的松紧。

首先分别将左、右前身片及后身片编织好并缝合，缝合时注意花样对齐、平整。

接着编织领口及袖口缘边，注意松紧适当、平坦无皱。

右前片
左前片
后身片
■=棕色
□=白色
下针

no.20
棕色扭花
套头衫

编织材料：美丽奴中粗羊毛线　棕色130g

编织工具：8号、9号棒针

编织密度：23针×30行/10cm×10cm

成品尺寸：衣长38cm、胸宽30cm、肩宽21cm、袖长30cm

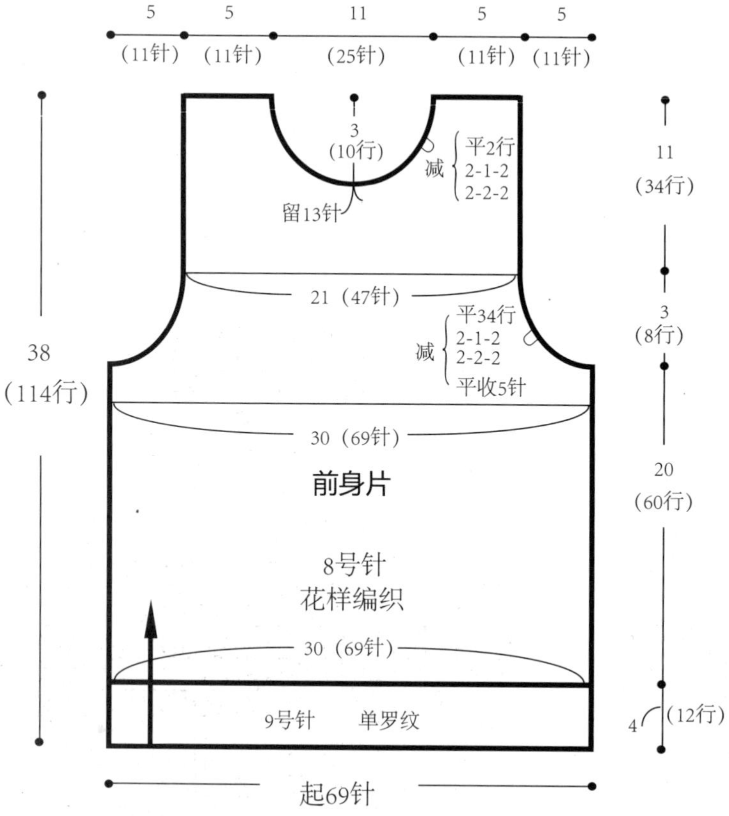

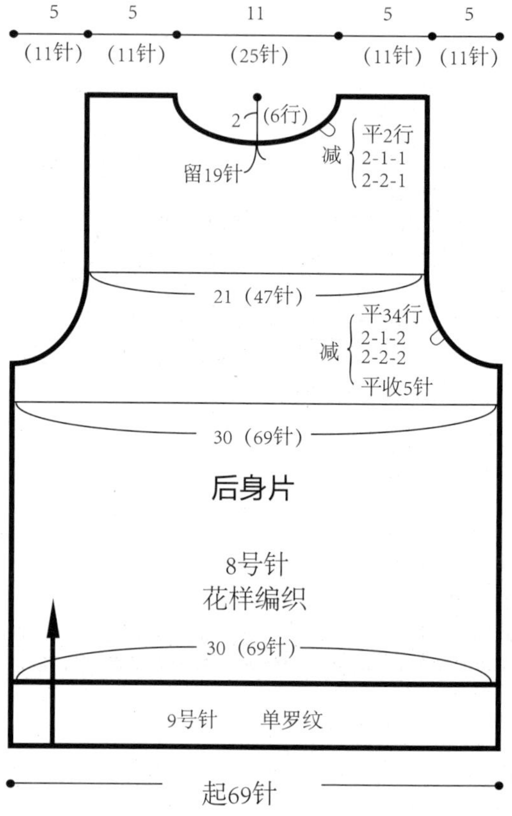

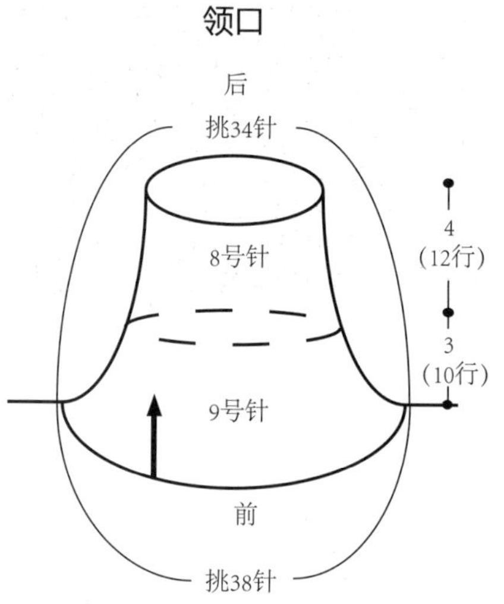

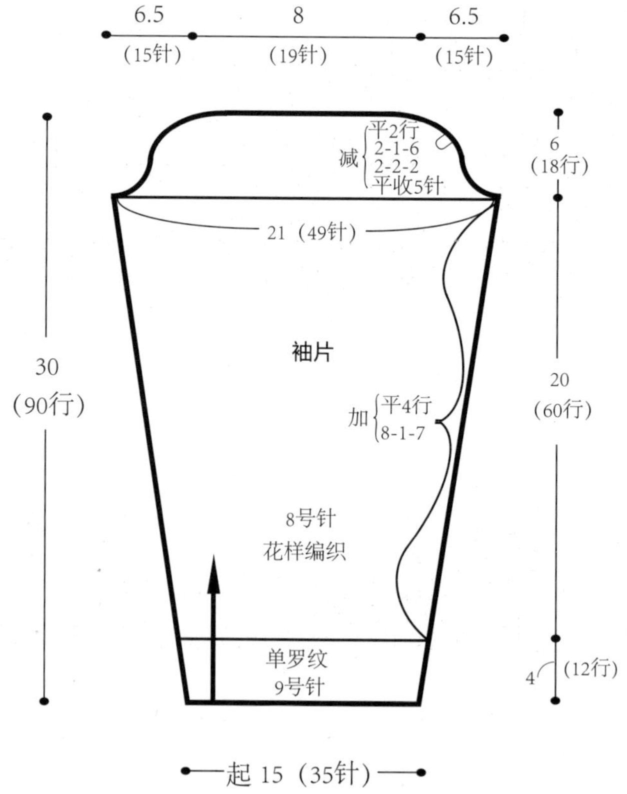

5 5 11 5 5
(11针) (11针) (25针) (11针) (11针)
3
(10行)
留13针
减 平2行 2-1-2 2-2-2
11
(34行)
21 (47针)
减 平34行 2-1-2 2-2-2 平收5针
3
(8行)
38
(114行)
30 (69针)
前身片
8号针
花样编织
20
(60行)
30 (69针)
9号针 单罗纹
4 (12行)
起69针
5 5 11 5 5
(11针) (11针) (25针) (11针) (11针)
2 (6行)
留19针
减 平2行 2-1-1 2-2-1
21 (47针)
减 平34行 2-1-2 2-2-2 平收5针
30 (69针)
后身片
8号针
花样编织
30 (69针)
9号针 单罗纹
起69针
领口
后
挑34针
8号针
4
(12行)
3
(10行)
9号针
前
挑38针
6.5 8 6.5
(15针) (19针) (15针)
减 平2行 2-1-6 2-2-2 平收5针
6
(18行)
21 (49针)
袖片
30
(90行)
20
(60行)
加 平4行 8-1-7
8号针
花样编织
单罗纹
9号针
4 (12行)
起 15 (35针)

编织方法： 此款毛衣编织的难点是花样编织。由于花样多所以要注意变化的规律。
首先分别将前、后身片编织好并缝合，缝合时注意花样对齐、平坦。
接着编织左、右袖并缝合，缝合时注意花样对齐、平坦。
最后编织领口缘边。

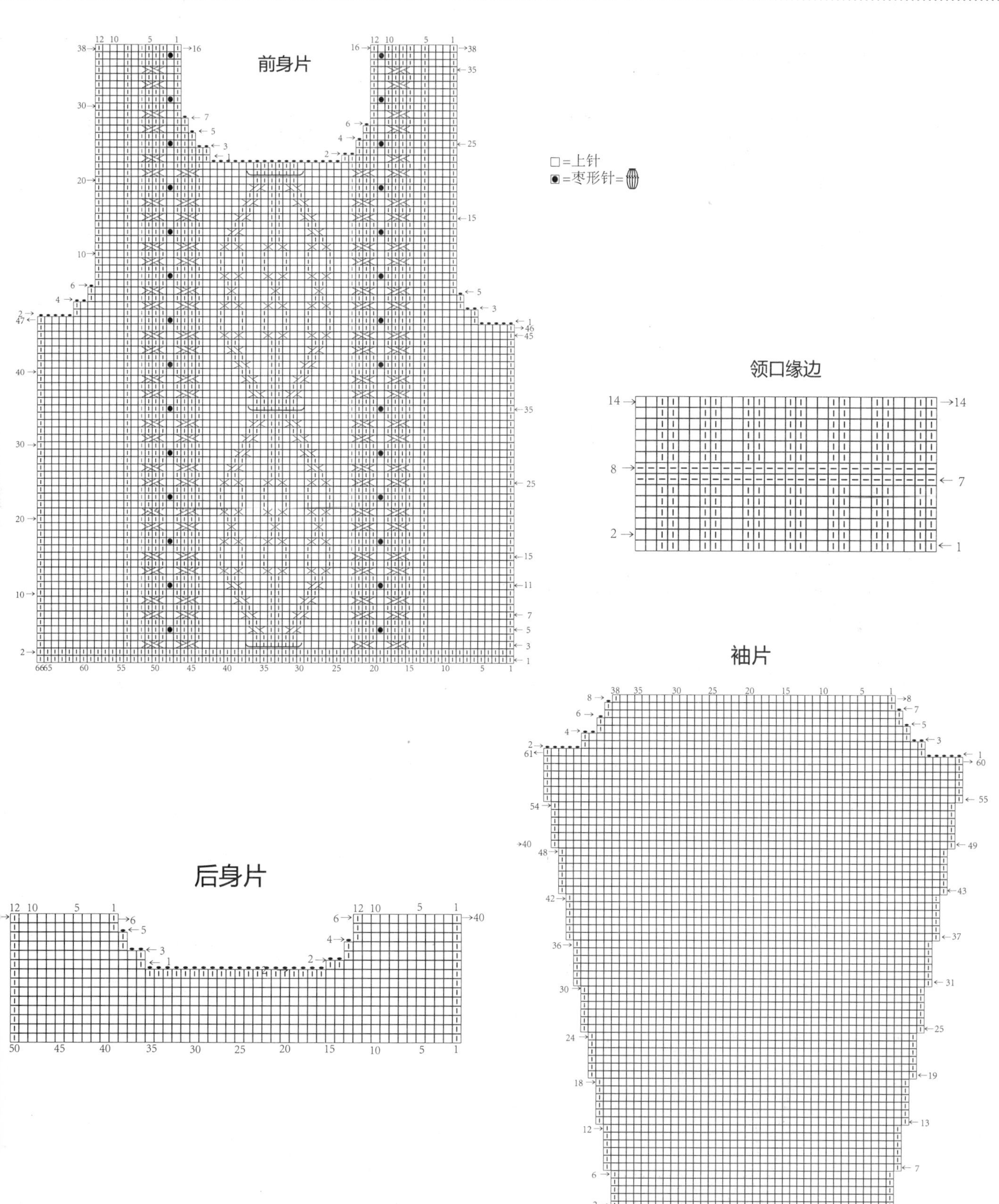

前身片
□=上针
●=枣形针=
领口缘边
袖片
后身片

no.18
绿色七分袖
套头衫

编织材料： 中粗棉线　浅绿色90g

编织工具： 9号、10号棒针

编织密度： 24针×28行/10cm×10cm

成品尺寸： 衣长31cm、胸宽26cm、肩宽20cm、袖长18cm

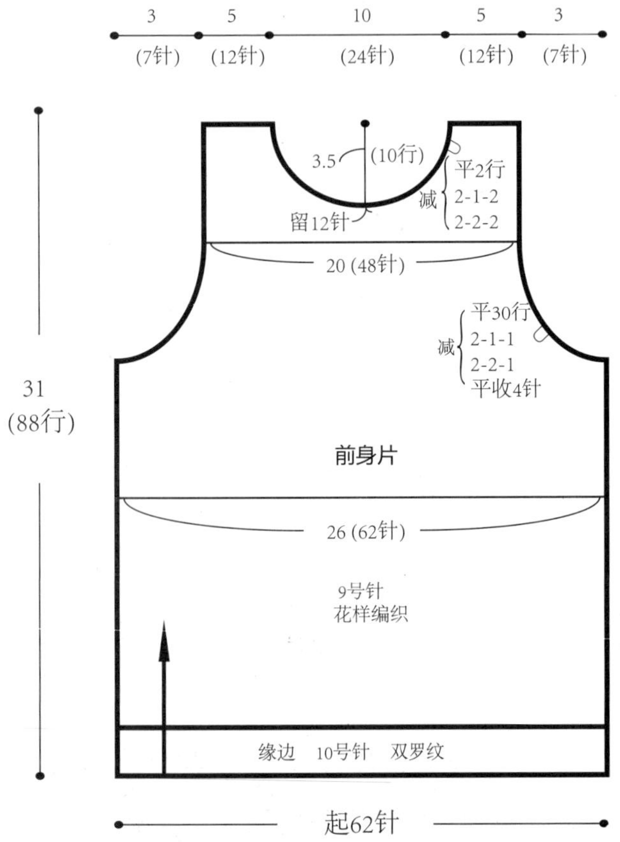

3　5　10　5　3
(7针)　(12针)　(24针)　(12针)　(7针)

3.5　(10行)
平2行
减 2-1-2
2-2-2
留12针
20 (48针)
平30行
减 2-1-1
2-2-1
平收4针
31
(88行)
前身片
26 (62针)
9号针
花样编织
缘边　10号针　双罗纹
起62针

11
(30行)
1.5 (4行)
12
(36行)
6.5 (18行)

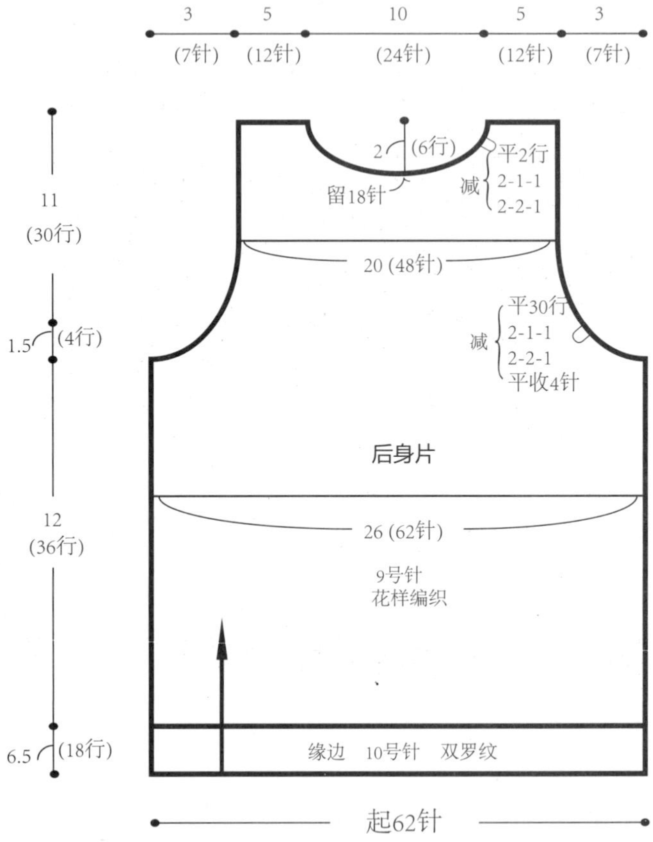

3　5　10　5　3
(7针)　(12针)　(24针)　(12针)　(7针)

2 (6行)
平2行
减 2-1-1
2-2-1
留18针
20 (48针)
平30行
减 2-1-1
2-2-1
平收4针
后身片
26 (62针)
9号针
花样编织
缘边　10号针　双罗纹
起62针

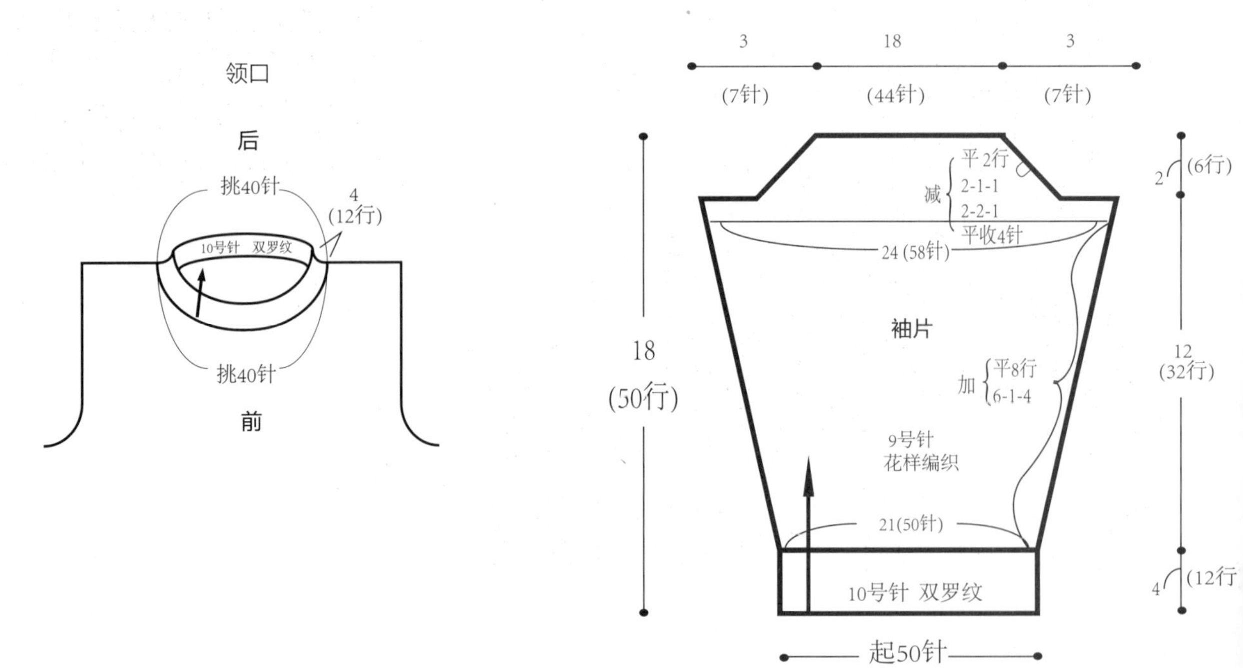
领口
后
挑40针
4
(12行)
10号针　双罗纹
挑40针
前
3　18　3
(7针)　(44针)　(7针)
平2行
减 2-1-1
2-2-1
平收4针
2 (6行)
24 (58针)
袖片
18
(50行)
加 平8行
6-1-4
12
(32行)
9号针
花样编织
21(50针)
10号针 双罗纹
4 (12行
起50针

编织方法： 此款毛衣编织的难点是花样编织。

首先分别将前、后身片编织好并缝合，缝合时要特别注意花样对齐、平整。

接着编织左、右袖片并缝合，缝合时注意花样对齐、平整。最后编织领口缘边。

前身片

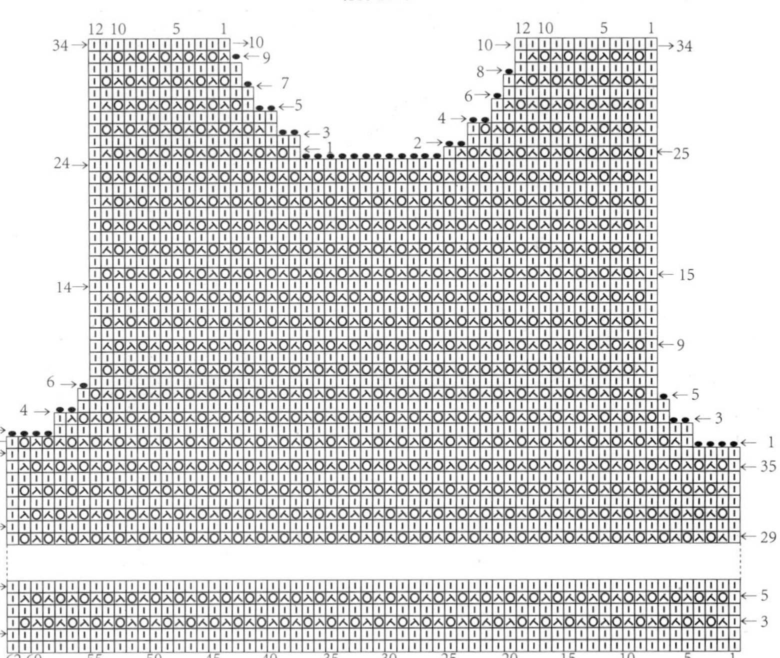

袖片

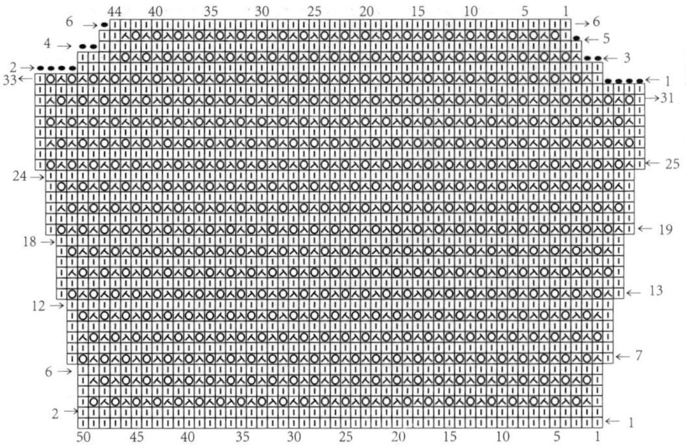

后身片

O=镂空针

⋏=2针并1针

I=下针

no.19
棋盘格花样
马甲

编织材料：中粗驼羊毛线-棕色30g、白色60g

编织工具：9号、10号棒针

编织密度：24针×27行/10cm×10cm

成品尺寸：衣长30cm、胸宽24cm、肩宽17cm

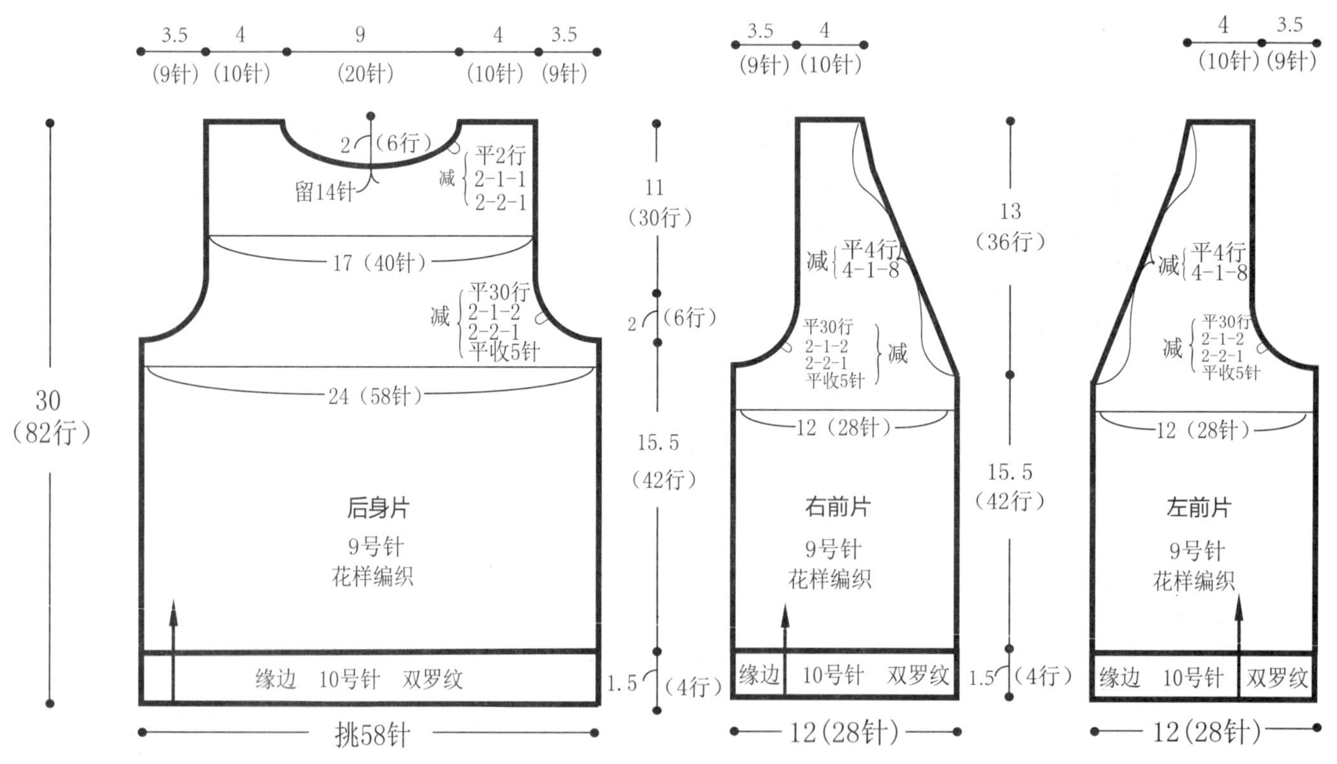
3.5 4 9 4 3.5
(9针) (10针) (20针) (10针) (9针)
2 (6行)
留14针
减 平2行 2-1-1 2-2-1
17（40针）
减 平30行 2-1-2 2-2-1 平收5针
24（58针）
30（82行）
后身片
9号针
花样编织
缘边 10号针 双罗纹
挑58针
11（30行）
2（6行）
15.5（42行）
1.5（4行）
3.5 4
(9针)(10针)
减 平4行 4-1-8
平30行 2-1-2 2-2-1 平收5针 减
12（28针）
右前片
9号针
花样编织
缘边 10号针 双罗纹
12（28针）
13（36行）
15.5（42行）
1.5（4行）
4 3.5
(10针)(9针)
减 平4行 4-1-8
减 平30行 2-1-2 2-2-1 平收5针
12（28针）
左前片
9号针
花样编织
缘边 10号针 双罗纹
12（28针）

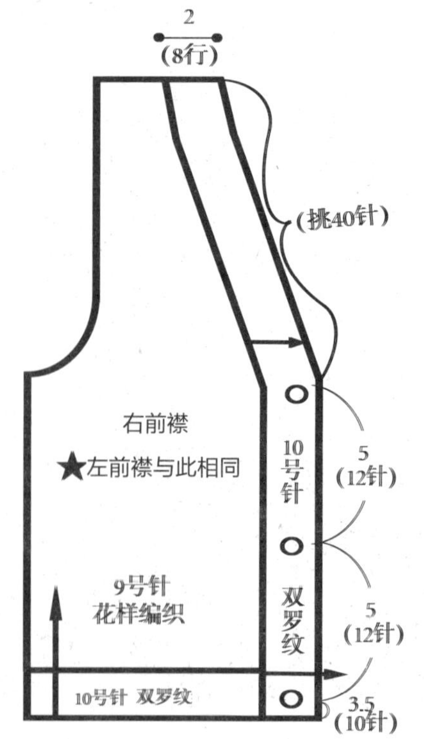
2
(8行)
(挑40针)
右前襟
★左前襟与此相同
10号针
9号针
花样编织
双罗纹
5
(12针)
5
(12针)
10号针 双罗纹
3.5
(10针)

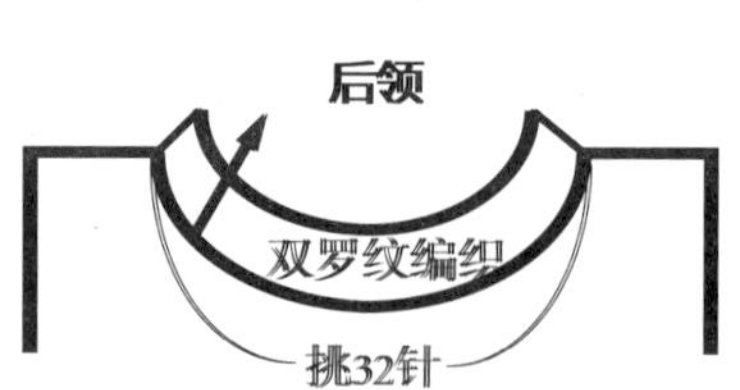
后领
双罗纹编织
挑32针

编织方法：此款毛衣编织的难点是花样的编织。

首先分别将前后身片、左右袖片编织好，注意变针的规律。然后把前后身片及袖片对应缝合，缝合时要注意花样的平整。

最后编织领口。

前身片

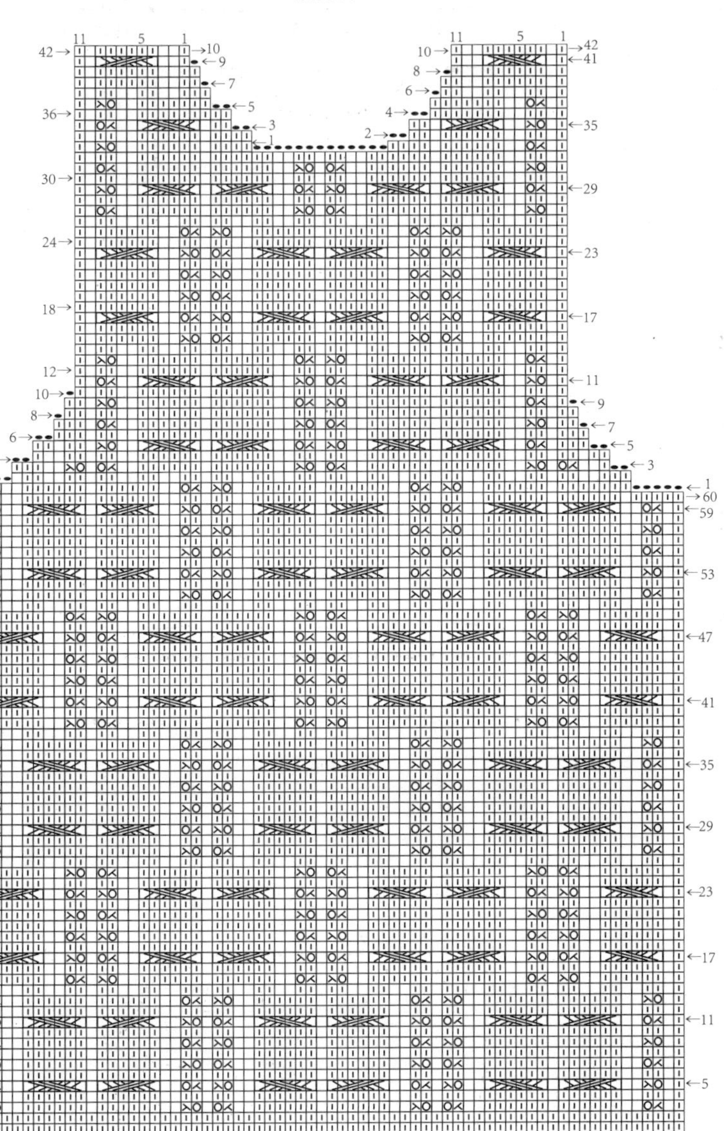

袖片

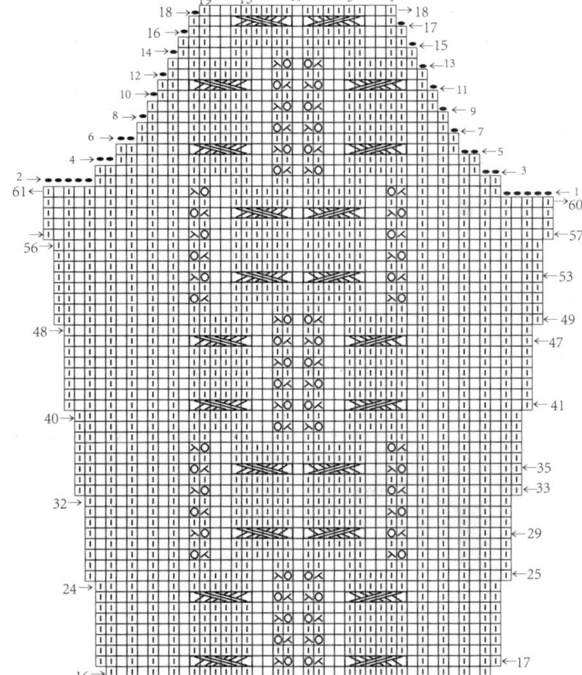

后领

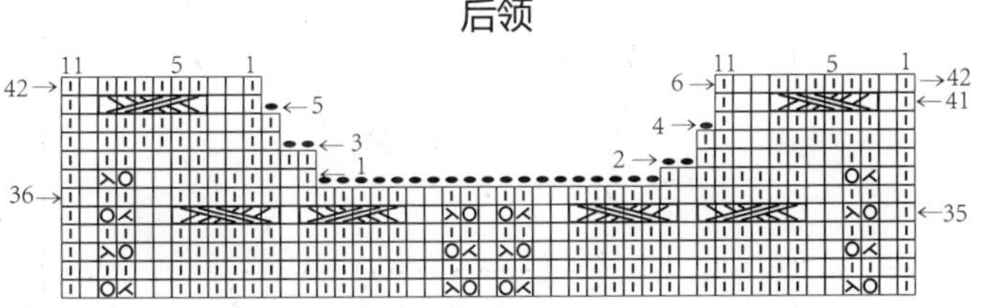

⊡=下针

⊚=镂空针

⊠=2针并1针

□=上针

no.21
灰色背心裙

编织材料：中粗羊毛线　灰色280g

编织工具：10号棒针，5/0钩针（2.2mm）

编织密度：24针×32行/10cm×10cm

成品尺寸：衣长47.5cm、胸宽29cm、肩宽22cm

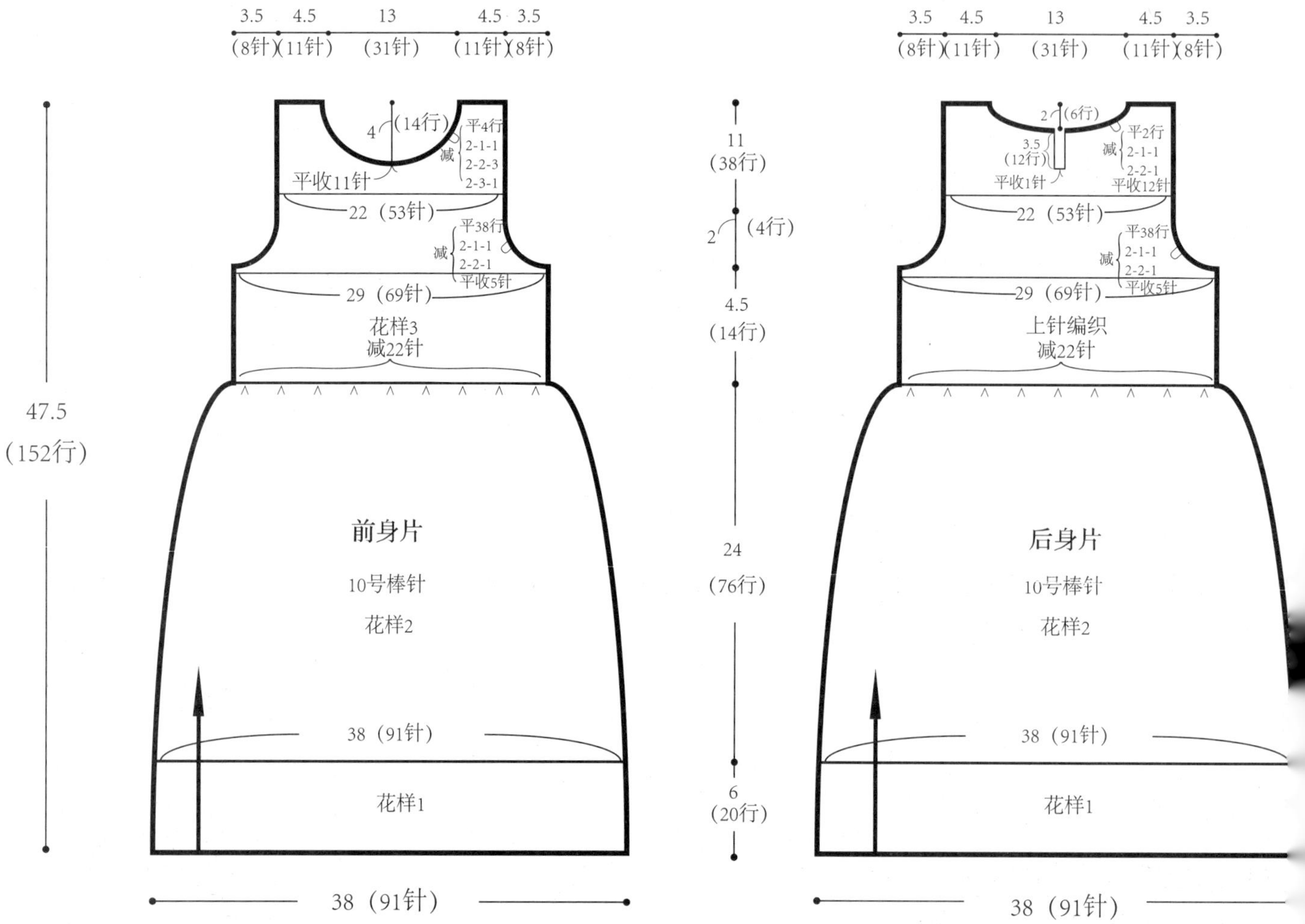

3.5（8针）4.5（11针）13（31针）4.5（11针）3.5（8针）

4（14行）

平4行
减 2-1-1
2-2-3
2-3-1

平收11针

22（53针）

平38行
减 2-1-1
2-2-1
平收5针

29（69针）

花样3
减22针

47.5（152行）

前身片
10号棒针
花样2

38（91针）

花样1

38（91针）

11（38行）

2（4行）

4.5（14行）

24（76行）

6（20行）

3.5（8针）4.5（11针）13（31针）4.5（11针）3.5（8针）

2（6行）

3.5（12行）

平收1针

平2行
减 2-1-1
2-2-1
平收12针

22（53针）

平38行
减 2-1-1
2-2-1
平收5针

29（69针）

上针编织
减22针

后身片
10号棒针
花样2

38（91针）

花样1

38（91针）

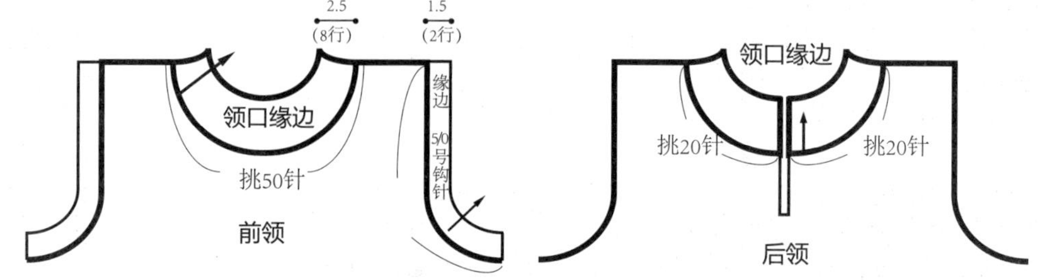
2.5
(8行)
1.5
(2行)
领口缘边
挑50针
缘边
5/0号钩针
前领
领口缘边
挑20针
挑20针
后领

编织方法： 此款毛衣编织难点是花样编织。

首先分别将前、后身片编织好并缝合，注意花样对齐、无皱、松紧适当。

最后编织领口及袖口缘边。

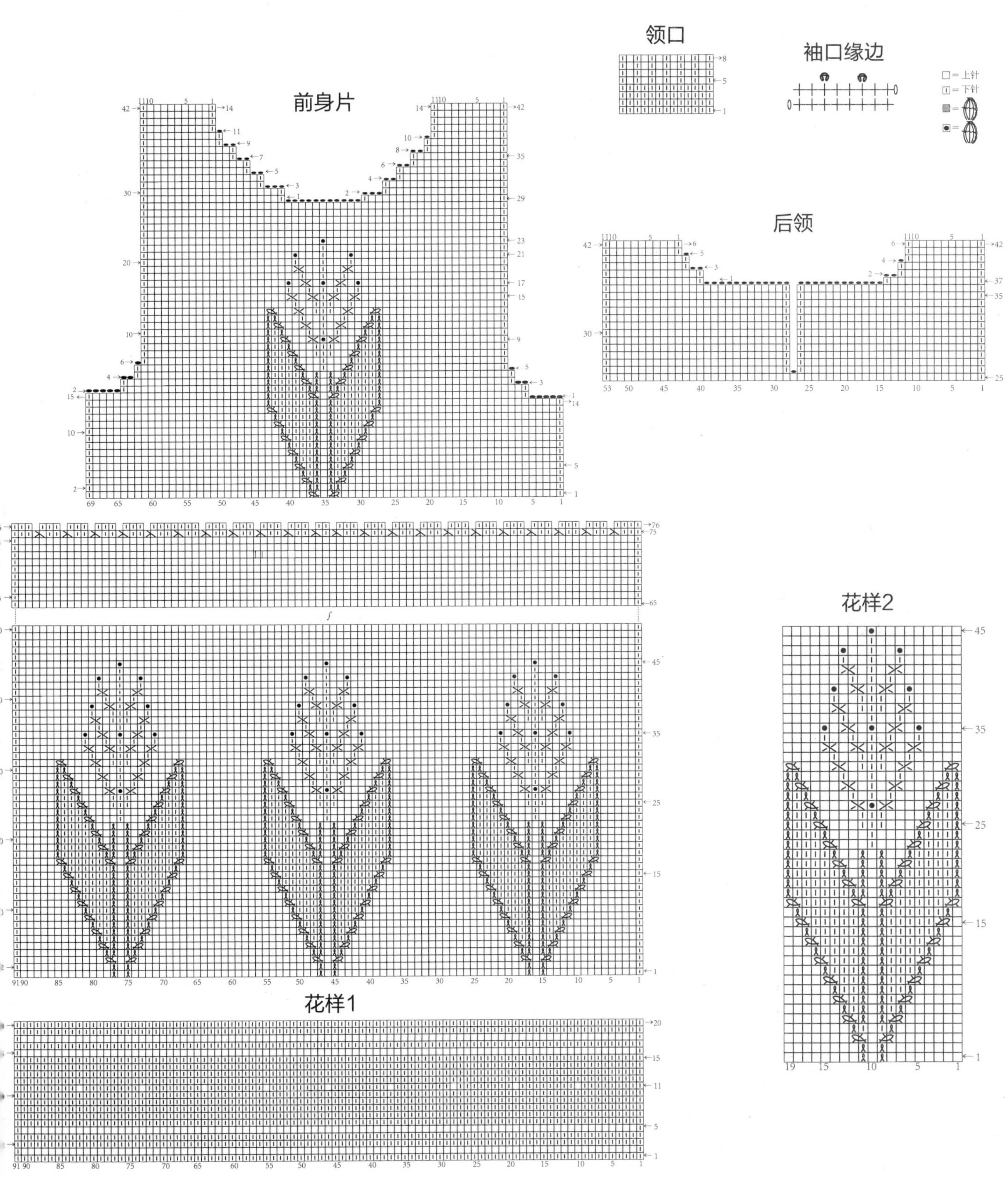

领口
袖口缘边
前身片
后领
花样1
花样2
□=上针
⧅=下针

no.22
大红色套头衫

编织材料： 中粗羊毛线　大红色190g、白色少量

编织工具： 9号、10号棒针

编织密度： 24针×30行/10cm×10cm

成品尺寸： 衣长34 cm、胸宽26cm、肩宽19cm、袖长26cm

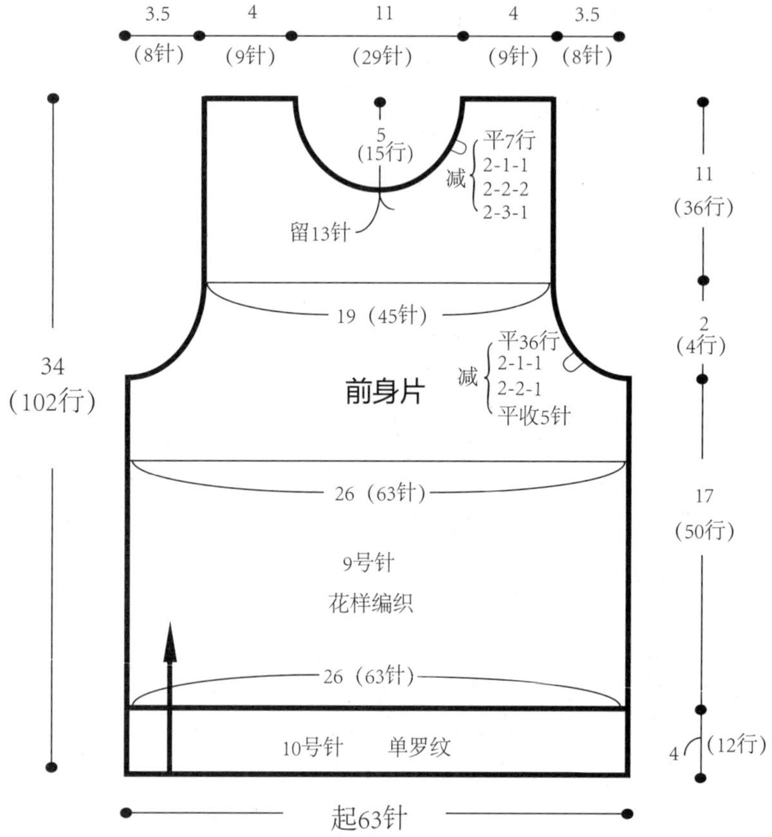

3.5 (8针)　4 (9针)　11 (29针)　4 (9针)　3.5 (8针)

5 (15行)
减 平7行 2-1-1 2-2-2 2-3-1
留13针
19 (45针)
减 平36行 2-1-1 2-2-1 平收5针
前身片
26 (63针)
9号针
花样编织
26 (63针)
10号针　单罗纹
34 (102行)
起63针

11 (36行)
2 (4行)
17 (50行)
4 (12行)

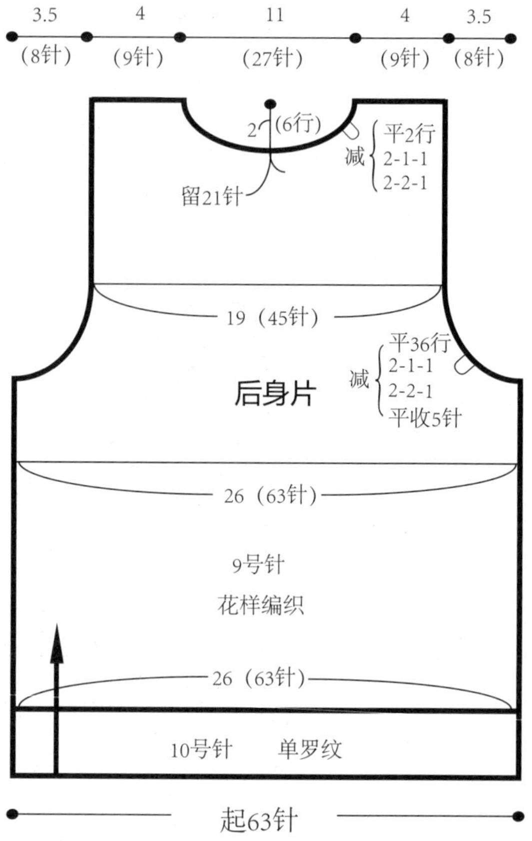

3.5 (8针)　4 (9针)　11 (27针)　4 (9针)　3.5 (8针)

2 (6行)
减 平2行 2-1-1 2-2-1
留21针
19 (45针)
减 平36行 2-1-1 2-2-1 平收5针
后身片
26 (63针)
9号针
花样编织
26 (63针)
10号针　单罗纹
起63针

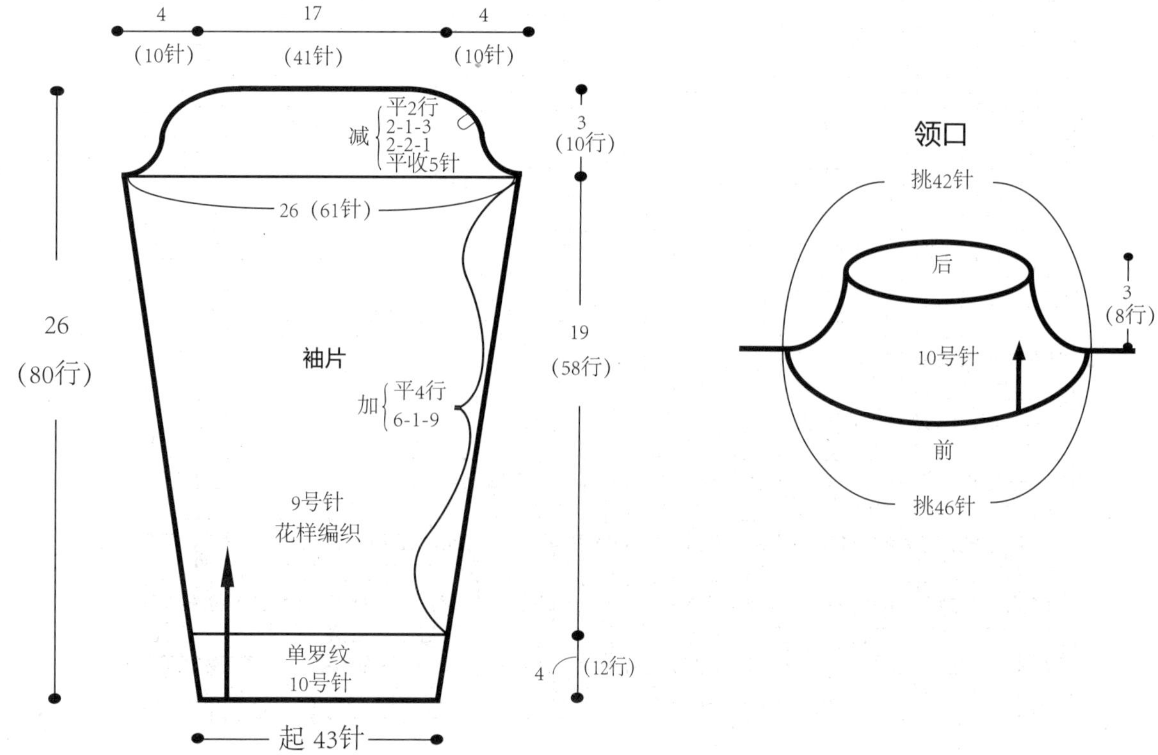
4 (10针)　17 (41针)　4 (10针)
减 平2行 2-1-3 2-2-1 平收5针
3 (10行)
26 (61针)
26 (80行)
袖片
加 平4行 6-1-9
19 (58行)
9号针
花样编织
单罗纹
10号针
4 (12行)
起 43针
领口
挑42针
后
3 (8行)
10号针
前
挑46针

编织方法： 此款毛衣编织的难点是图案，建议用分线法编织。
首先分别将前、后身片编织好并缝合，缝合时注意花样对齐、平整无皱。
接着编织左、右袖片并缝合，缝合时注意花样对齐、平整无皱。
最后编织领口缘边。

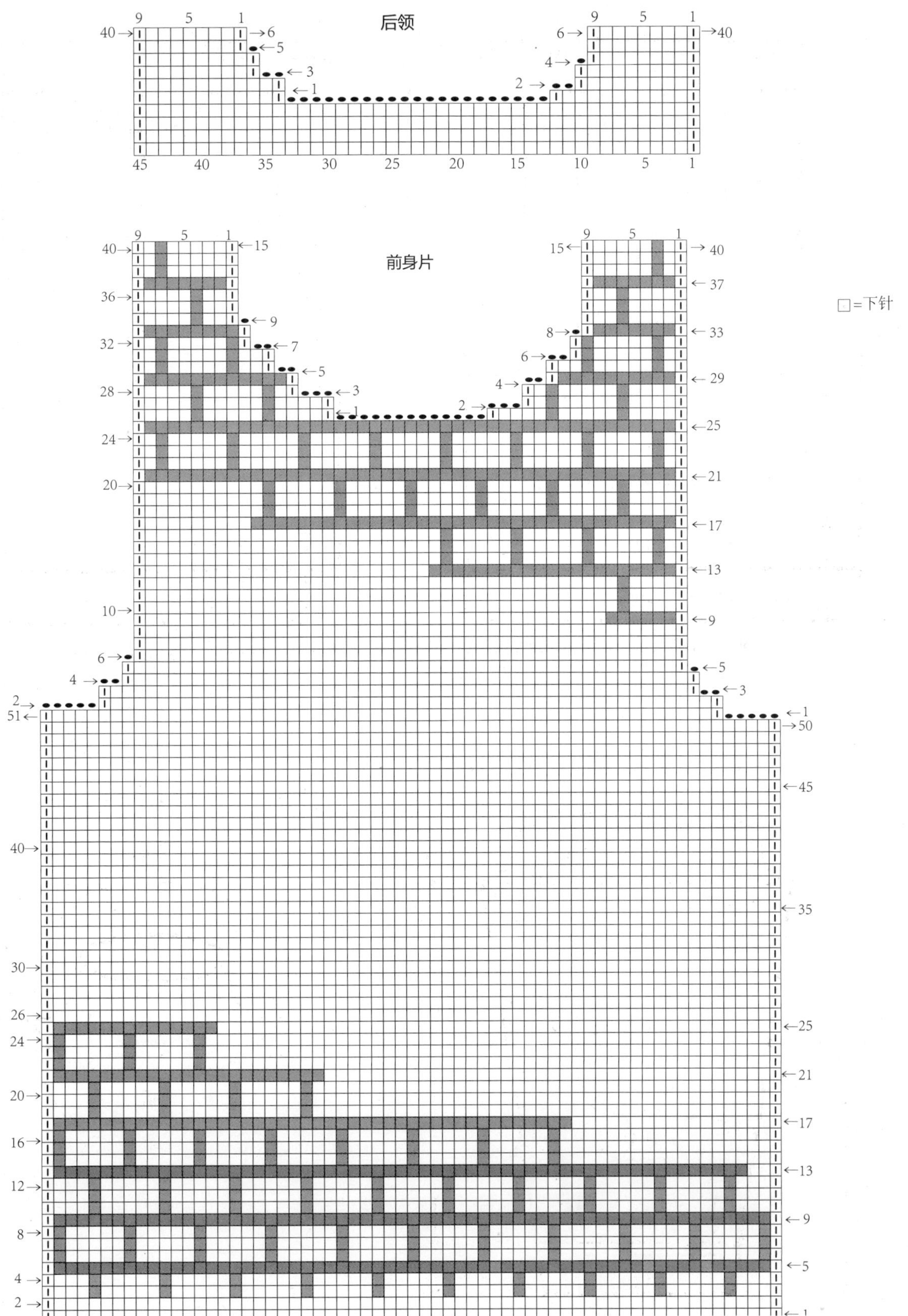

后领
前身片
□=下针

no.23
嫩黄色套头衫

编织材料： 中粗羊毛线　黄色160g，驼色50g，黑色、红色少量
编织工具： 8号、9号棒针
编织密度： 22针×32行/10cm×10cm
成品尺寸： 衣长34cm、胸宽28cm、肩宽21cm、袖长26cm

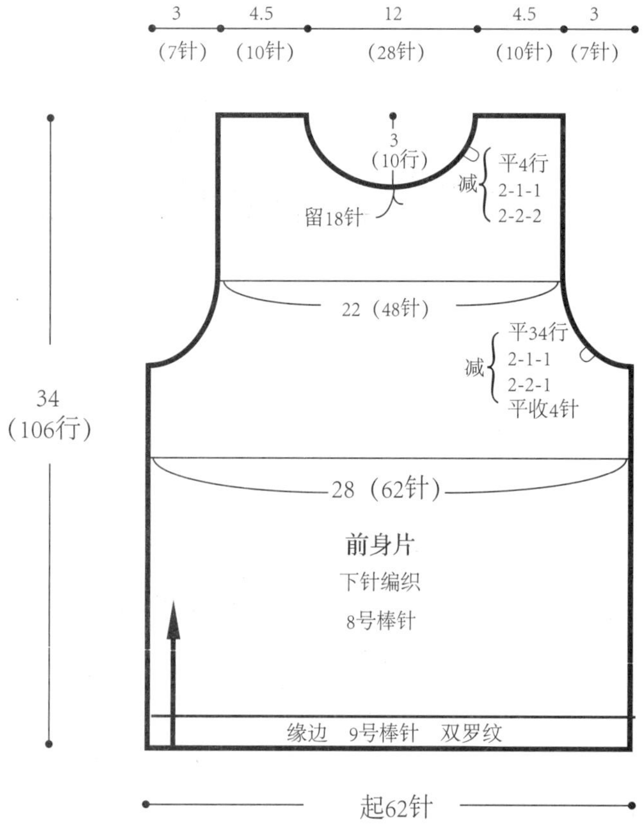

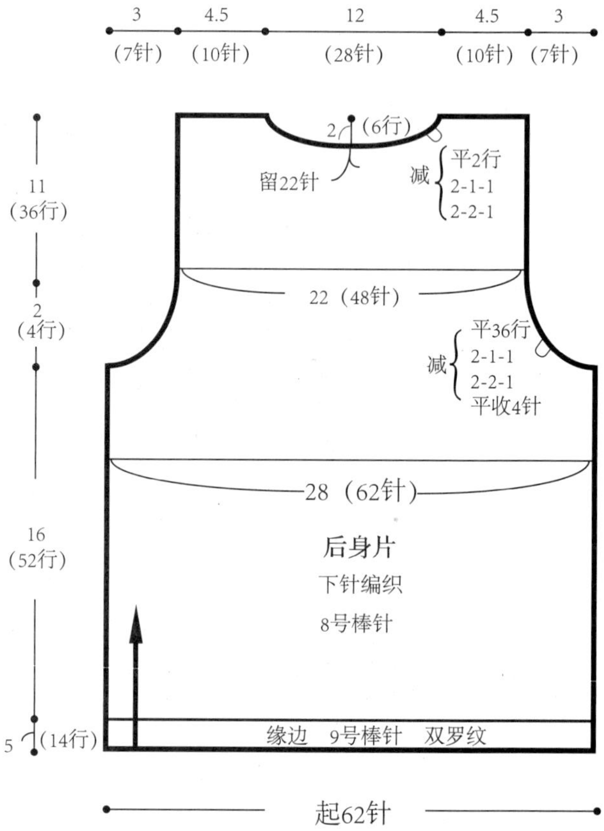

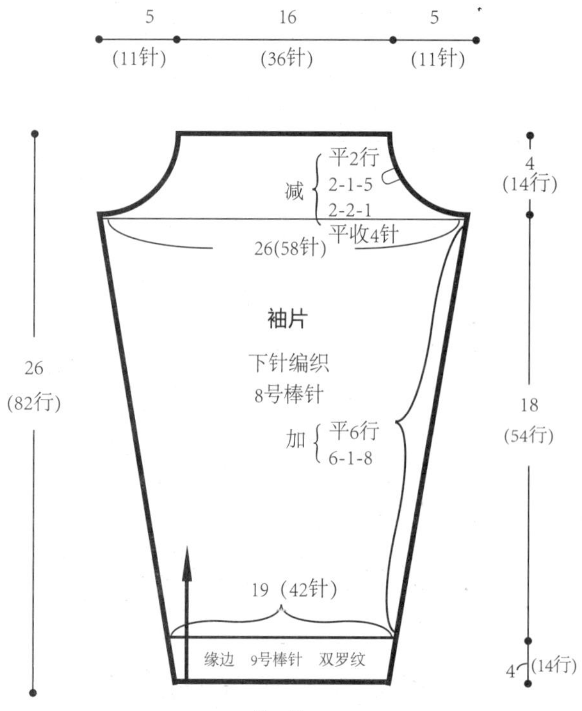

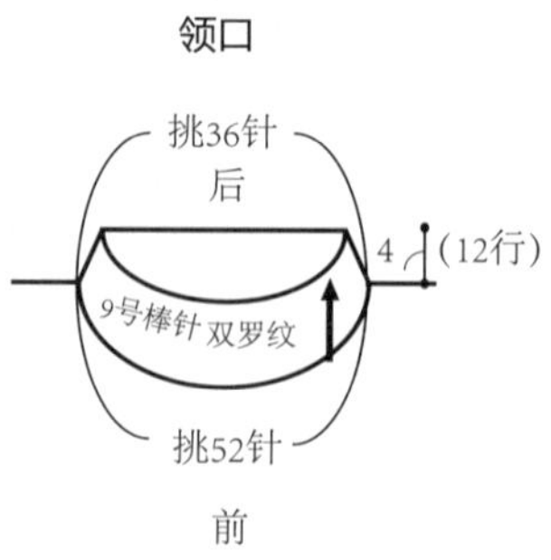

前身片
下针编织
8号棒针
3（7针）　4.5（10针）　12（28针）　4.5（10针）　3（7针）
3（10行）
留18针
减 平4行 2-1-1 2-2-2
22（48针）
减 平34行 2-1-1 2-2-1 平收4针
28（62针）
缘边　9号棒针　双罗纹
起62针
34（106行）

11（36行）
2（4行）
16（52行）
5（14行）

后身片
下针编织
8号棒针
3（7针）　4.5（10针）　12（28针）　4.5（10针）　3（7针）
2（6行）
留22针
减 平2行 2-1-1 2-2-1
22（48针）
减 平36行 2-1-1 2-2-1 平收4针
28（62针）
缘边　9号棒针　双罗纹
起62针

袖片
下针编织
8号棒针
5（11针）　16（36针）　5（11针）
减 平2行 2-1-5 2-2-1 平收4针
26(58针)
加 平6行 6-1-8
19（42针）
缘边　9号棒针　双罗纹
起42针
26（82行）
4（14行）
18（54行）
4（14行）

领口
挑36针
后
4（12行）
9号棒针 双罗纹
挑52针
前

编织方法：此款毛衣编织的难点是图案。

首先将前、后身片分别编织，注意色线的转换。建议用左右手分线、分区块编织。

接着编织左右袖片，再将衣身片、袖片分别缝合。

最后编织领口，注意松紧适当。将装饰物缝上。

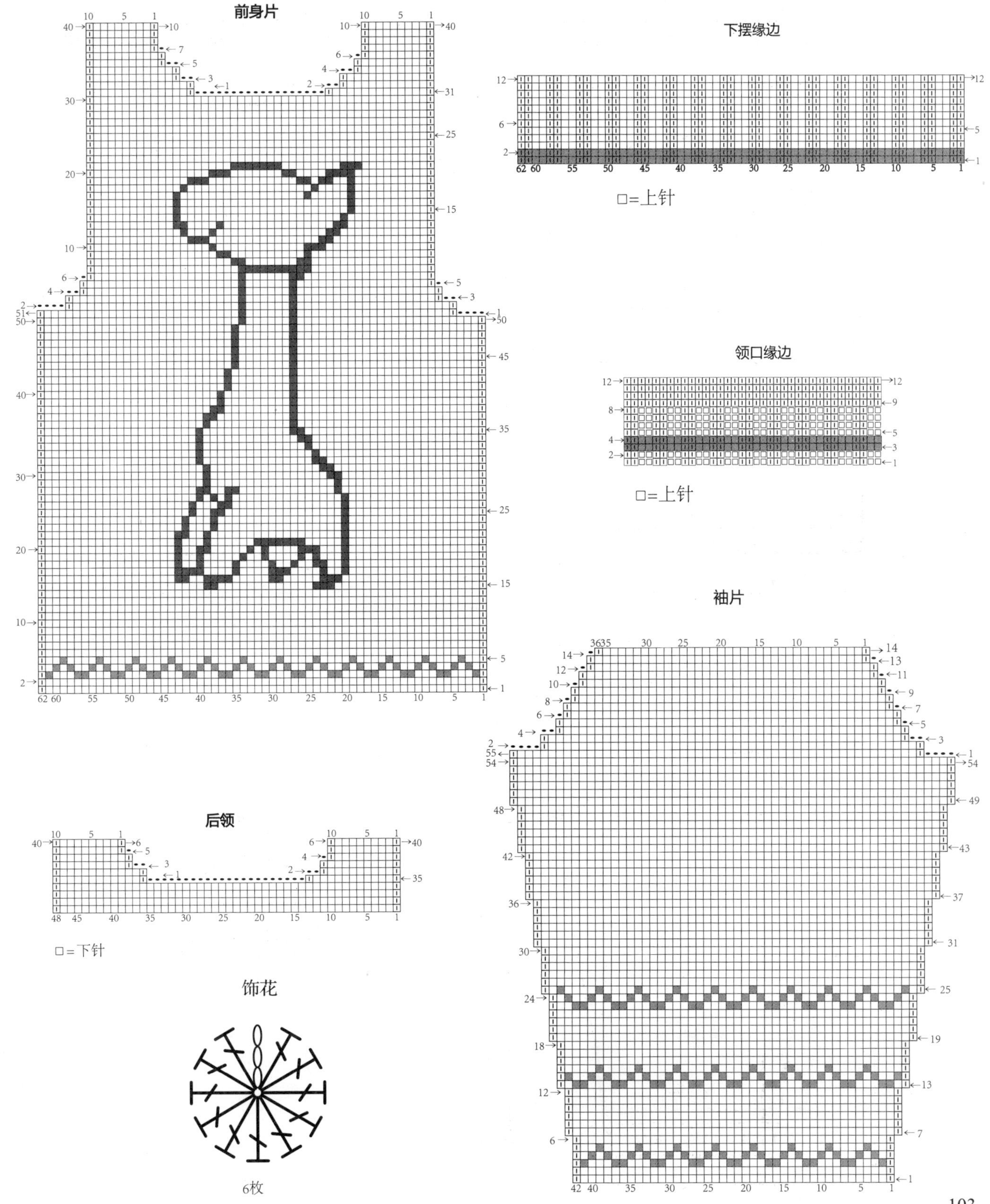

前身片
下摆缘边
□=上针
领口缘边
□=上针
袖片
后领
□=下针
饰花
6枚

no.24
红白配色
长外套

编织材料：中粗羊毛线　红色160g，白色70g

编织工具：9号棒针，4/0钩针

编织密度：22针×32行/10cm×10cm、5cm×3cm/1个花

成品尺寸：衣长49.5cm、胸宽29cm、肩宽22cm、袖长40.5cm

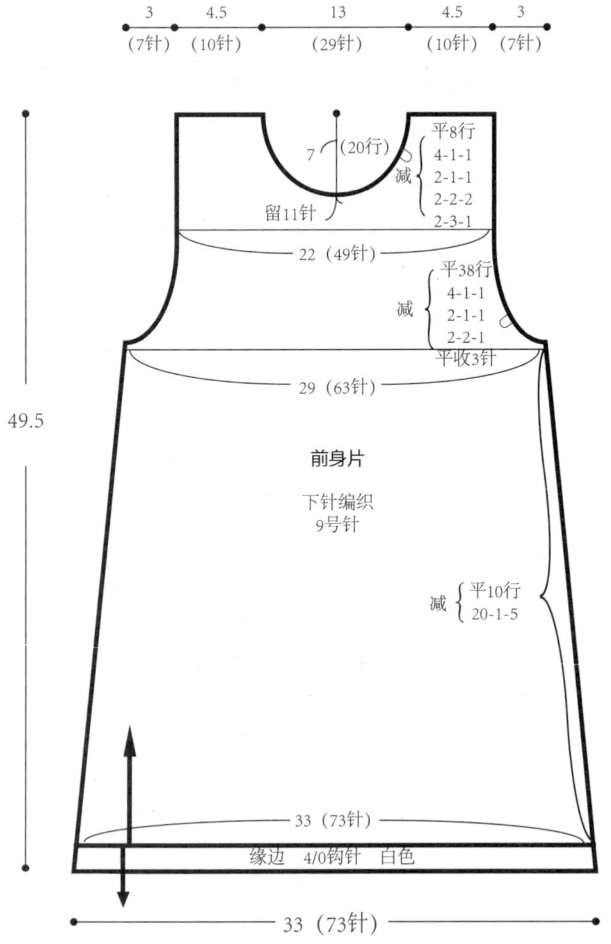

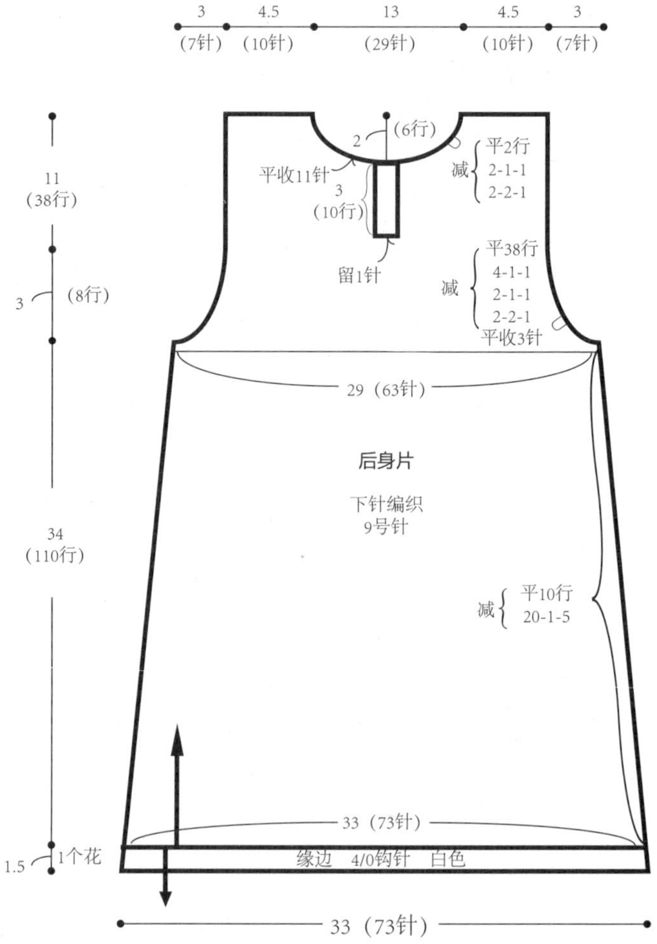

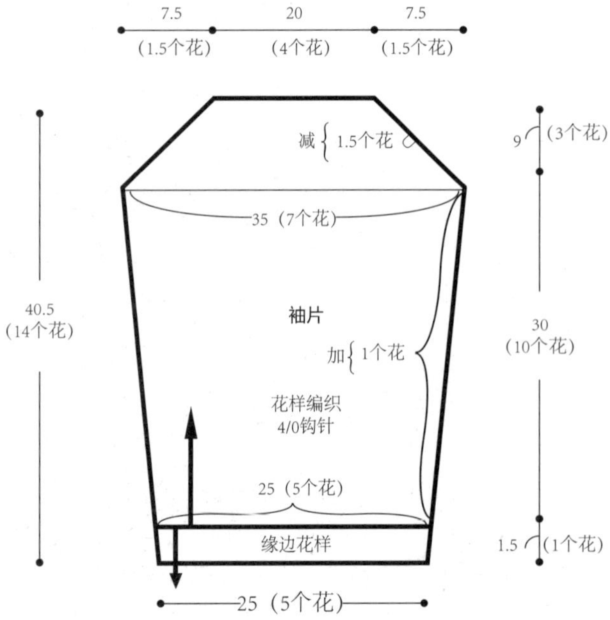

3 (7针) 4.5 (10针) 13 (29针) 4.5 (10针) 3 (7针)

7 (20行)　留11针

减 平8行 4-1-1 2-1-1 2-2-2 2-3-1

22 (49针)

减 平38行 4-1-1 2-1-1 2-2-1 平收3针

29 (63针)

49.5

前身片

下针编织
9号针

减 平10行 20-1-5

33 (73针)

缘边 4/0钩针 白色

33 (73针)

11 (38行)　3 (8行)　34 (110行)　1.5 1个花

3 (7针) 4.5 (10针) 13 (29针) 4.5 (10针) 3 (7针)

2 (6行)

平收11针

3 (10行)

留1针

减 平2行 2-1-1 2-2-1

减 平38行 4-1-1 2-1-1 2-2-1 平收3针

29 (63针)

后身片

下针编织
9号针

减 平10行 20-1-5

33 (73针)

缘边 4/0钩针 白色

33 (73针)

7.5 (1.5个花) 20 (4个花) 7.5 (1.5个花)

减 1.5个花

9 (3个花)

35 (7个花)

40.5 (14个花)

袖片

加 1个花

30 (10个花)

花样编织
4/0钩针

25 (5个花)

缘边花样

1.5 (1个花)

25 (5个花)

缘边花样

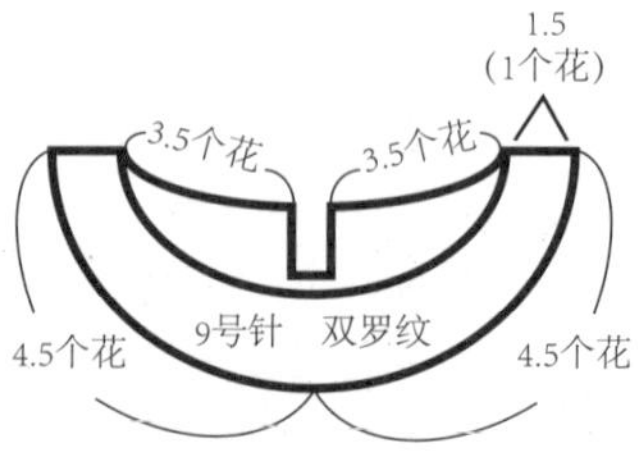

1.5 (1个花)

3.5个花　3.5个花

4.5个花　9号针　双罗纹　4.5个花

领口缘边

编织方法： 此款毛衣编织的难点是图案。

首先分开编织前、后身片，注意色线的转换。建议用左右手的分线、分区块编织。

接着编织左右袖片，再将衣身片、袖片分别缝合。

然后编织领口，注意松紧适当。最后将装饰物缝上。

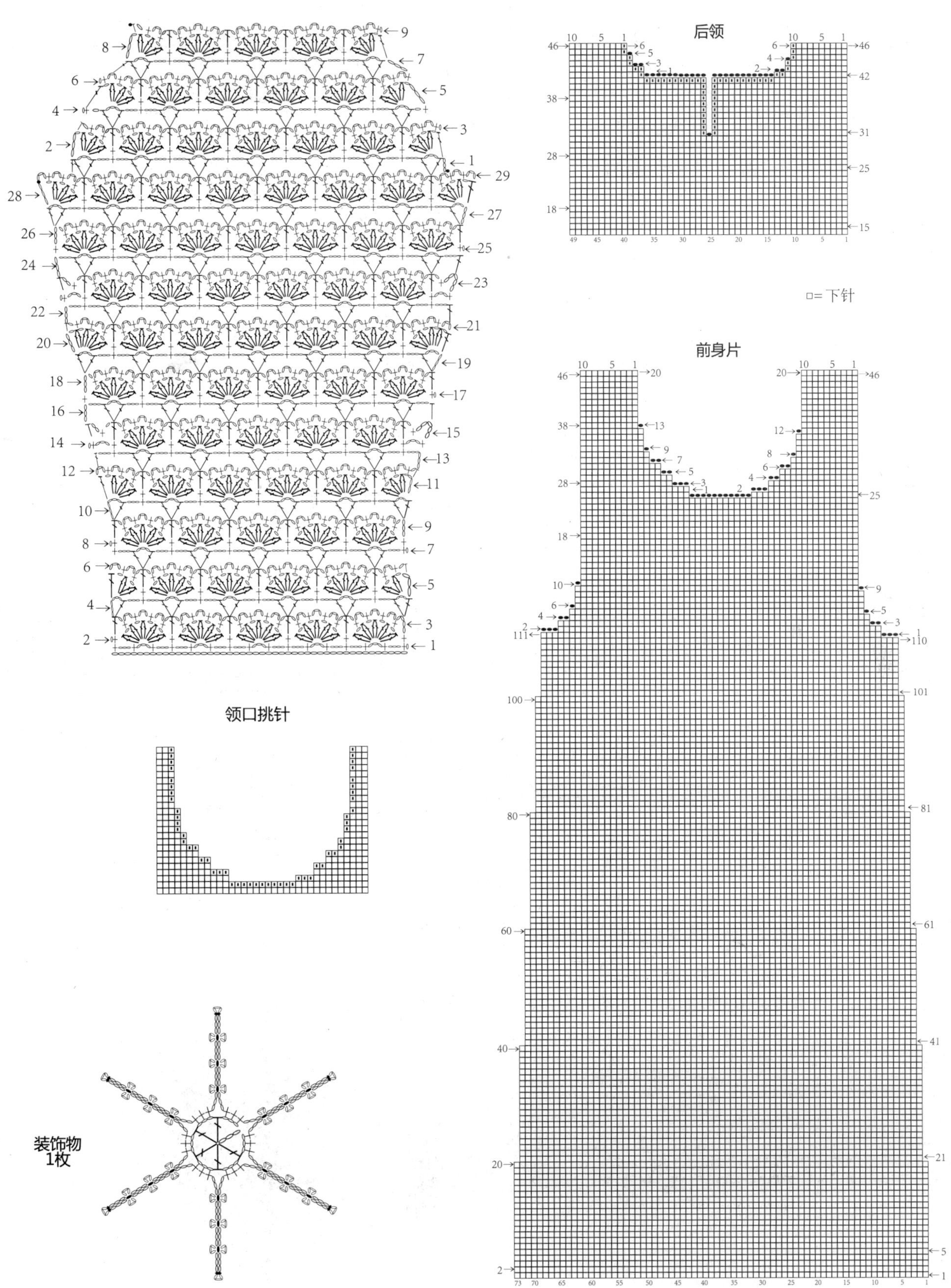

后领
□= 下针
前身片
领口挑针
装饰物
1枚

no.25
蓝色侧开襟
套头衫

编织材料： 中粗羊毛线　宝蓝色190g、黄色7g、天蓝色少量

编织工具： 9号棒针

编织密度： 21针×31行/10cm×10cm

成品尺寸： 衣长28cm、胸宽28cm、肩宽11cm、袖长32cm

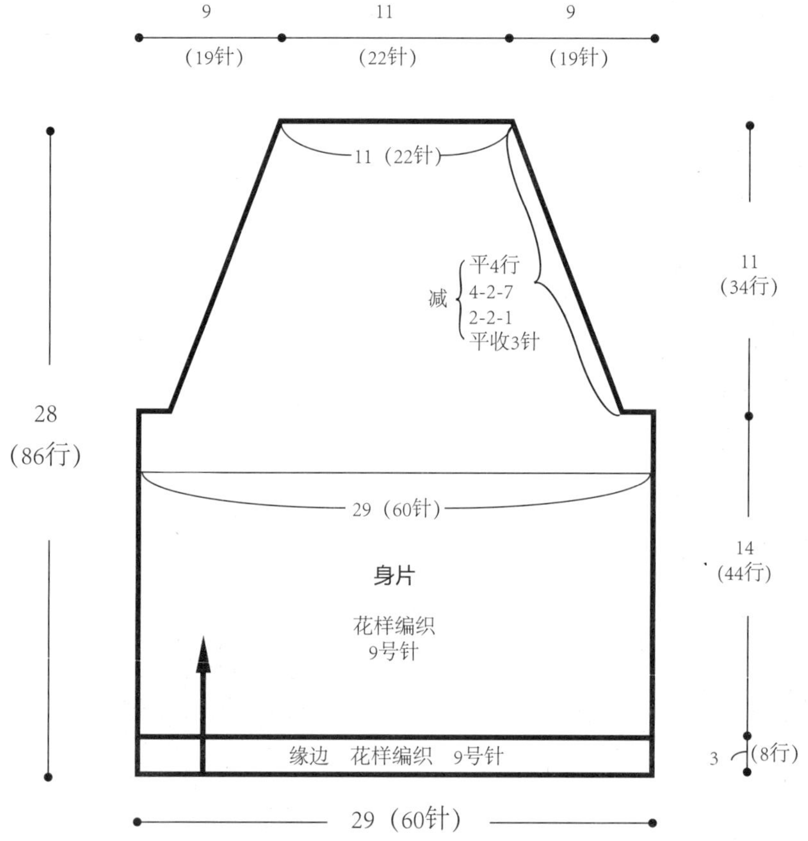

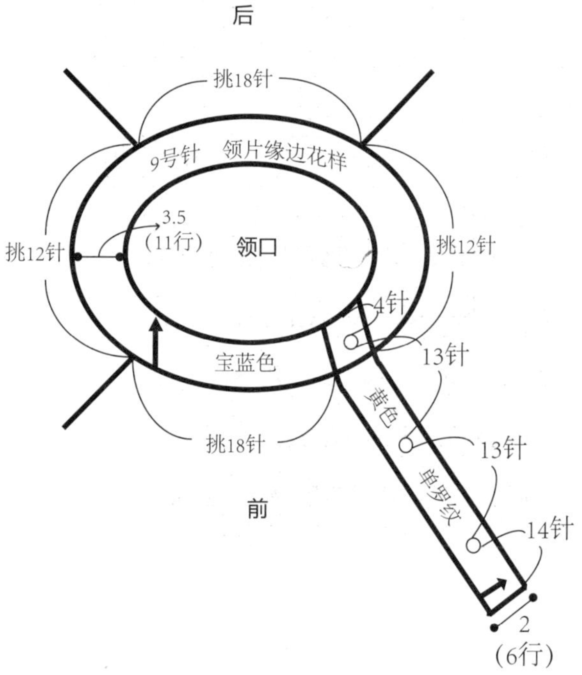

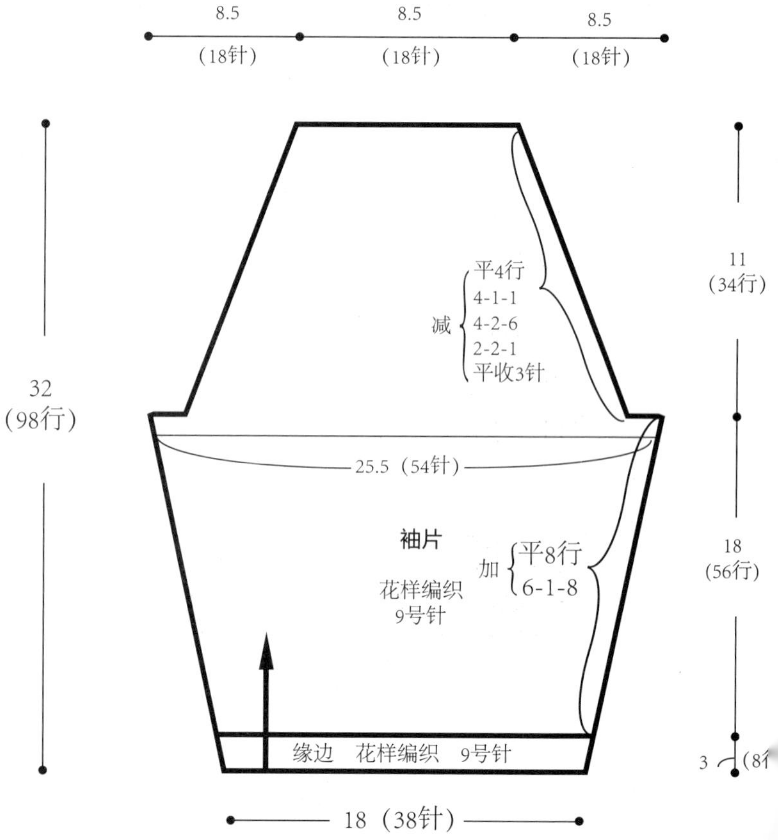

9 (19针) 11 (22针) 9 (19针)
11（22针）
减 平4行 4-2-7 2-2-1 平收3针
11 (34行)
28 (86行)
29（60针）
身片
花样编织
9号针
14 (44行)
3 (8行)
缘边　花样编织　9号针
29（60针）
8.5 (18针) 8.5 (18针) 8.5 (18针)
后
挑18针
9号针　领片缘边花样
3.5 (11行)
挑12针
领口
挑12针
4针
13针
宝蓝色
黄色
13针
挑18针
单罗纹
14针
前
2 (6行)
32 (98行)
减 平4行 4-1-1 4-2-6 2-2-1 平收3针
11 (34行)
25.5（54针）
袖片
加 平8行 6-1-8
花样编织
9号针
18 (56行)
缘边　花样编织　9号针
3 (8行)
18（38针）

编织方法：此款毛衣编织的难点是领口。

首先分别将前、后身片编织好并缝合。缝合时注意花样对齐、平整。

接着编织左、右袖片并缝合。缝合时注意花样对齐、平整。跟着编织领片，最后编织领口缘边。

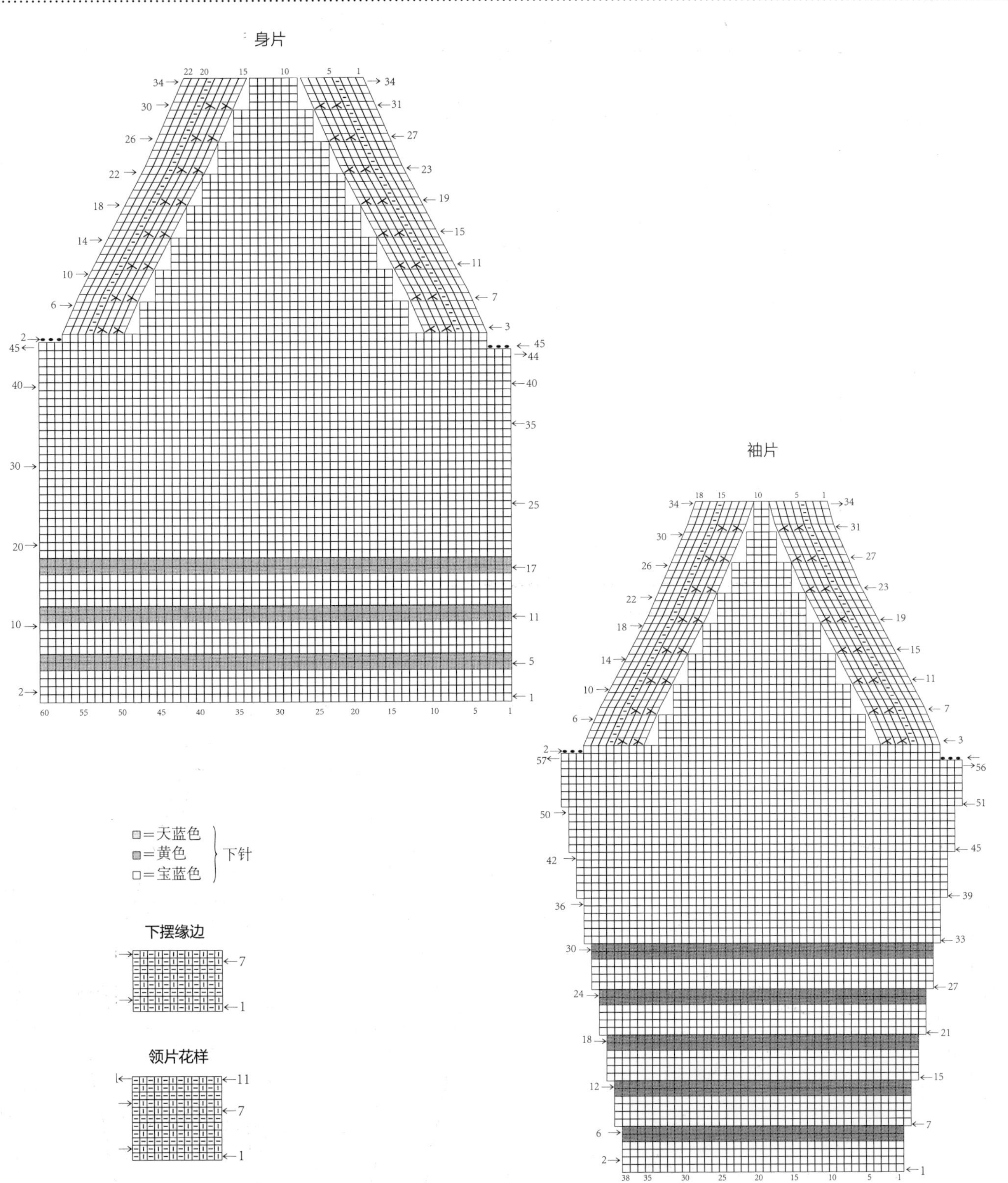

身片
袖片
□=天蓝色
■=黄色
□=宝蓝色
下针
下摆缘边
领片花样

no. 26
灰色大麻花
背心

编织材料：中粗驼羊毛线　灰色140g
编织工具：8号棒针，10/0钩针(4.0mm)
编织密度：23针×29行/10cm×10cm
成品尺寸：衣长32.5cm、胸宽26cm、肩宽20cm

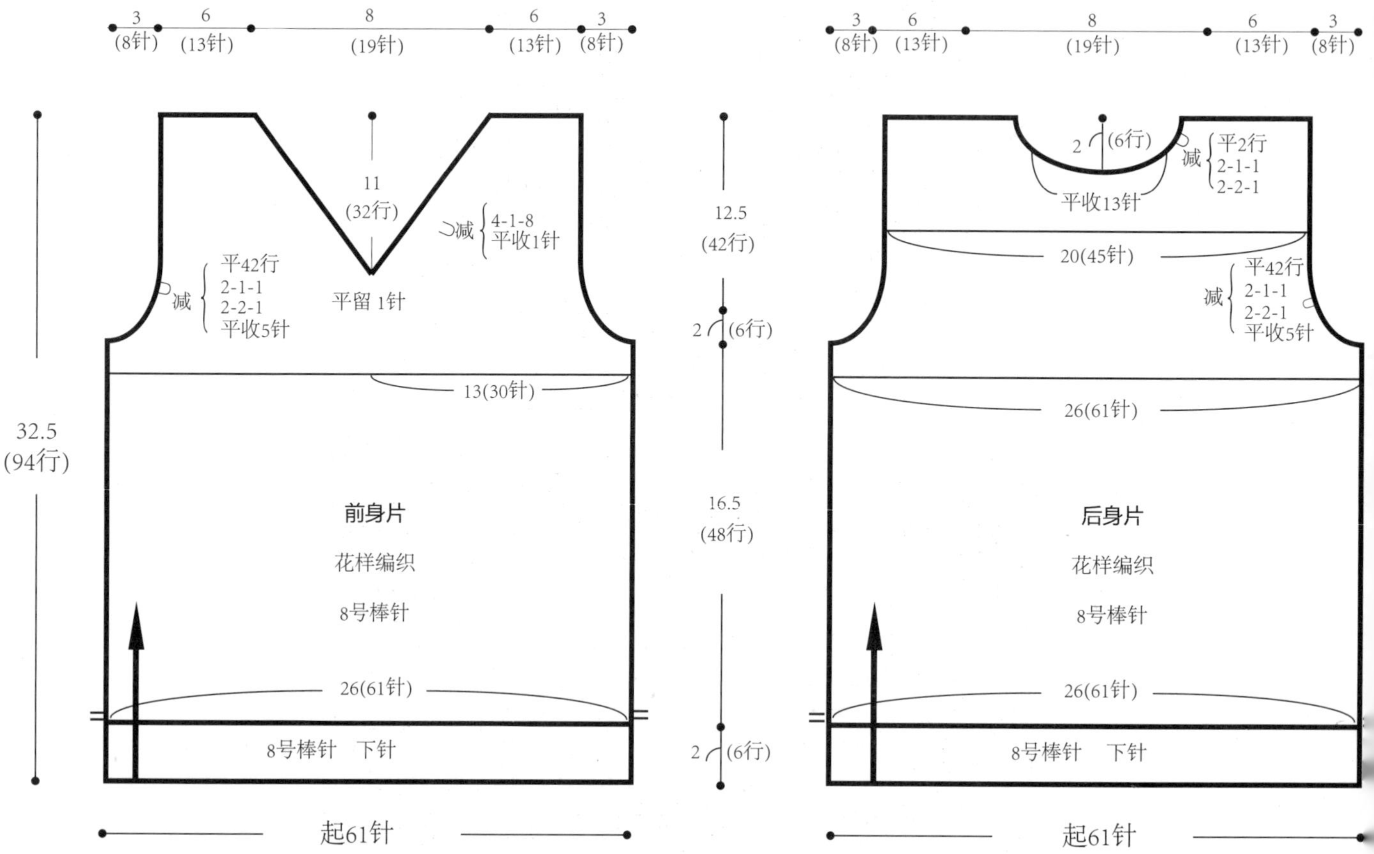

3 (8针)　6 (13针)　8 (19针)　6 (13针)　3 (8针)

11 (32行)
减 { 4-1-8 平收1针
减 { 平42行 2-1-1 2-2-1 平收5针
平留 1针
13(30针)
32.5 (94行)

前身片
花样编织
8号棒针
26(61针)
8号棒针　下针
起61针

12.5 (42行)
2 (6行)
16.5 (48行)
2 (6行)

3 (8针)　6 (13针)　8 (19针)　6 (13针)　3 (8针)

2 (6行)
减 { 平2行 2-1-1 2-2-1
平收13针
20(45针)
减 { 平42行 2-1-1 2-2-1 平收5针
26(61针)

后身片
花样编织
8号棒针
26(61针)
8号棒针　下针
起61针

领口缘边 
XXXXXXX
10/0钩针

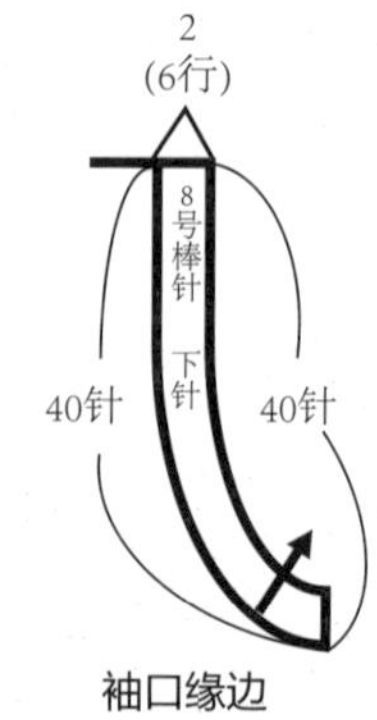
2
(6行)
8号棒针
下针
40针
40针
袖口缘边

编织方法： 此款毛衣的编织难点是花样。

首先分别将前、后身片编织好并缝合，缝合时要注意花样对齐、平坦。

接着编织领口和袖口缘边。

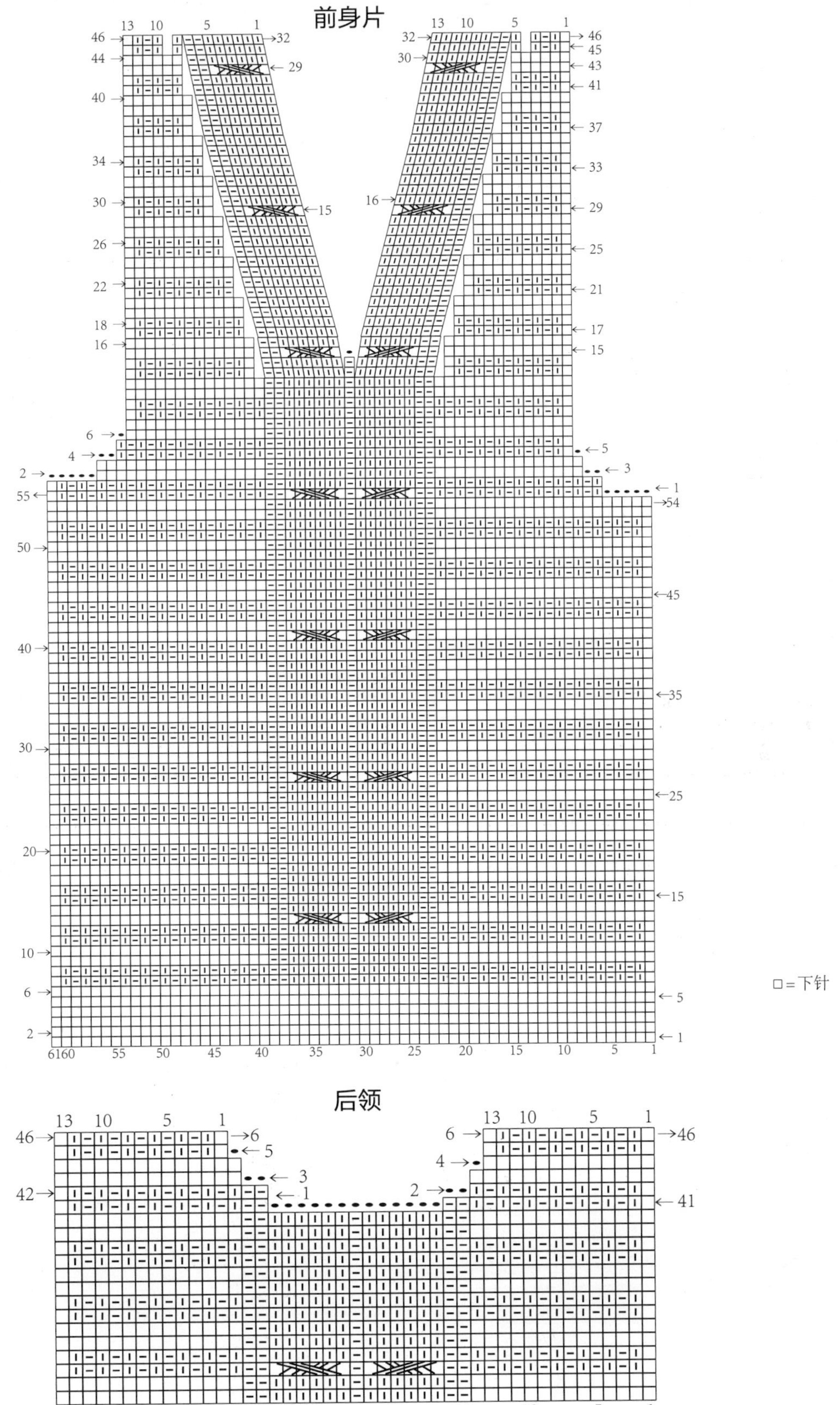

前身片
后领
□=下针

no.27
黑白风车图案
套头衫

编织材料：中粗羊毛线　黑色140g、白色160g
编织工具：8号、9号棒针
编织密度：22针×30行/10cm×10cm
成品尺寸：衣长32cm、胸宽30cm、肩宽21cm、袖长28cm

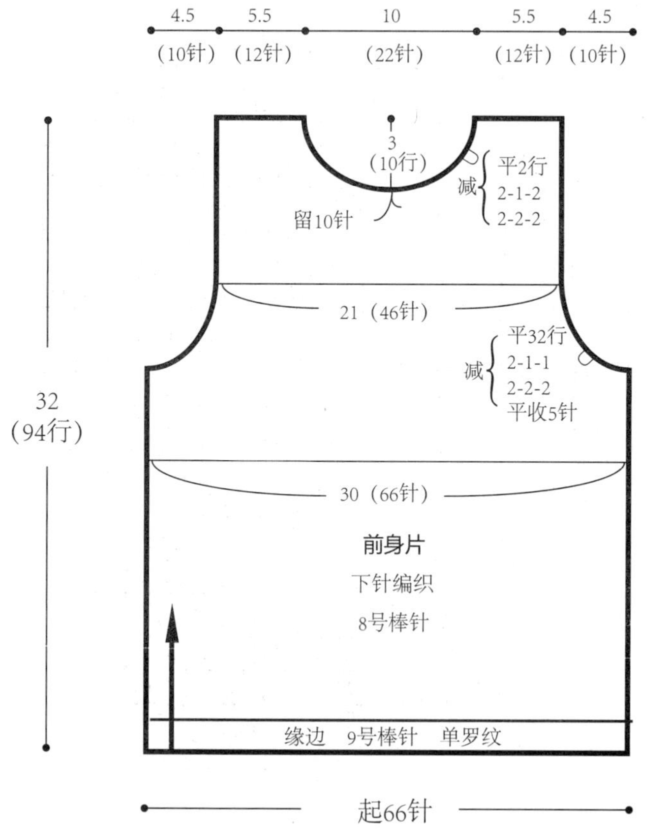

前身片

4.5（10针）　5.5（12针）　10（22针）　5.5（12针）　4.5（10针）

3（10行）
留10针
减 { 平2行 2-1-2 2-2-2
21（46针）
减 { 平32行 2-1-1 2-2-2 平收5针
32（94行）
30（66针）
前身片
下针编织
8号棒针
缘边　9号棒针　单罗纹
起66针

11（32行）
2（6行）
15（44行）
4（12行）

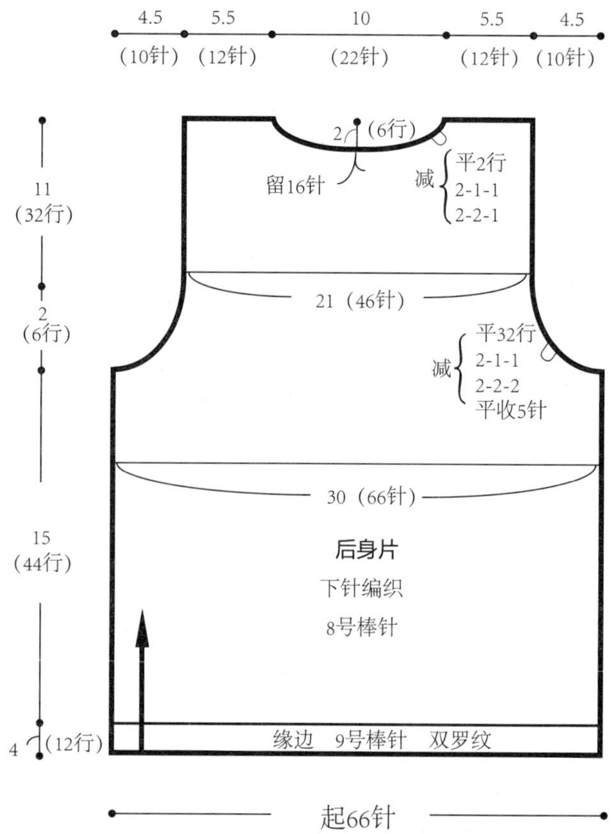

后身片

4.5（10针）　5.5（12针）　10（22针）　5.5（12针）　4.5（10针）

2（6行）
留16针
减 { 平2行 2-1-1 2-2-1
21（46针）
减 { 平32行 2-1-1 2-2-2 平收5针
30（66针）
后身片
下针编织
8号棒针
缘边　9号棒针　双罗纹
起66针

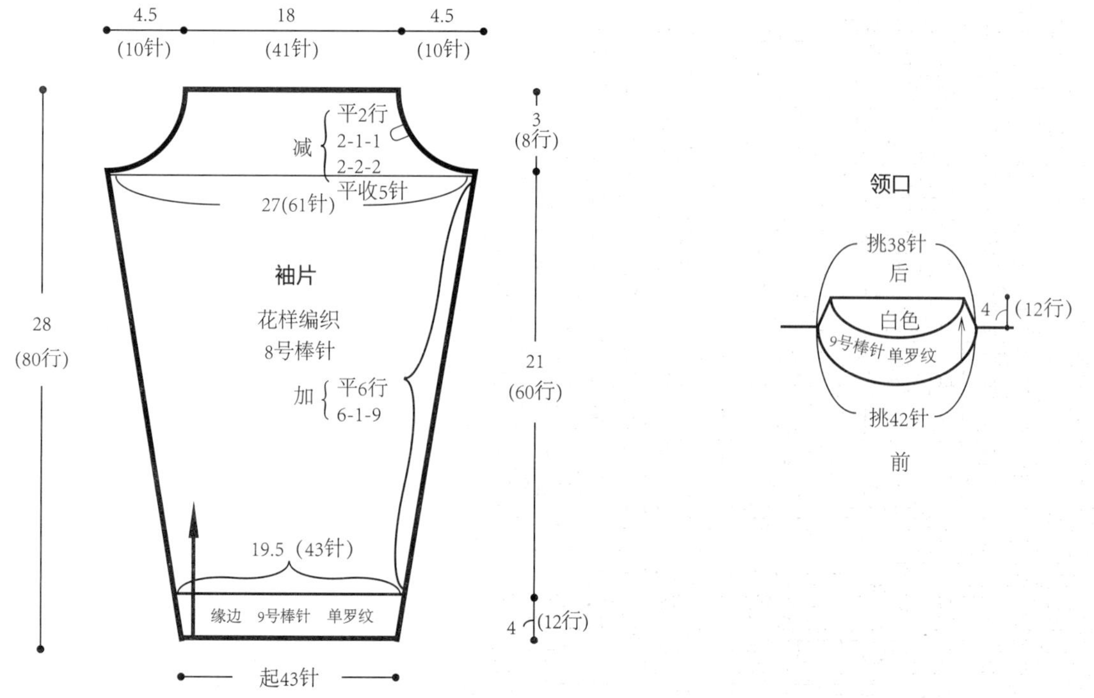
4.5（10针）
18（41针）
4.5（10针）
减 { 平2行 2-1-1 2-2-2 平收5针
3（8行）
27(61针)
28（80行）
袖片
花样编织
8号棒针
加 { 平6行 6-1-9
21（60行）
19.5（43针）
缘边　9号棒针　单罗纹
4（12行）
起43针
领口
挑38针
后
白色
9号棒针 单罗纹
4（12行）
挑42针
前

编织方法： 此款毛衣编织的难点是花样，因为换线比较频繁所以要注意松紧适当。

首先分别将前、后身片编织好并缝合，缝合时要注意花样对齐、平坦无皱。

接着编织左、右袖片并缝合，缝合时注意花样对齐、平整无皱。

最后编织领口缘边，注意松紧适当。

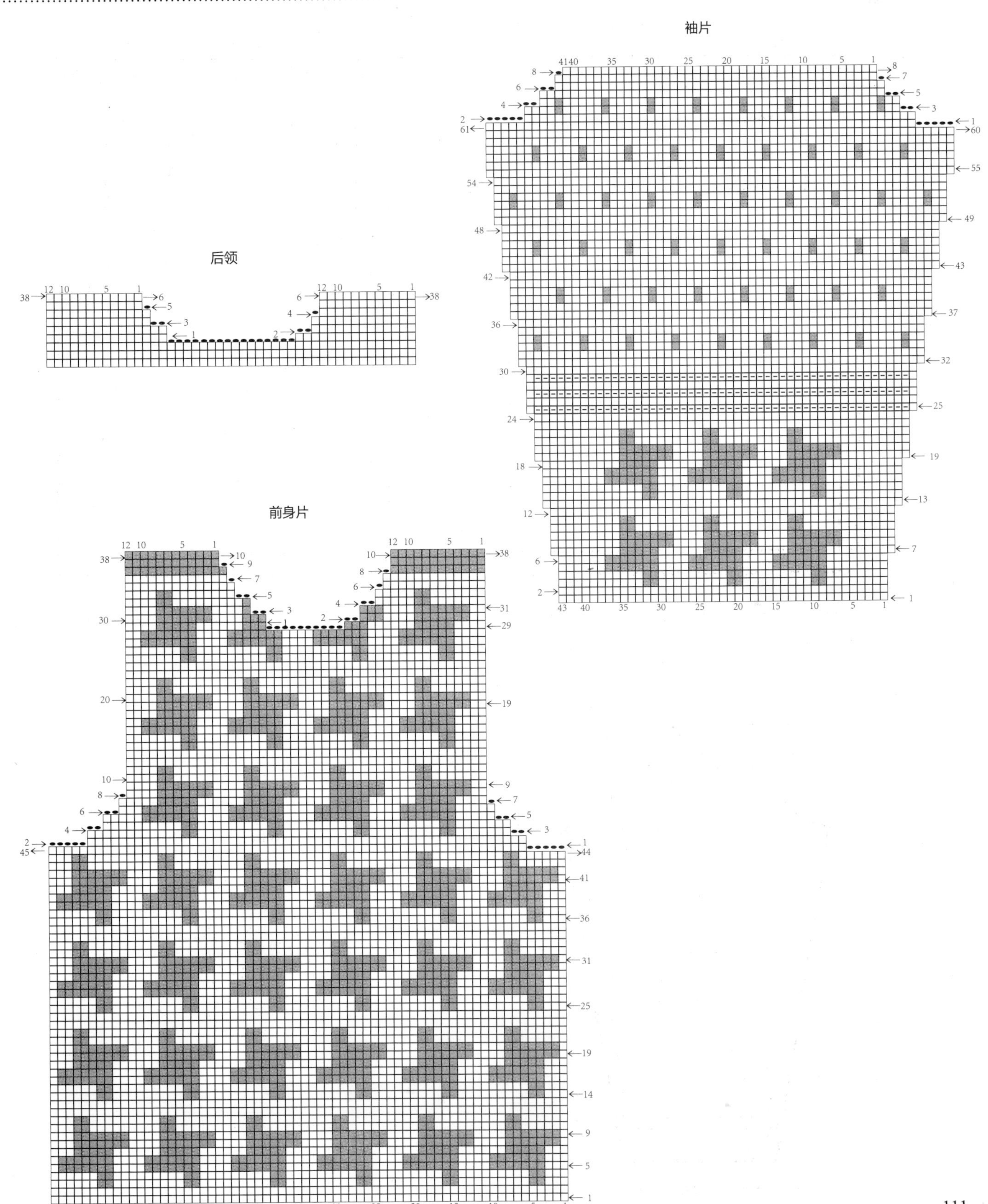

袖片
后领
前身片

no. 28
黑白配色
套头衫

编织材料：中粗羊毛线　黑色100g、白色220g
编织工具：10号、11号棒针
编织密度：26针×34行/10cm×10cm
成品尺寸：衣长34cm、胸宽28cm、肩宽22cm、袖长34.5cm

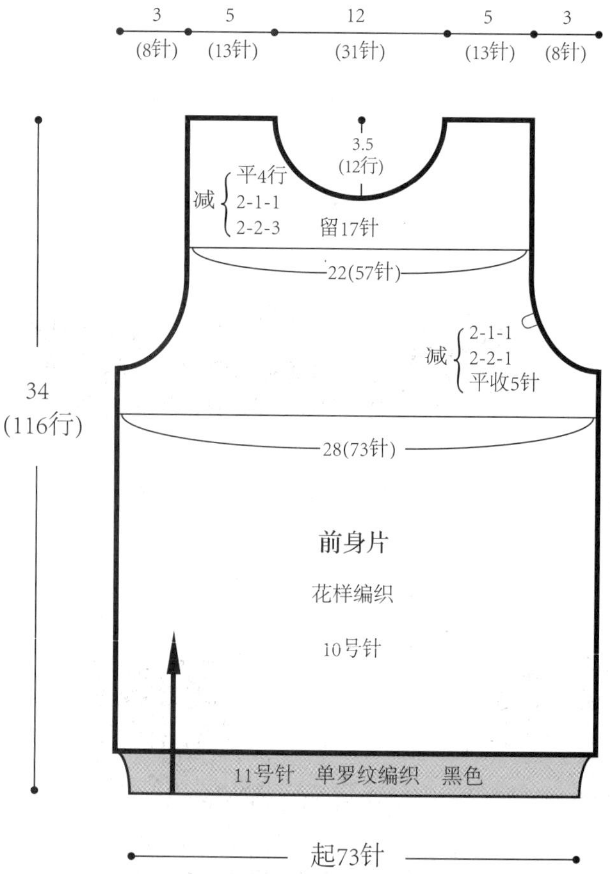

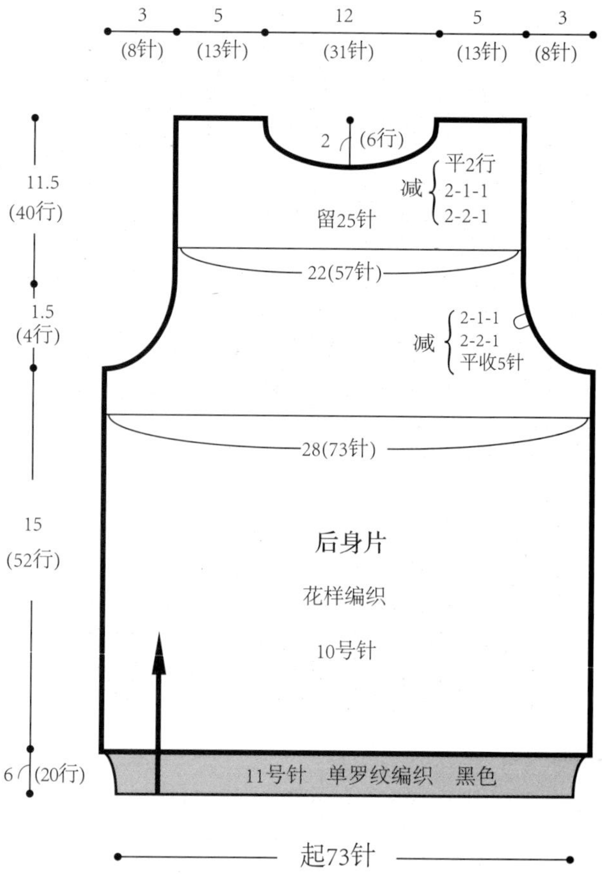

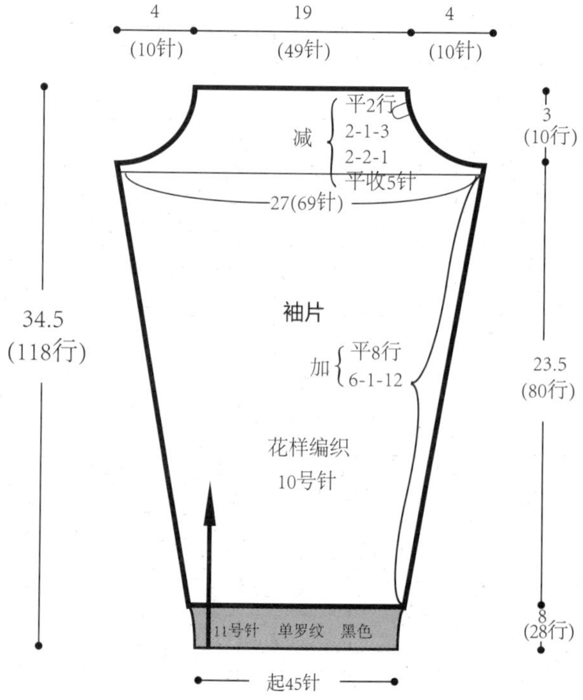

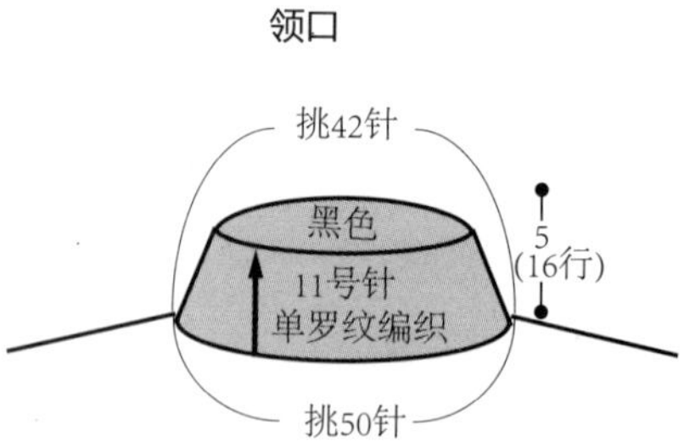

3 (8针) 5 (13针) 12 (31针) 5 (13针) 3 (8针)
3.5 (12行)
减 平4行 2-1-1 2-2-3
留17针
22(57针)
减 2-1-1 2-2-1 平收5针
34 (116行)
28(73针)
前身片
花样编织
10号针
11号针　单罗纹编织　黑色
起73针
11.5 (40行)
1.5 (4行)
15 (52行)
6 (20行)
3 (8针) 5 (13针) 12 (31针) 5 (13针) 3 (8针)
2 (6行)
减 平2行 2-1-1 2-2-1
留25针
22(57针)
减 2-1-1 2-2-1 平收5针
28(73针)
后身片
花样编织
10号针
11号针　单罗纹编织　黑色
起73针
4 (10针) 19 (49针) 4 (10针)
减 平2行 2-1-3 2-2-1 平收5针
27(69针)
34.5 (118行)
袖片
加 平8行 6-1-12
花样编织
10号针
11号针　单罗纹　黑色
起45针
3 (10行)
23.5 (80行)
8 (28行)
领口
挑42针
黑色
11号针
单罗纹编织
5 (16行)
挑50针

编织方法： 此款毛衣编织的难点是花样。

首先分别将前、后身片编织好并缝合，注意松紧适当、平整无皱。然后编织左、右袖片并缝合，注意花样对齐、平整。

最后编织领口缘边。

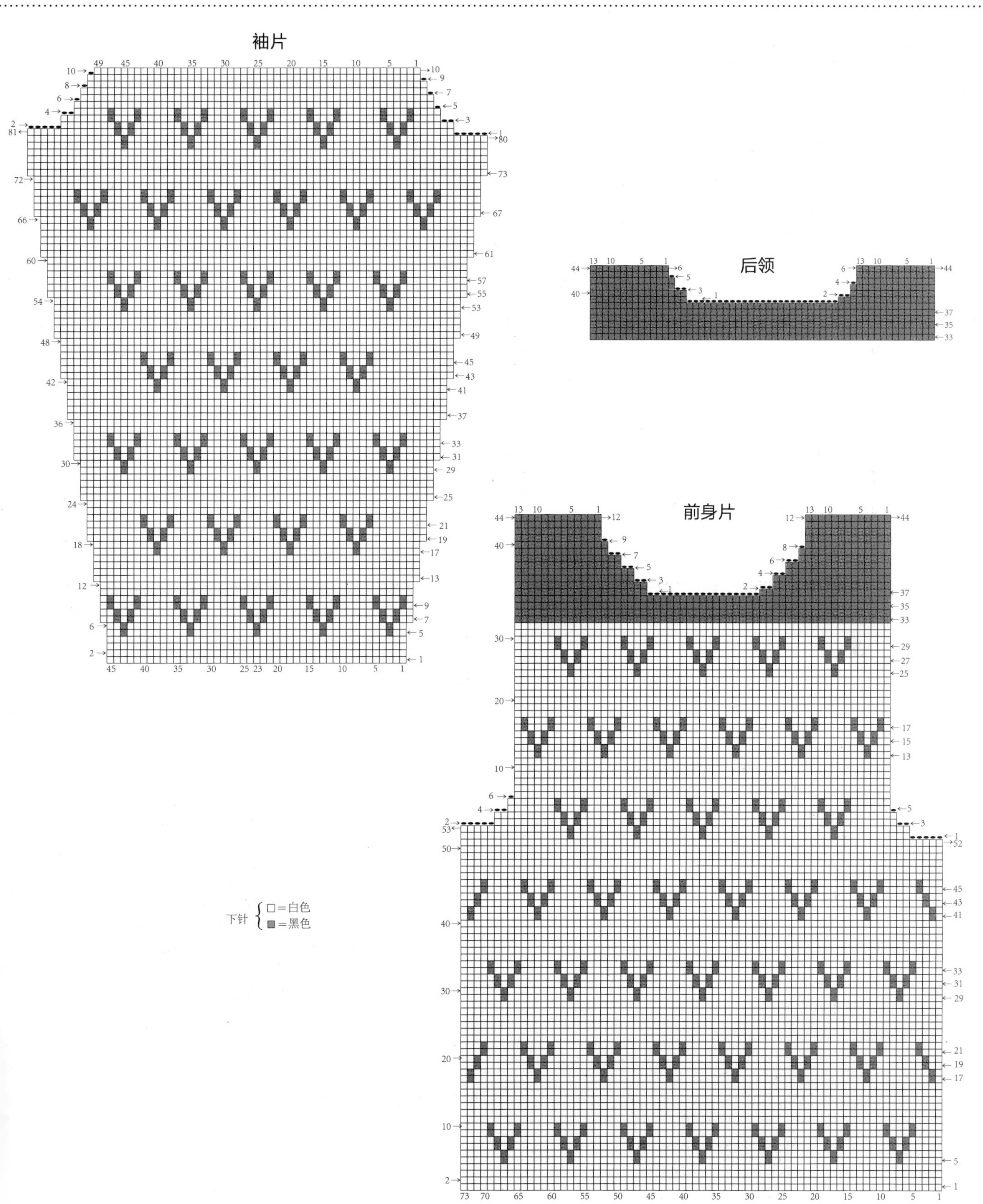

袖片
后领
前身片
下针
□=白色
■=黑色

no. 29
黑白配色
短裙

编织材料： 中粗羊毛线　黑色85g、白色145g
编织工具： 10号、11号棒针
编织密度： 26针×31行/10cm×10cm
成品尺寸： 裙长38cm、裙摆宽33cm、腰宽31cm

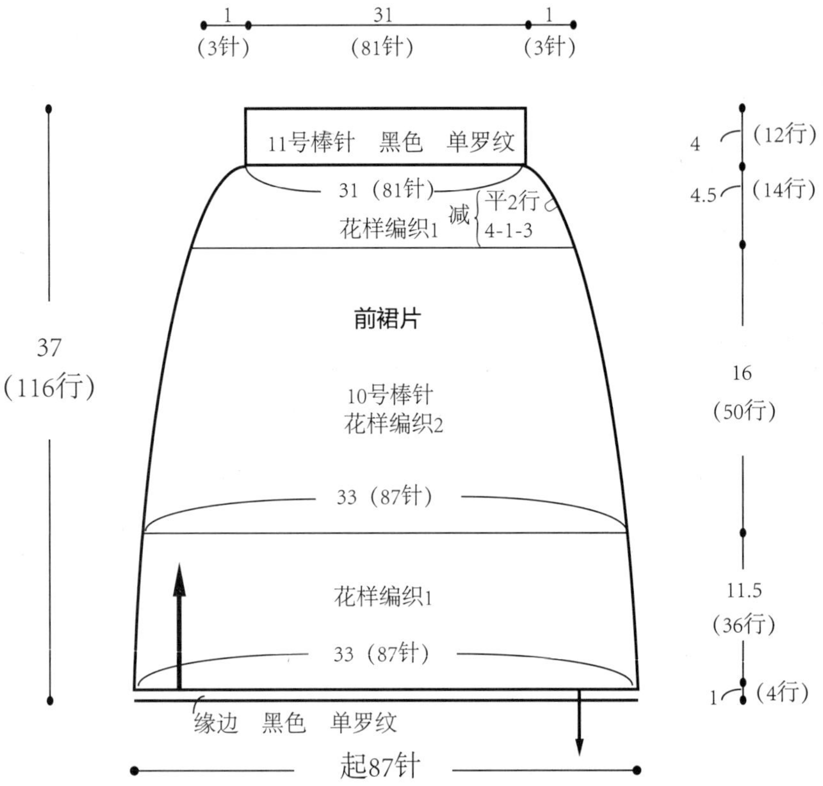

1 (3针)　31 (81针)　1 (3针)

11号棒针　黑色　单罗纹

31（81针）

花样编织1　减 平2行 4-1-3

前裙片

10号棒针
花样编织2

33（87针）

花样编织1

33（87针）

缘边　黑色　单罗纹

起87针

37 (116行)

4 (12行)
4.5 (14行)
16 (50行)
11.5 (36行)
1 (4行)

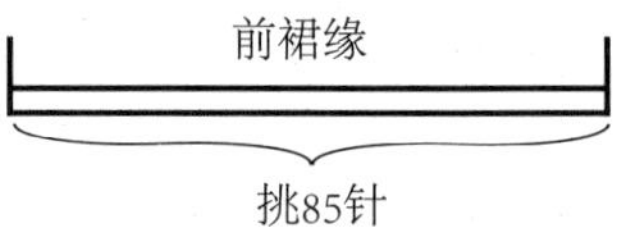

前裙缘
挑85针

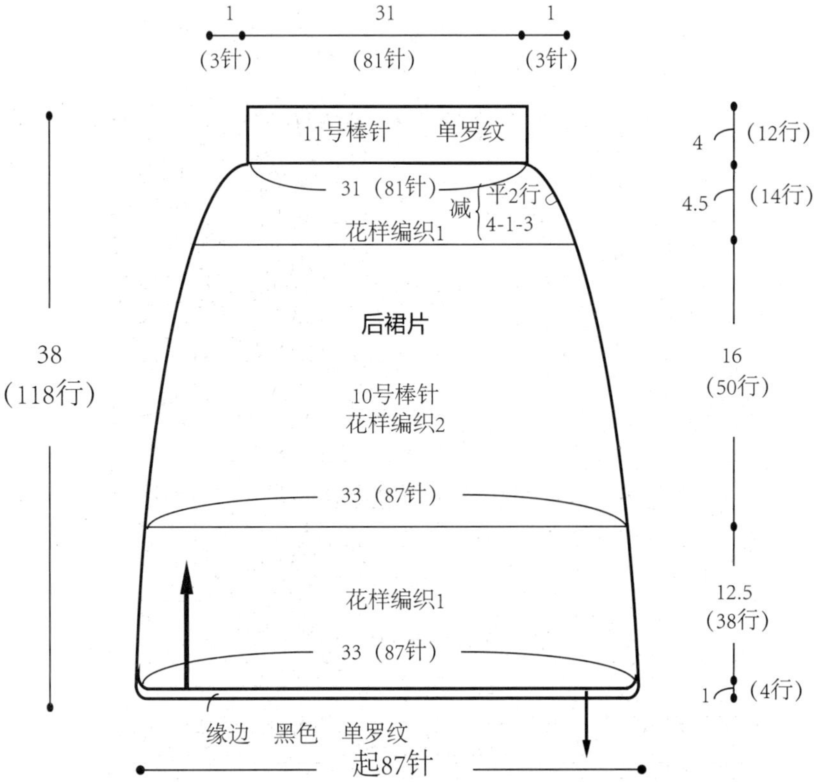

1 (3针)　31 (81针)　1 (3针)

11号棒针　单罗纹

31（81针）

花样编织1　减 平2行 4-1-3

后裙片

10号棒针
花样编织2

33（87针）

花样编织1

33（87针）

缘边　黑色　单罗纹

起87针

38 (118行)

4 (12行)
4.5 (14行)
16 (50行)
12.5 (38行)
1 (4行)

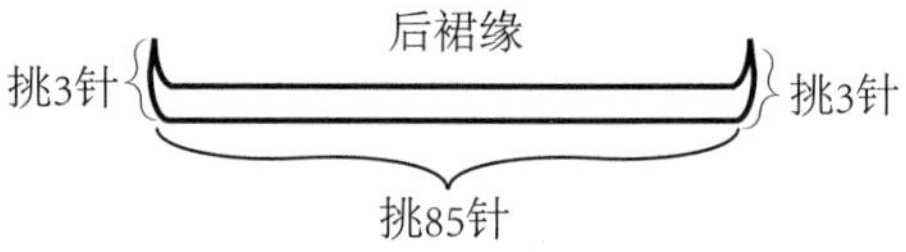

后裙缘
挑3针　挑3针
挑85针

编织难点：此款毛衣的难点是花样编织。由于花样跨度比较大而且密集，所以渡线要注意松紧适当。首行分别将前、后裙片编织好并缝合，注意花样的对齐、平整、无皱。最后编织裙头及裙摆的缘边。

前裙片

下针 { □＝白色 ■＝黑色

后裙片

单元花样

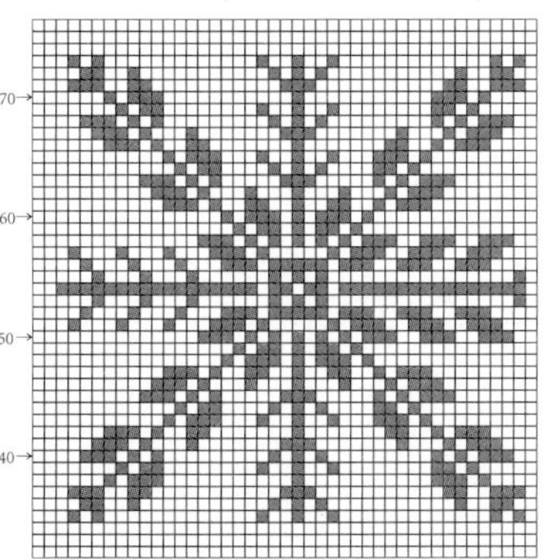

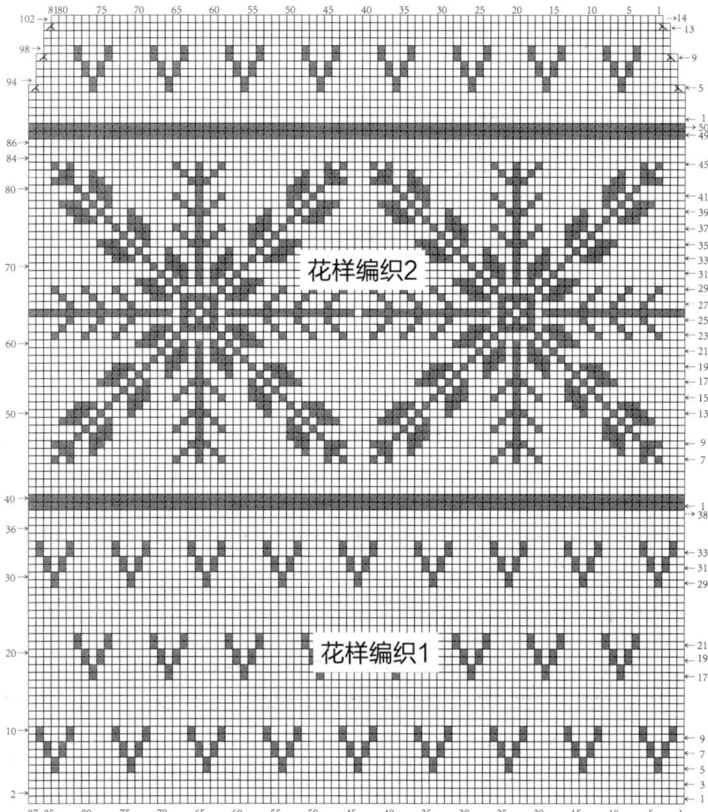

花样编织2
花样编织1

no.30
红白配色
套头衫

编织材料： 中粗羊毛线　红色260g、白色20g
编织工具： 9号、10号棒针
编织密度： 24针×31行/10cm×10cm
成品尺寸： 衣长36cm、胸宽28cm、肩宽20cm、袖长30.5cm

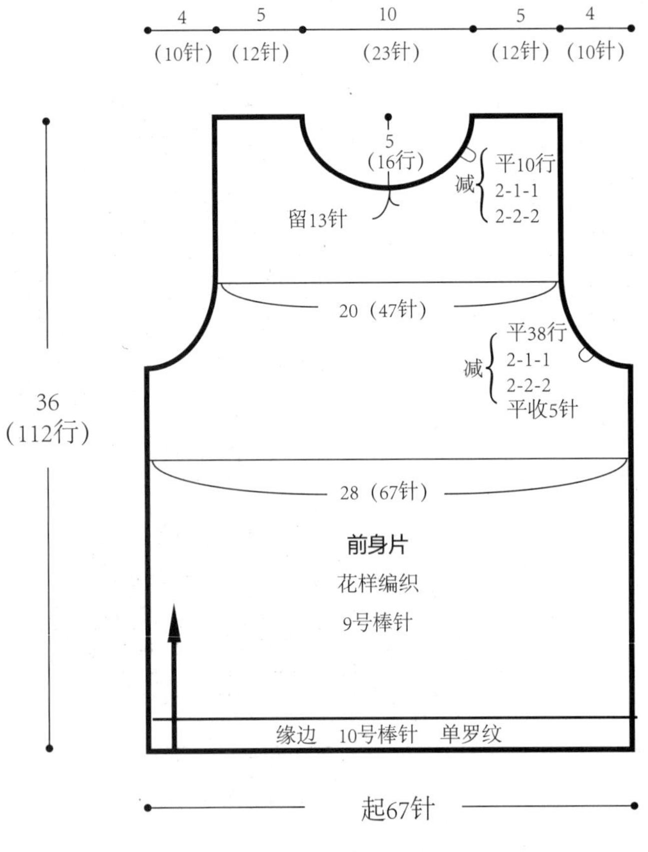

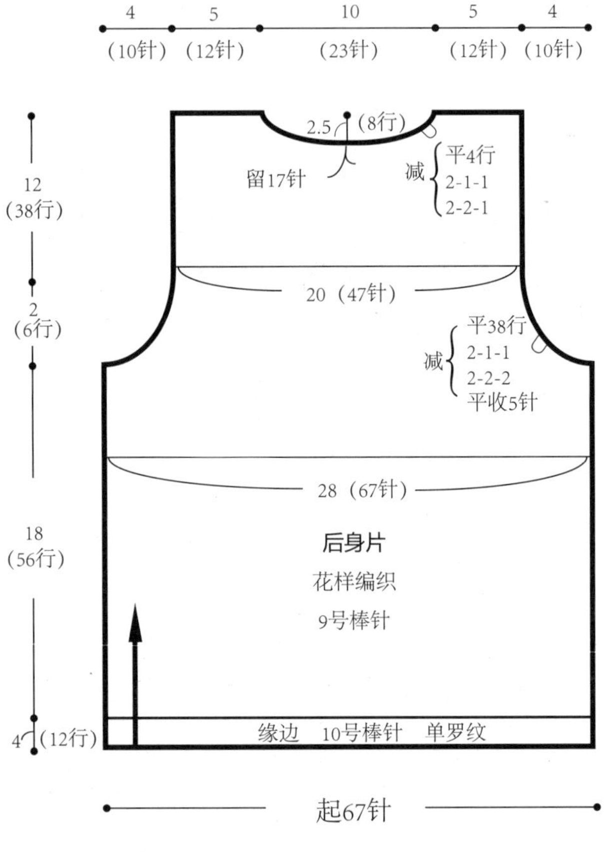

4（10针） 5（12针） 10（23针） 5（12针） 4（10针）
5（16行）
留13针
减 平10行 2-1-1 2-2-2
20（47针）
减 平38行 2-1-1 2-2-2 平收5针
28（67针）
36（112行）
前身片
花样编织
9号棒针
缘边　10号棒针　单罗纹
起67针

12（38行）
2（6行）
18（56行）
4（12行）

4（10针） 5（12针） 10（23针） 5（12针） 4（10针）
2.5（8行）
留17针
减 平4行 2-1-1 2-2-1
20（47针）
减 平38行 2-1-1 2-2-2 平收5针
28（67针）
后身片
花样编织
9号棒针
缘边　10号棒针　单罗纹
起67针

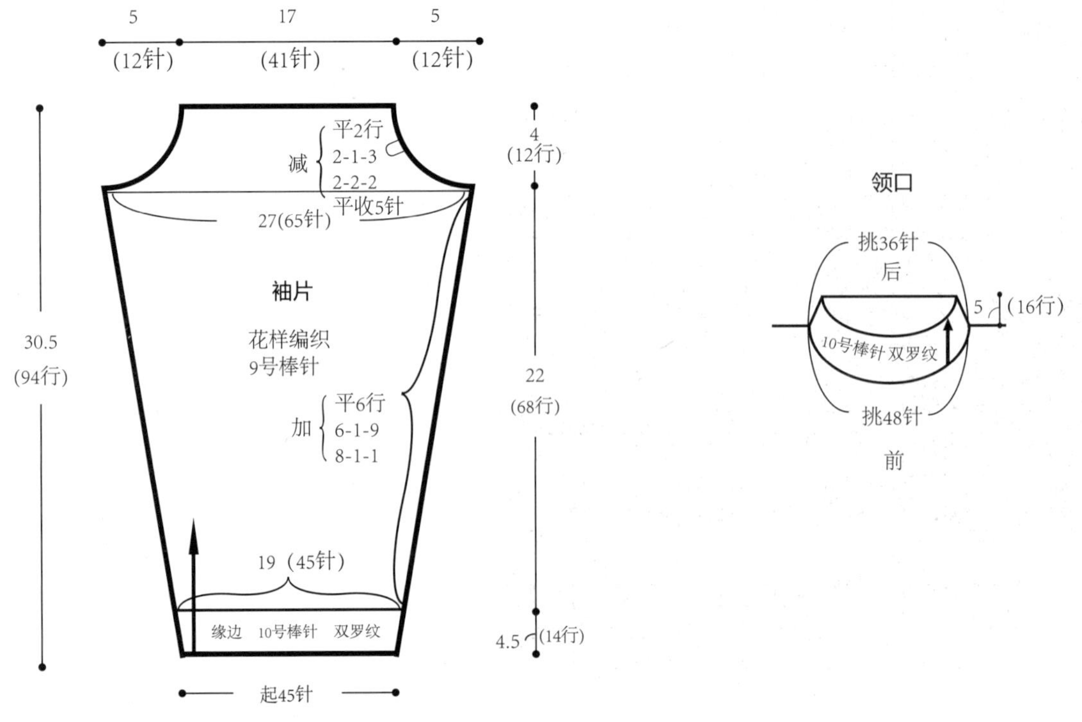
5 17 5
(12针) (41针) (12针)
减 平2行 2-1-3 2-2-2 平收5针
27(65针)
4 (12行)
30.5 (94行)
袖片
花样编织
9号棒针
加 平6行 6-1-9 8-1-1
22 (68行)
19（45针）
缘边 10号棒针 双罗纹
4.5 (14行)
起45针
领口
挑36针
后
5 (16行)
10号棒针 双罗纹
挑48针
前

编织方法： 此款毛衣编织的难点是花样。由于换线比较频繁而且跨度大所以要注意松紧适当。

首先分别将前、后身片编织好并缝合，缝合时要注意花样对齐、平整。接着编织左、右袖片并缝合，缝合时要注意花样对齐、平整。

最后编织领口缘边。

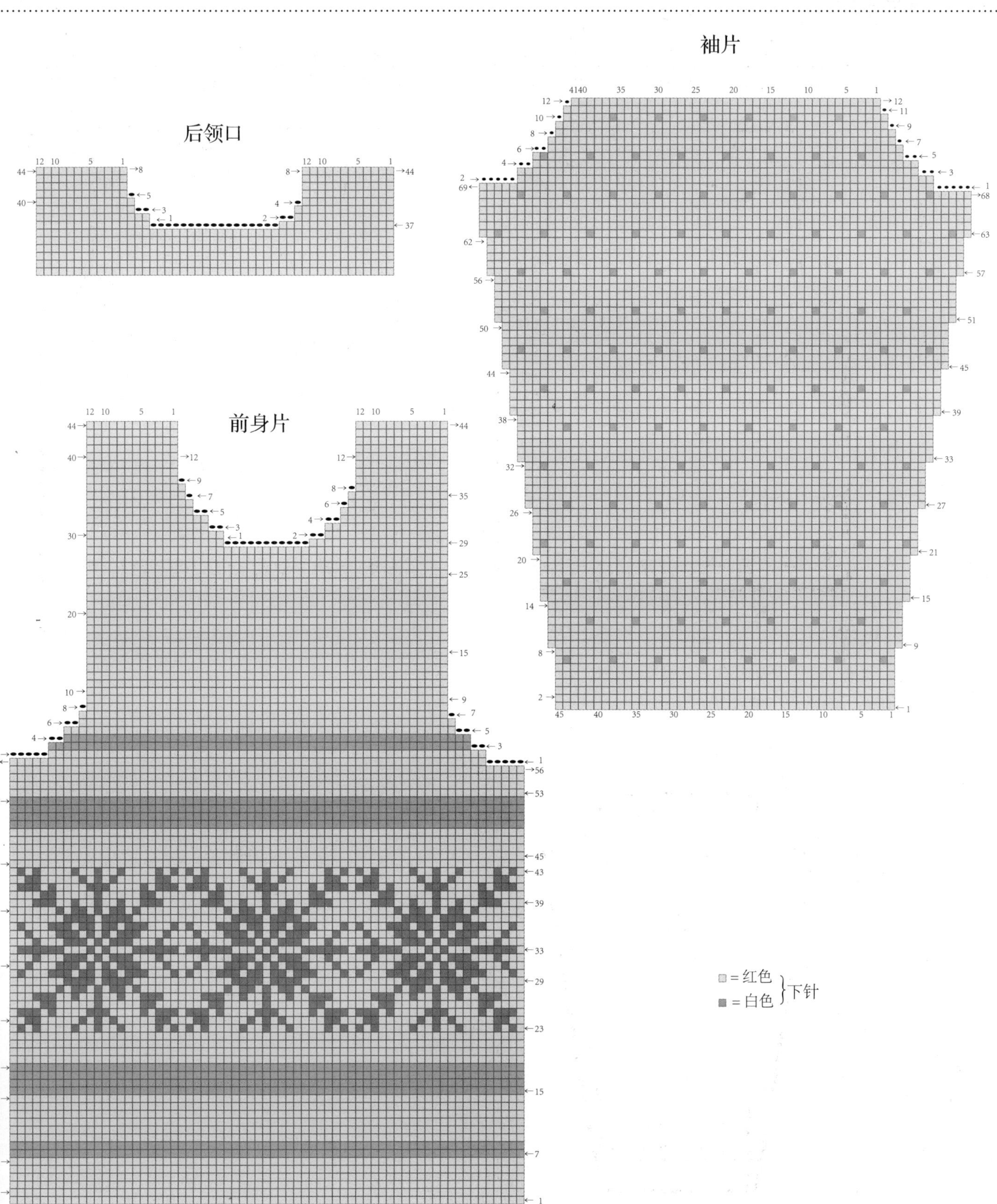

后领口
前身片
袖片
□ = 红色
■ = 白色
下针

no.31
粉色花边裙

编织材料： 中粗羊驼毛线 粉色215g

编织工具： 7号棒针，10/0钩针（4.0mm）

编织密度： 18针×24行/10cm×10cm

成品尺寸： 衣长49.5cm、胸宽28cm、肩宽21cm

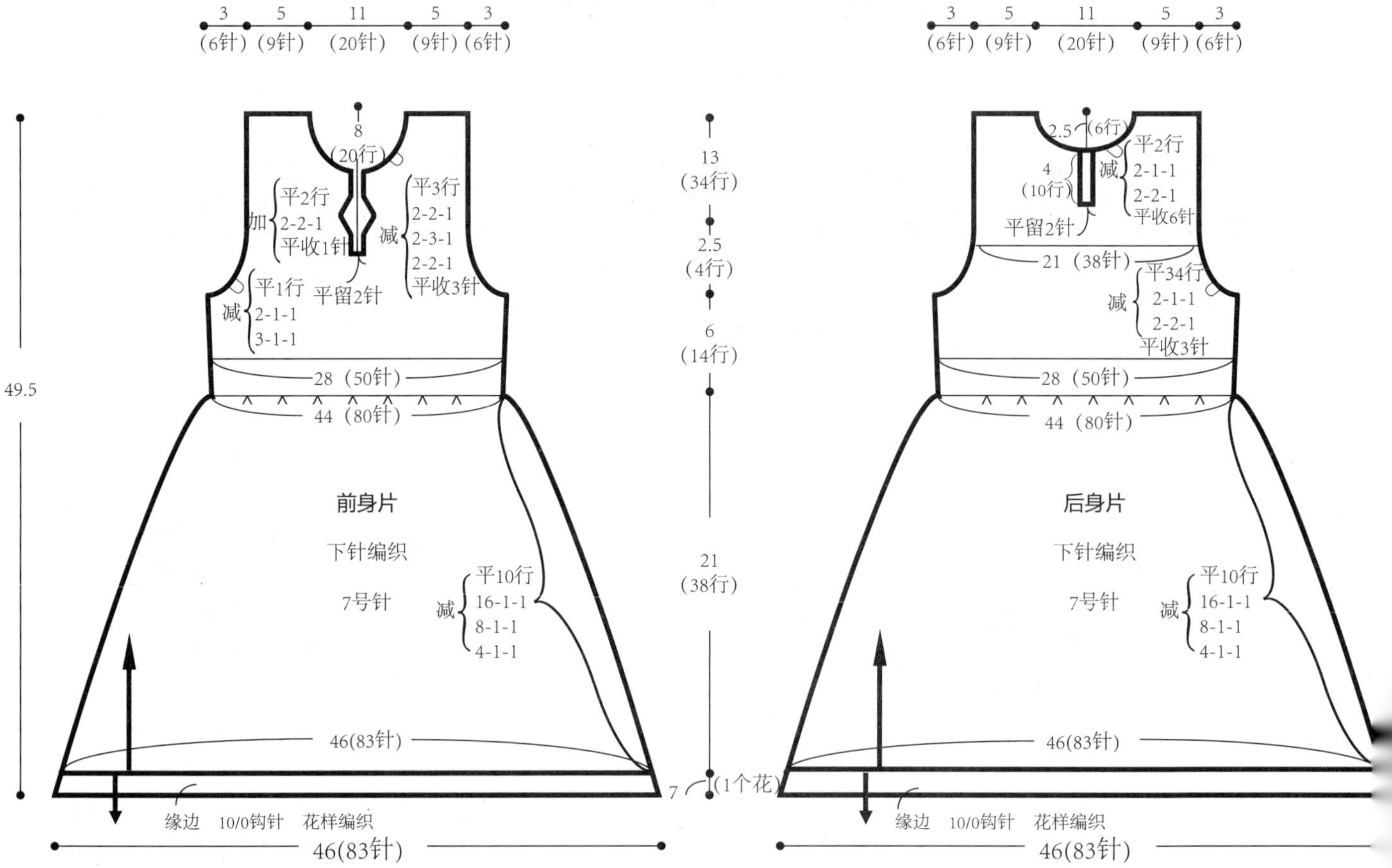

前身片

3（6针） 5（9针） 11（20针） 5（9针） 3（6针）

8（20行）

加 平2行 2-2-1 平收1针

减 平3行 2-2-1 2-3-1 2-2-1 平收3针

平留2针

减 平1行 2-1-1 3-1-1

28（50针）

44（80针）

前身片

下针编织

7号针

减 平10行 16-1-1 8-1-1 4-1-1

46(83针)

49.5

缘边 10/0钩针 花样编织

46(83针)

13（34行）

2.5（4行）

6（14行）

21（38行）

7（1个花）

后身片

3（6针） 5（9针） 11（20针） 5（9针） 3（6针）

2.5（6行）

4（10行）

减 平2行 2-1-1 2-2-1 平收6针

平留2针

21（38针）

减 平34行 2-1-1 2-2-1 平收3针

28（50针）

44（80针）

后身片

下针编织

7号针

减 平10行 16-1-1 8-1-1 4-1-1

46(83针)

缘边 10/0钩针 花样编织

46(83针)

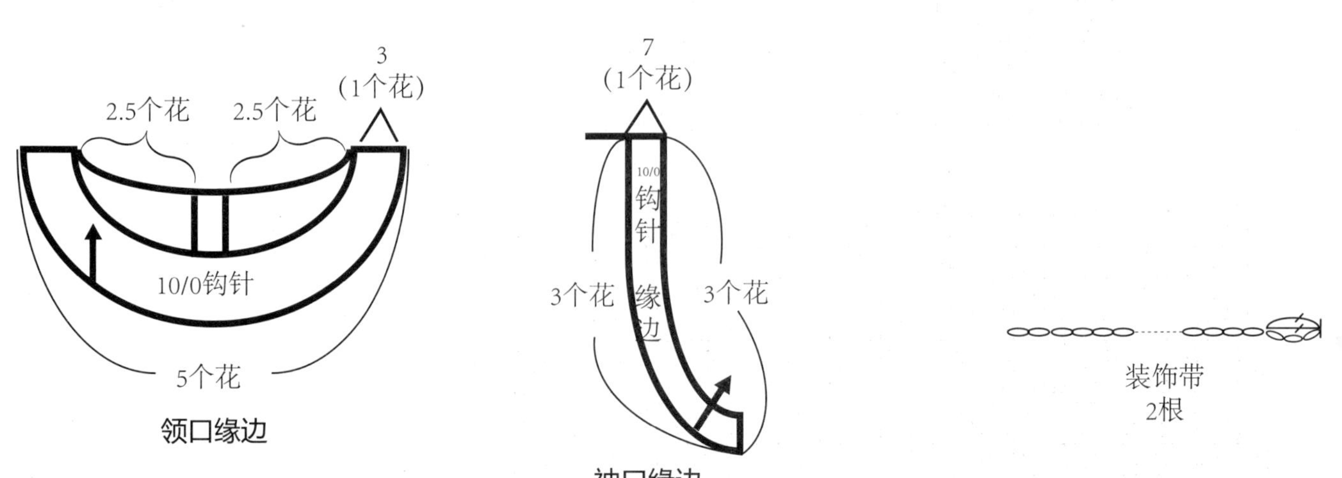
3
(1个花)
2.5个花
2.5个花
10/0钩针
5个花
领口缘边
7
(1个花)
10/0
钩针
缘边
3个花
3个花
袖口缘边
装饰带
2根

编织方法： 此款毛衣编织的难点是前领。

首先分别将前、后身片编织好并缝合，缝合时注意花样对齐、平整。

接着编织下摆及袖口缘边。

最后编织领口缘边。

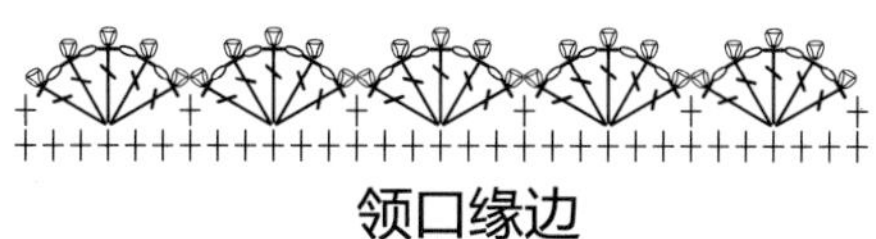

领口缘边

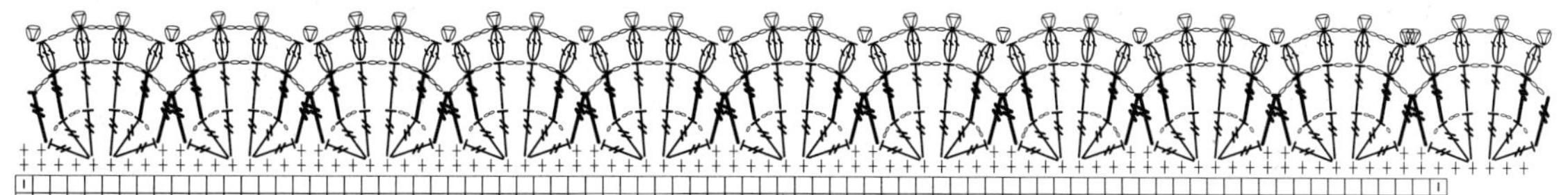

裙摆、袖口缘边

前身片

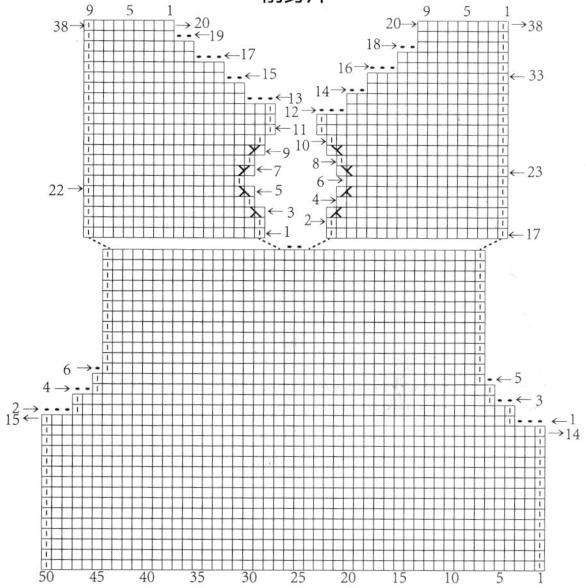

后身片

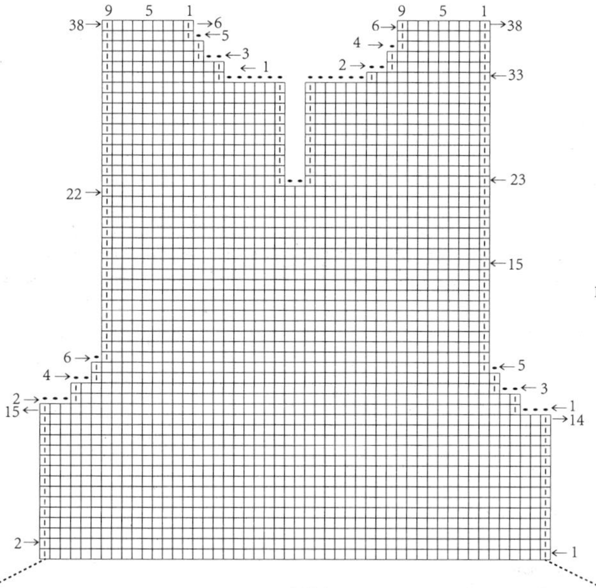

裙片

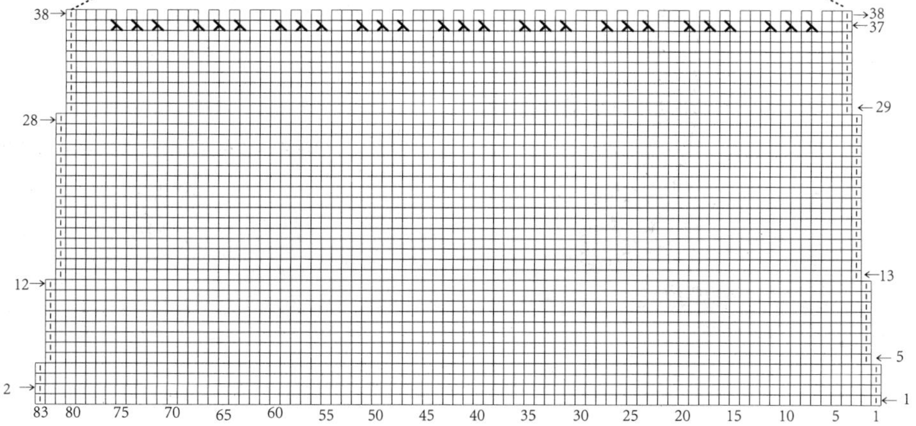

□=下针

no. 32

配色插肩背心

编织材料：中粗棉线　白色145g、青色10g、黄色5g
编织工具：8/0号钩针
编织密度：13个花×12个花/10cm×10cm
成品尺寸：衣长40cm、胸宽34cm、肩宽18cm、袖长13cm

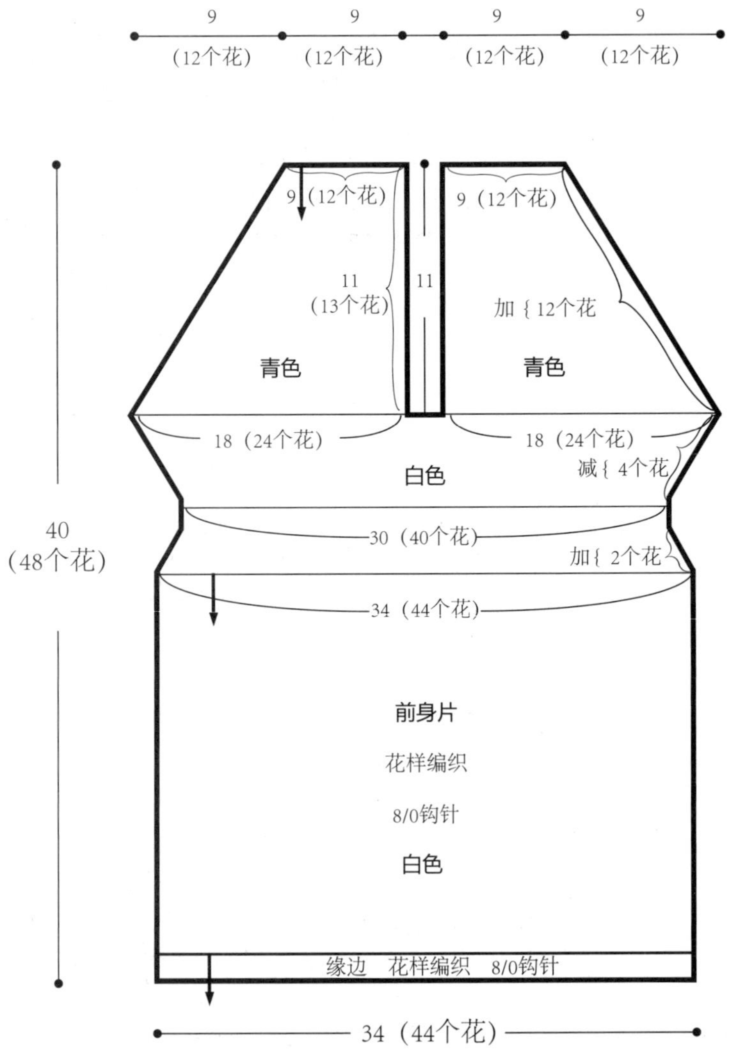

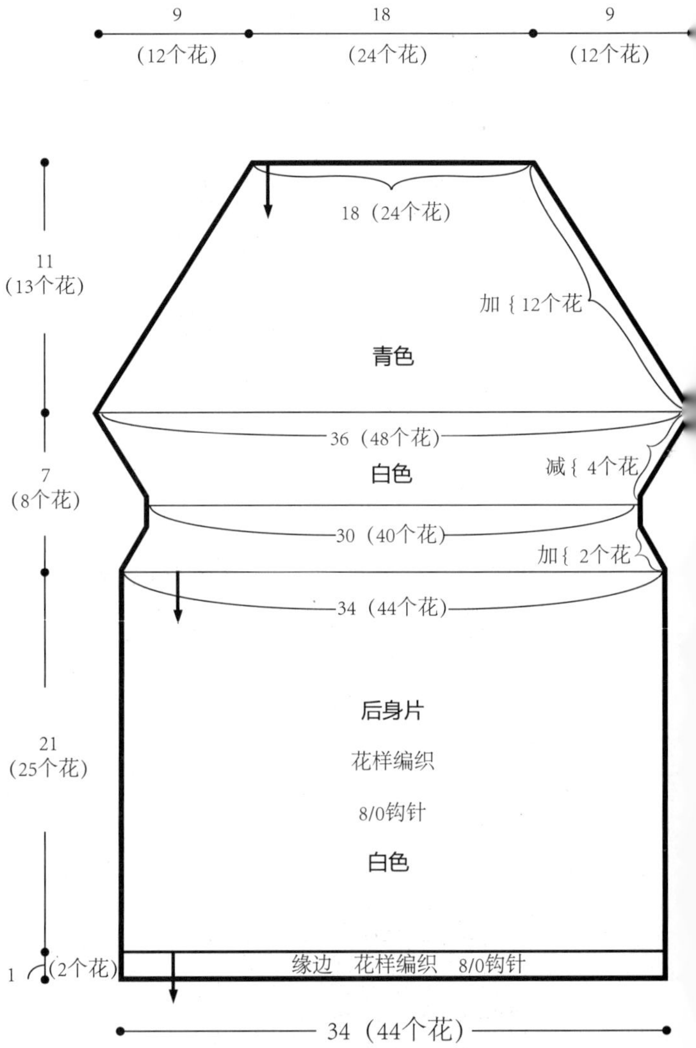

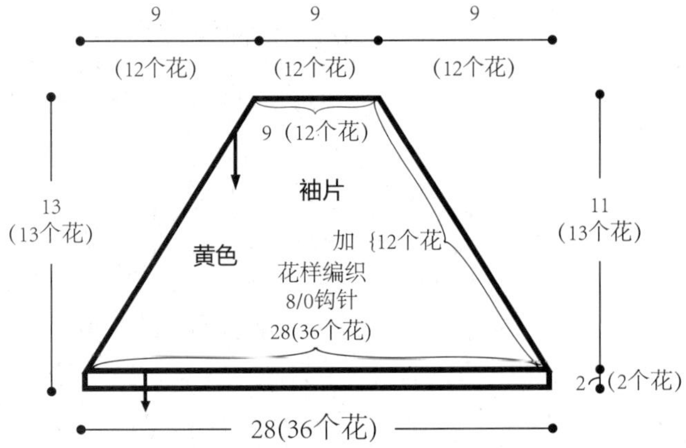

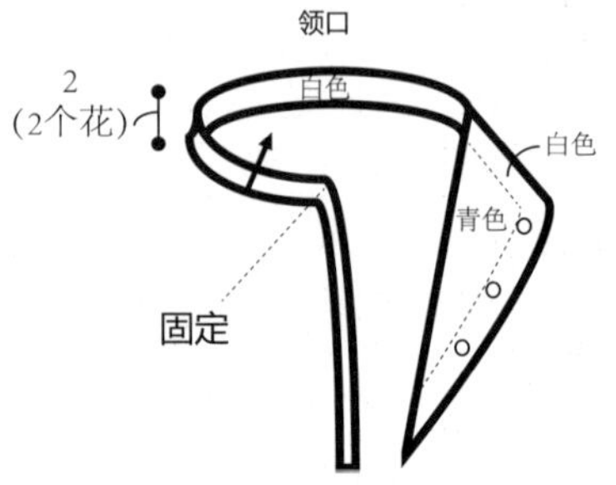

9 (12个花) 9 (12个花) 9 (12个花) 9 (12个花)
9 (12个花)
11 (13个花)
11
加{12个花
青色
青色
18 (24个花)
18 (24个花)
白色
减{4个花
30 (40个花)
加{2个花
34 (44个花)
40 (48个花)
前身片
花样编织
8/0钩针
白色
缘边　花样编织　8/0钩针
34 (44个花)
9 (12个花) 18 (24个花) 9 (12个花)
18 (24个花)
11 (13个花)
加{12个花
青色
36 (48个花)
7 (8个花)
白色
减{4个花
30 (40个花)
加{2个花
34 (44个花)
21 (25个花)
后身片
花样编织
8/0钩针
白色
1 (2个花)
缘边　花样编织　8/0钩针
34 (44个花)
9 (12个花) 9 (12个花) 9 (12个花)
9 (12个花)
袖片
13 (13个花)
11 (13个花)
黄色
加{12个花
花样编织
8/0钩针
28(36个花)
2 (2个花)
28(36个花)
领口
2 (2个花)
白色
白色
青色
固定

编织方法：此款毛衣编织的难点衣片的缝合。

首先将前、后身片编织好并缝合，缝合时要特别注意花样对齐、平整。

接着编织左、右袖片并一一与身片对应缝合，缝合时要特别注意花样对齐、平整。

最后编织领口及袖口缘边。

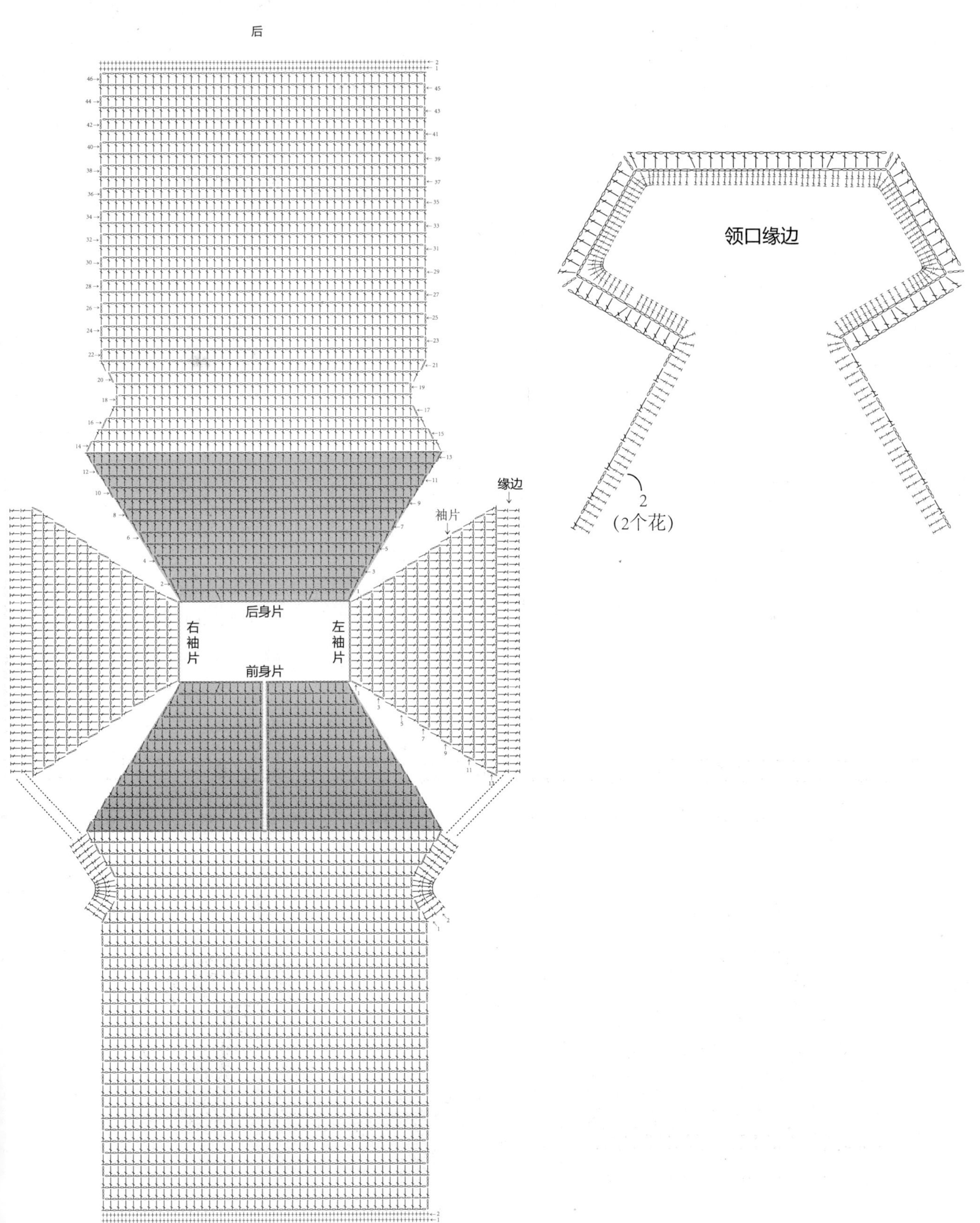

后
缘边
袖片
后身片
右
袖
片
左
袖
片
前身片
前
领口缘边
2
（2个花）

no. 33
桃红色小兔
图案套头衫

编织材料： 中粗羊毛线　桃红色220g，白色50g，深蓝色、浅蓝色少量

编织工具： 8号、9号棒针

编织密度： 22针×30行/10cm×10cm

成品尺寸： 衣长28cm、胸宽29cm、肩宽21cm、袖长19cm

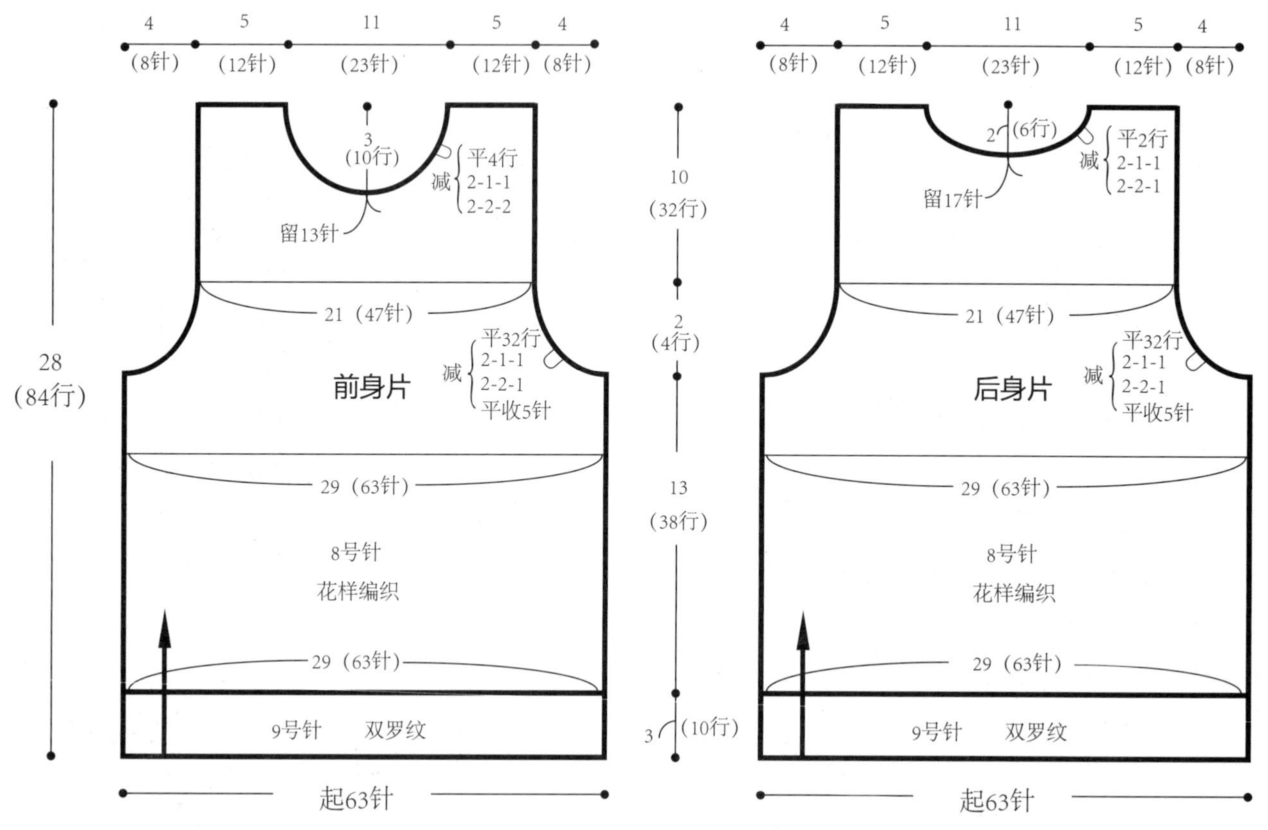
4 (8针) 5 (12针) 11 (23针) 5 (12针) 4 (8针)
3 (10行)
减 平4行 2-1-1 2-2-2
留13针
28 (84行)
21 (47针)
减 平32行 2-1-1 2-2-1 平收5针
前身片
29 (63针)
8号针
花样编织
29 (63针)
9号针 双罗纹
起63针
10 (32行)
2 (4行)
13 (38行)
3 (10行)
4 (8针) 5 (12针) 11 (23针) 5 (12针) 4 (8针)
2 (6行)
减 平2行 2-1-1 2-2-1
留17针
21 (47针)
减 平32行 2-1-1 2-2-1 平收5针
后身片
29 (63针)
8号针
花样编织
29 (63针)
9号针 双罗纹
起63针

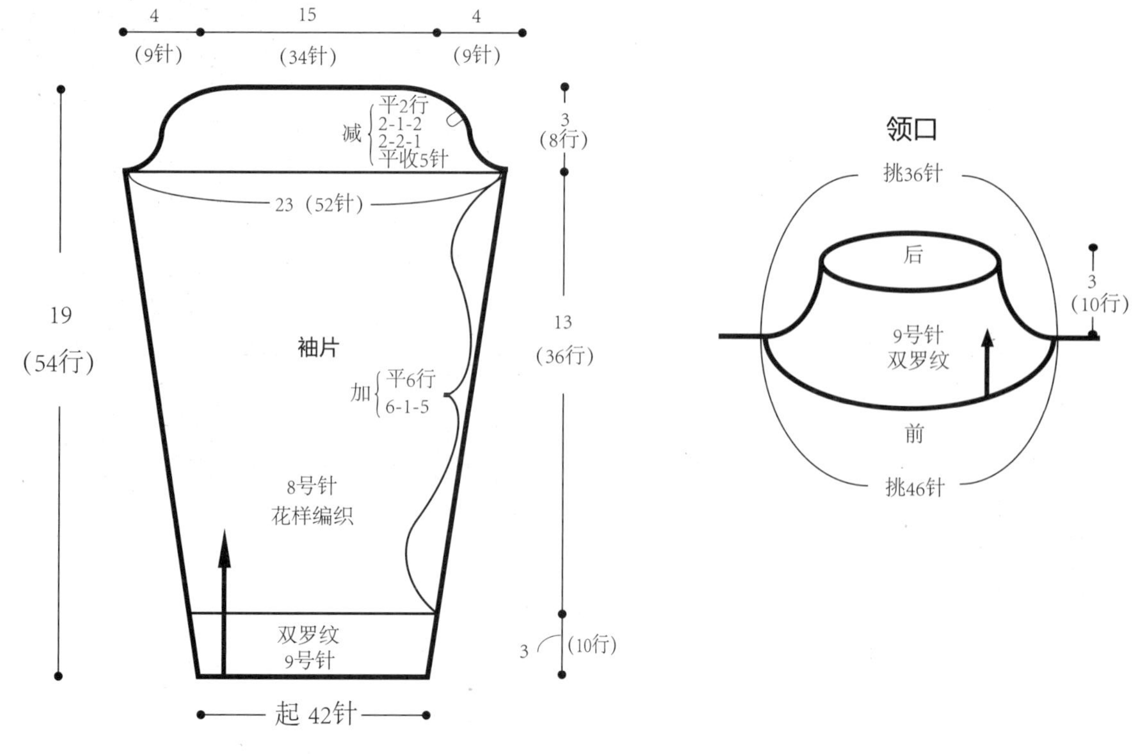
4 (9针) 15 (34针) 4 (9针)
减 平2行 2-1-2 2-2-1 平收5针
3 (8行)
23 (52针)
19 (54行)
袖片
13 (36行)
加 平6行 6-1-5
8号针
花样编织
双罗纹
9号针
3 (10行)
起 42针
领口
挑36针
后
3 (10行)
9号针
双罗纹
前
挑46针

编织方法： 首先分别将前、后身片编织好并缝合，缝合时注意花样对齐、平坦无皱。
接着编织左、右袖片并缝合，缝合时注意花样对齐、平坦无皱。
然后编织领口缘边。
最后将装饰物固定好。

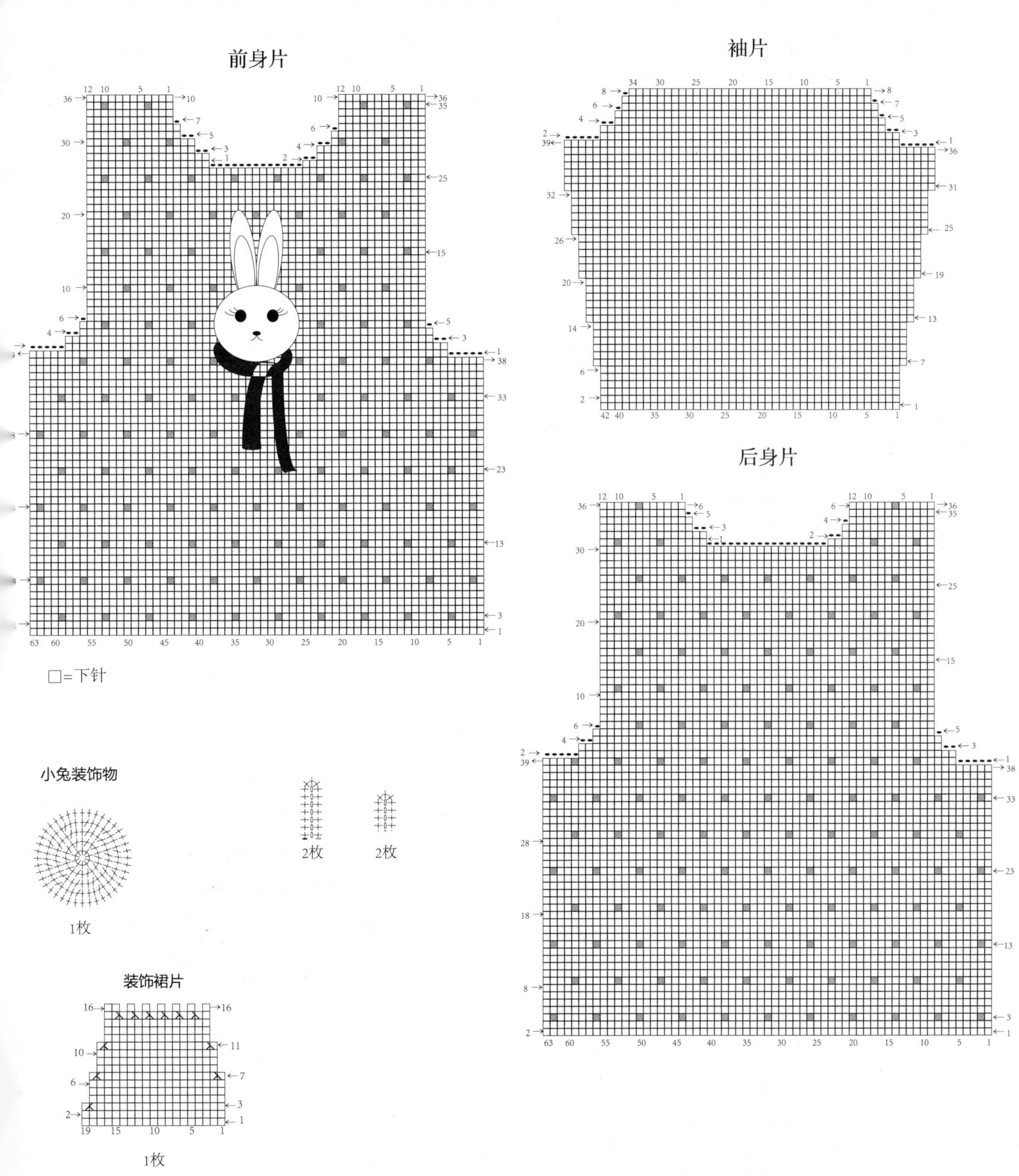

前身片
袖片
后身片
□=下针
小兔装饰物
1枚
2枚
2枚
装饰裙片
1枚

no. 34
钩边复古
插肩衫

编织材料： 中粗羊毛线 红黄棕夹花线221g、红色27g、枣红色33g

编织工具： 8/0钩针（3.25mm）

编织密度： 20针×12行/10cm×10cm

成品尺寸： 衣长31.5cm、胸宽32.5cm、肩宽16.5cm、袖长35.5cm

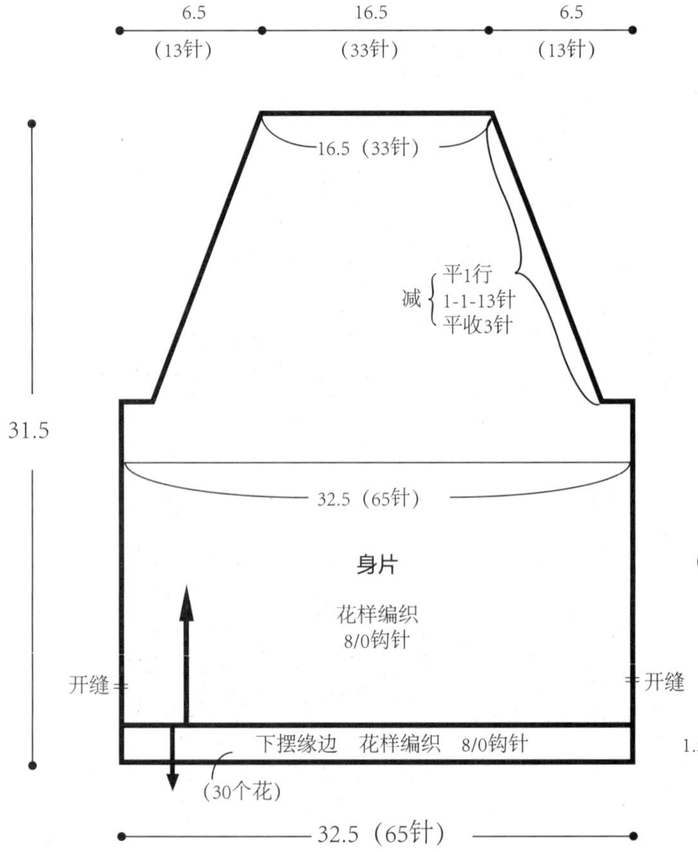

6.5（13针） 16.5（33针） 6.5（13针）

16.5（33针）

减{平1行 1-1-13针 平收3针

12（14行）

31.5

32.5（65针）

身片

花样编织 8/0钩针

18（22行）

开缝 开缝

下摆缘边 花样编织 8/0钩针

1.5（1行）

（30个花）

32.5（65针）

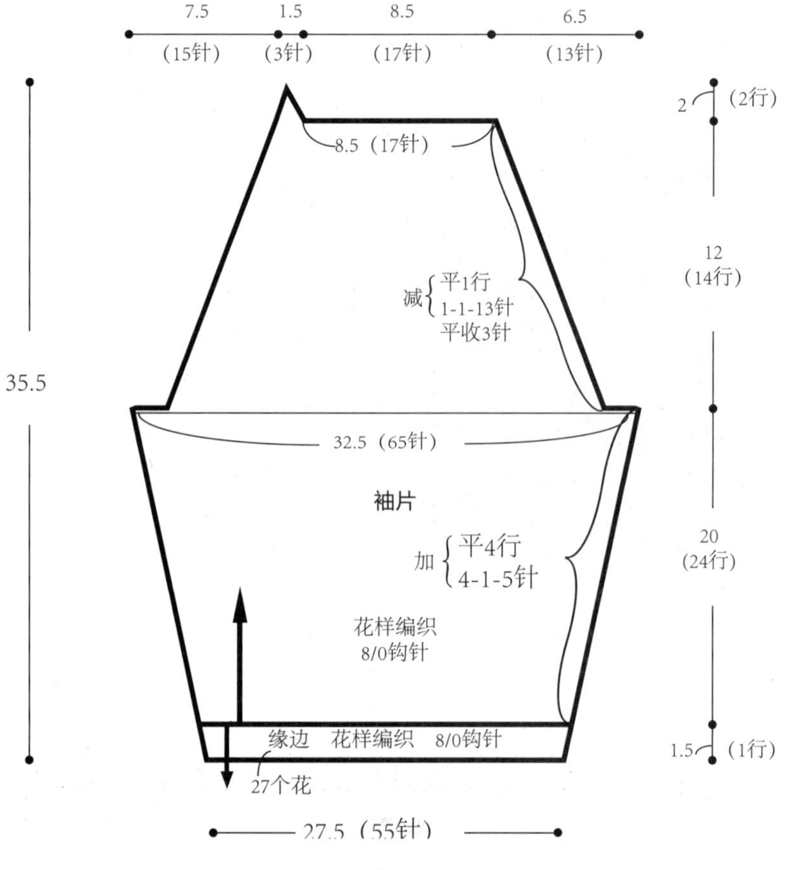

7.5（15针） 1.5（3针） 8.5（17针） 6.5（13针）

2（2行）

8.5（17针）

减{平1行 1-1-13针 平收3针

12（14行）

35.5

32.5（65针）

袖片

加{平4行 4-1-5针

20（24行）

花样编织 8/0钩针

缘边 花样编织 8/0钩针

1.5（1行）

27个花

27.5（55针）

编织方法：此款毛衣编织的难点是花样。由于换线频繁所以一定要注意手劲的松紧。

首先分别将前、后身片编织好并缝合，缝合时注意花样对齐平整。接着编织左、右袖片并缝合，缝合时注意花样对齐、平坦无皱。

最后编织领口缘边。

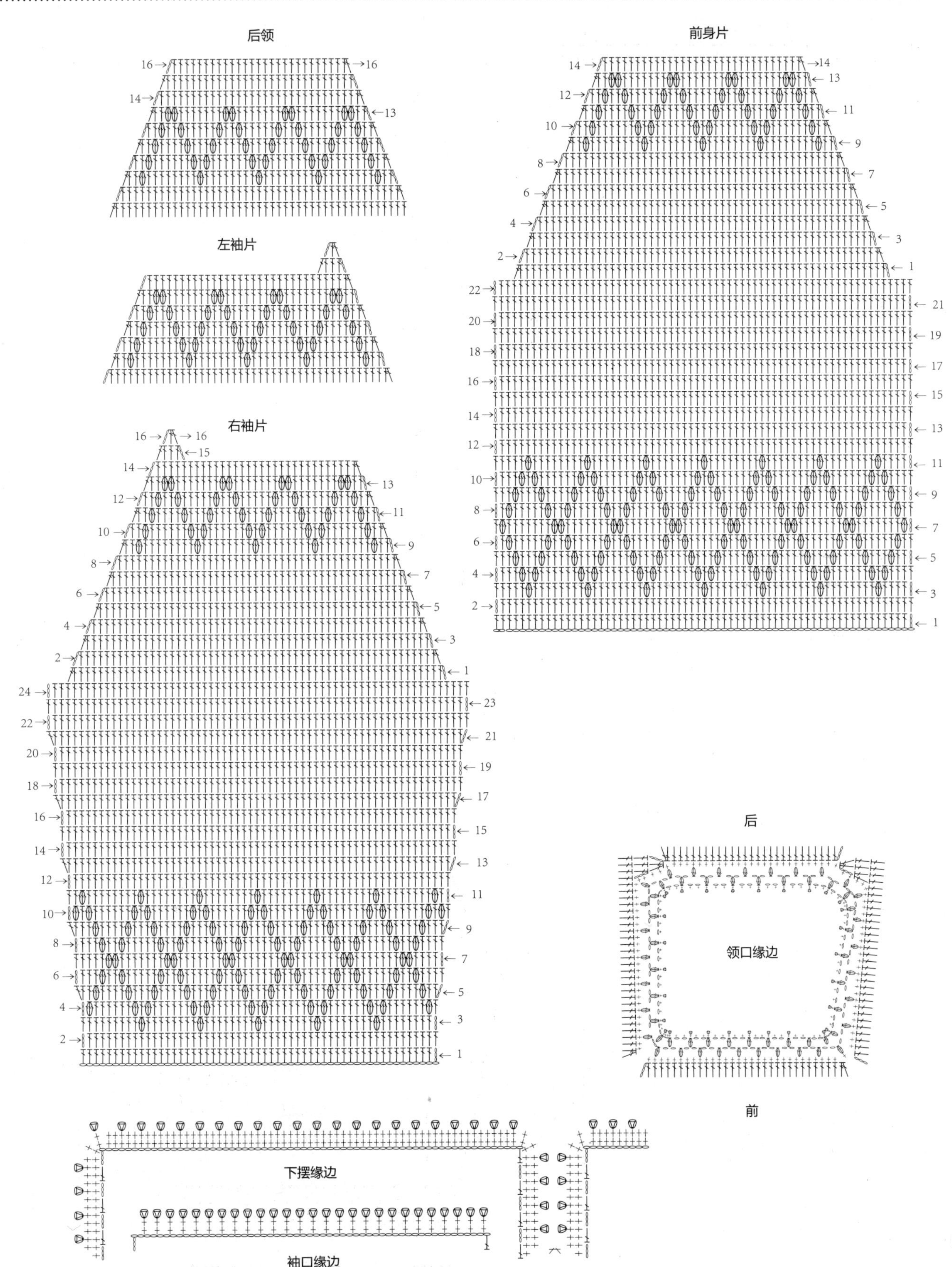

后领
前身片
左袖片
右袖片
后
领口缘边
前
下摆缘边
袖口缘边

no.35
花线背心裙

编织材料： 中细羊毛线 花色线200g、白色30g

编织工具： 9号棒针、5/0钩针(2.2mm)

编织密度： 25针×34行/10cm×10cm

成品尺寸： 衣长43cm、胸宽17cm、肩宽16cm

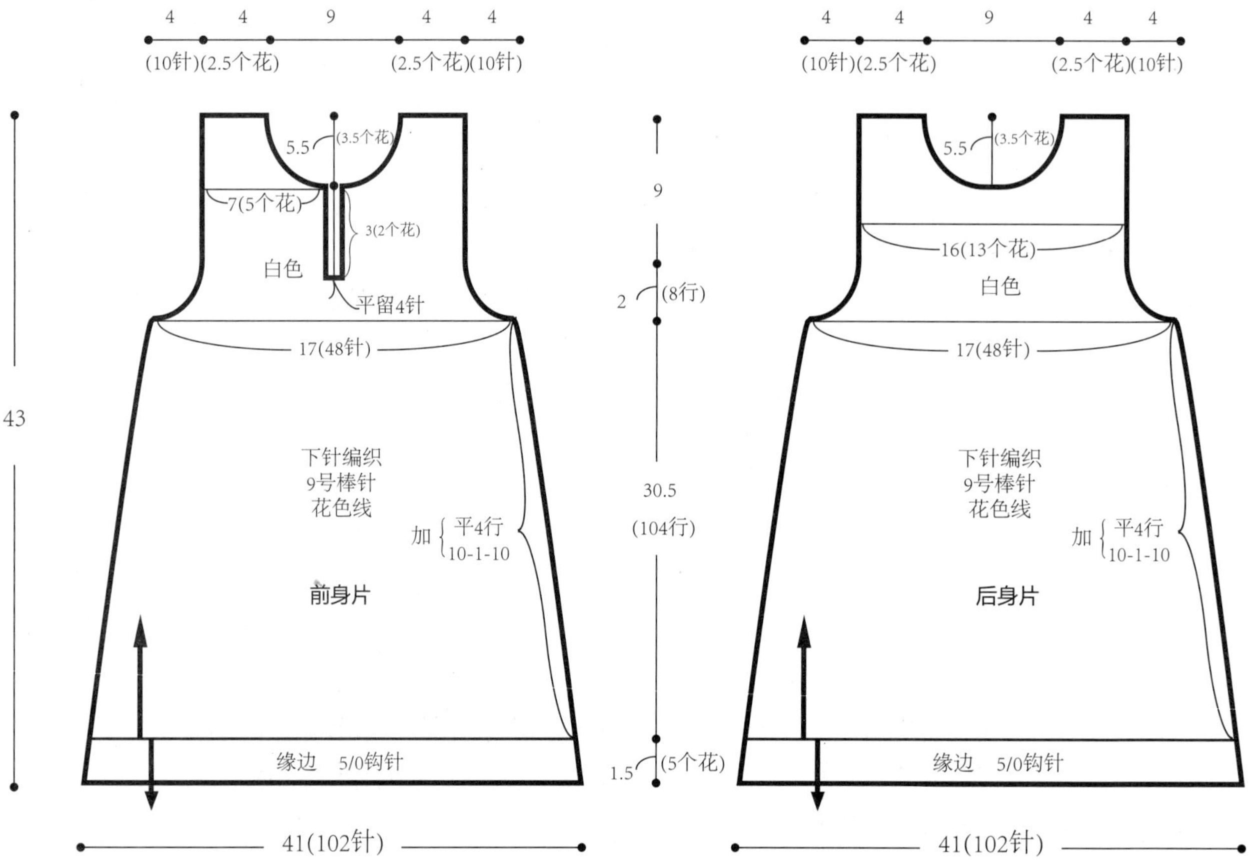

4 4 9 4 4
(10针)(2.5个花) (2.5个花)(10针)

5.5 (3.5个花)
7(5个花)
3(2个花)
白色
平留4针
17(48针)
43
下针编织
9号棒针
花色线
加 { 平4行 10-1-10
前身片
缘边 5/0钩针
41(102针)

9
2 (8行)
30.5
(104行)
1.5 (5个花)

4 4 9 4 4
(10针)(2.5个花) (2.5个花)(10针)

5.5 (3.5个花)
16(13个花)
白色
17(48针)
下针编织
9号棒针
花色线
加 { 平4行 10-1-10
后身片
缘边 5/0钩针
41(102针)

后领缘边

袖口缘边

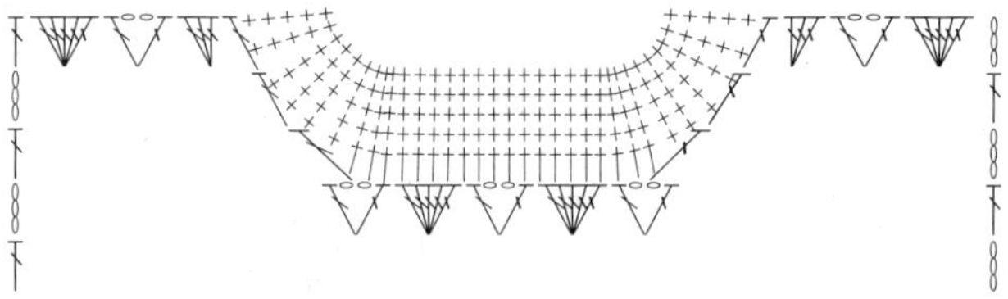

前领口缘边

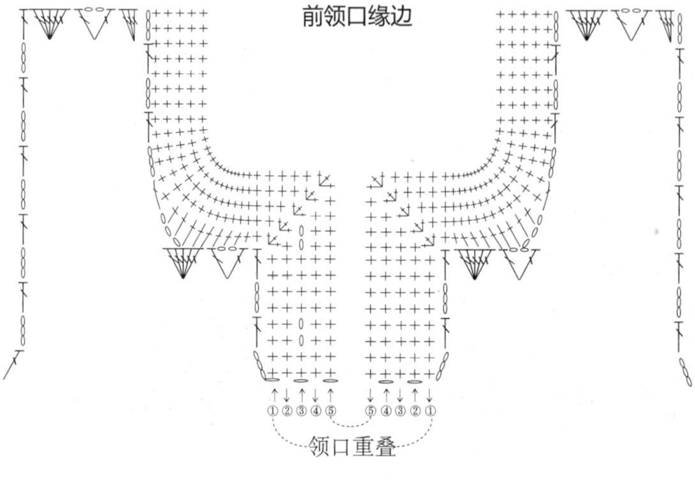

①②③④⑤ ⑤④③②①
领口重叠

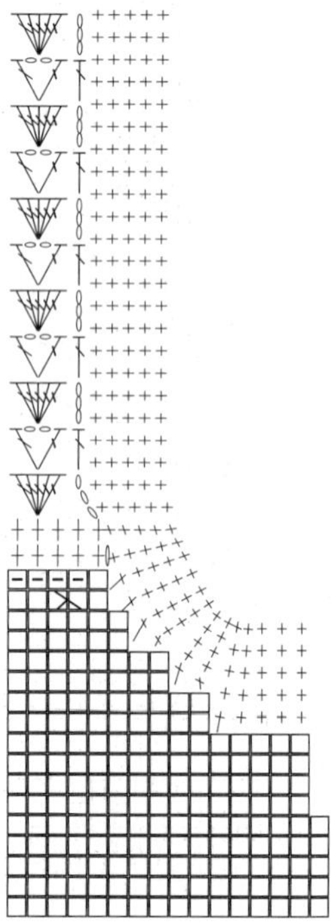

编织方法：此款毛衣编织的难点是过肩。由于是两种不同针型结合编织，所以编织过肩部分时手劲松紧非常重要。

首先分别编织前裙片和后裙片并缝合，注意花样对齐、平整。

接着编织领口及袖口缘边。

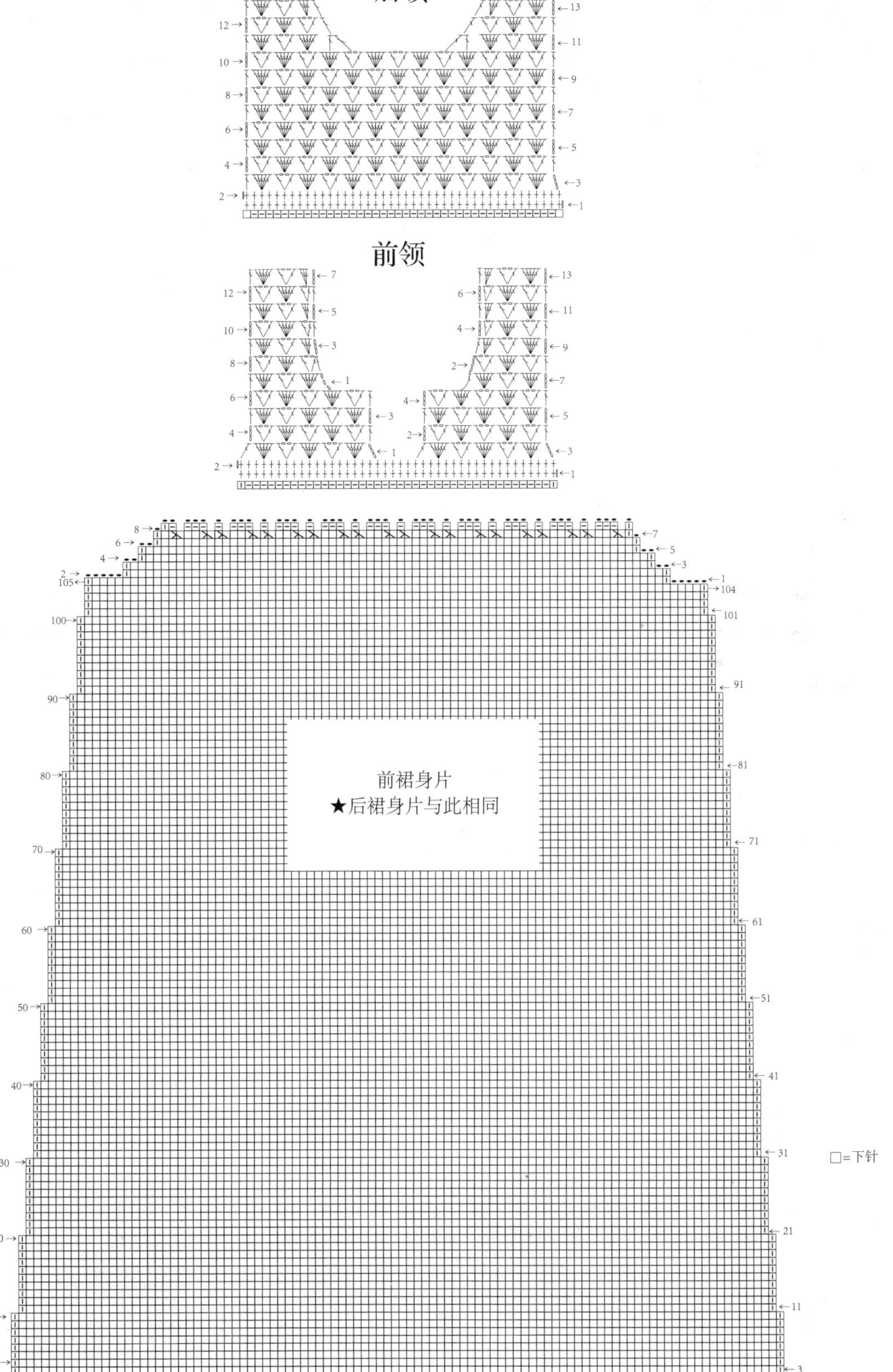

后领
前领
前裙身片
★后裙身片与此相同
□=下针

no. 36
灰色饰花
套头衫

编织材料： 中粗羊驼毛线 灰色352g

编织工具： 7号棒针、8号棒针、10/0钩针（4mm）

编织密度： 20针×25行/10cm×10cm

成品尺寸： 衣长39.5cm、胸宽30cm、肩宽21.5cm、袖长31.5cm

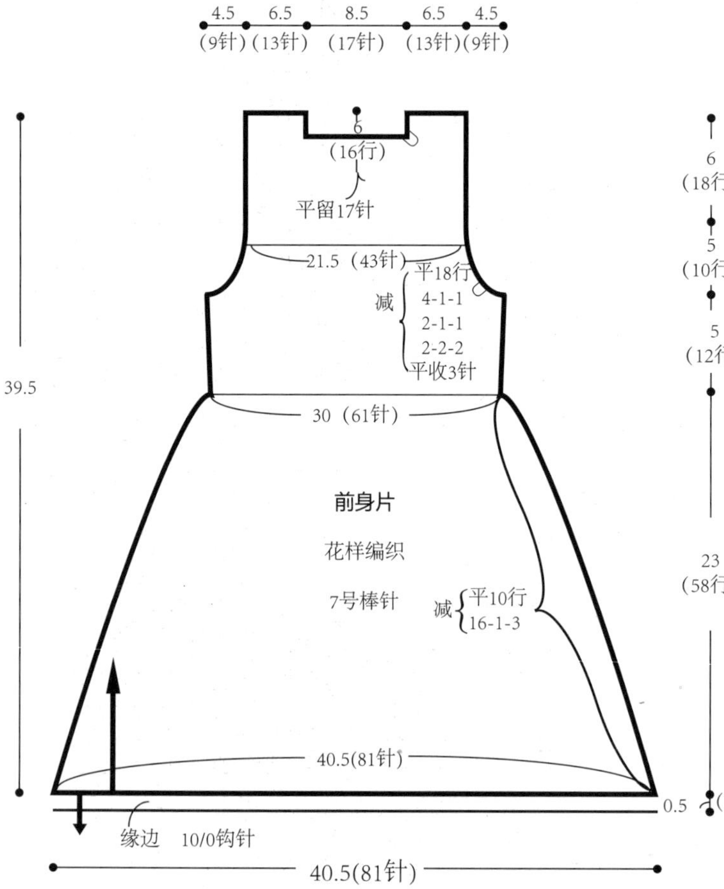

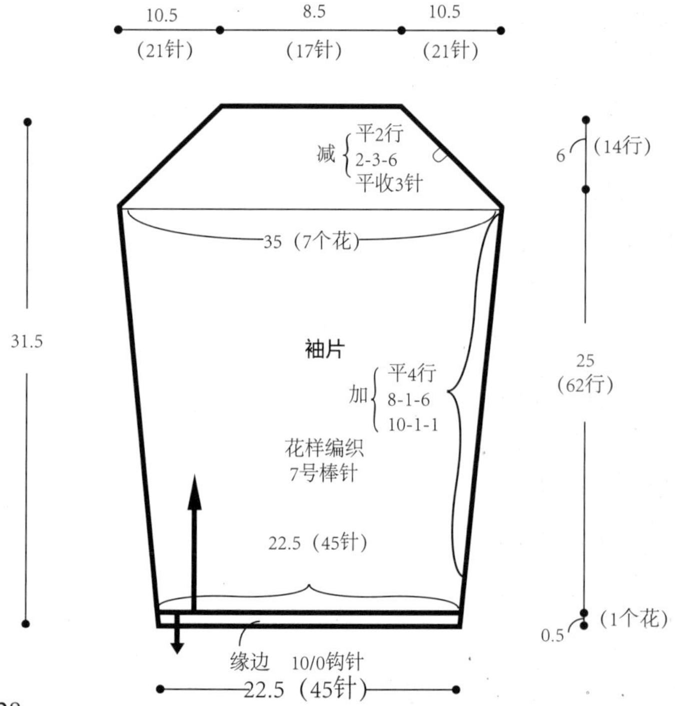

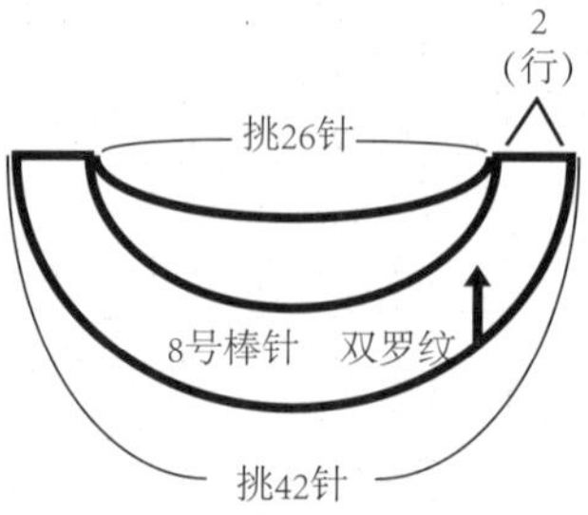

前身片
4.5 (9针) 6.5 (13针) 8.5 (17针) 6.5 (13针) 4.5 (9针)
6 (16行)
平留17针
21.5（43针）
减 平18行 4-1-1 2-1-1 2-2-2 平收3针
39.5
30（61针）
前身片
花样编织
7号棒针
减 平10行 16-1-3
40.5(81针)
缘边 10/0钩针
40.5(81针)

6 (18行)
5 (10行)
5 (12行)
23 (58行)
0.5 (1个花)

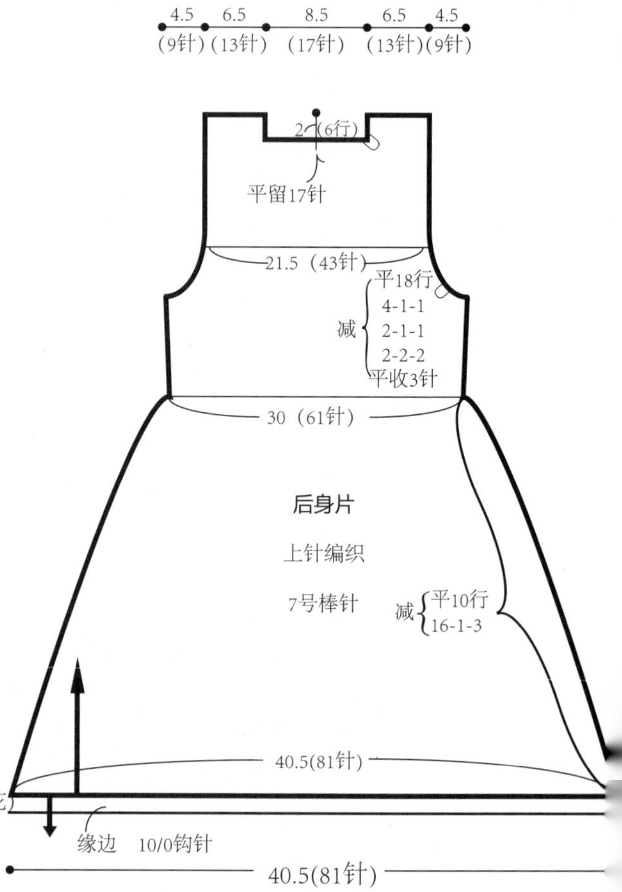

后身片
4.5 (9针) 6.5 (13针) 8.5 (17针) 6.5 (13针) 4.5 (9针)
2 (6行)
平留17针
21.5（43针）
减 平18行 4-1-1 2-1-1 2-2-2 平收3针
30（61针）
后身片
上针编织
7号棒针
减 平10行 16-1-3
40.5(81针)
缘边 10/0钩针
40.5(81针)

袖片
10.5 (21针) 8.5 (17针) 10.5 (21针)
减 平2行 2-3-6 平收3针
35（7个花）
31.5
袖片
加 平4行 8-1-6 10-1-1
花样编织
7号棒针
22.5（45针）
缘边 10/0钩针
22.5（45针）
6 (14行)
25 (62行)
0.5 (1个花)

2 (行)
挑26针
8号棒针 双罗纹
挑42针
领口缘边

编织方法： 此款毛衣编织的难点是花样。

首先分别将前、后身片编织好并缝合，缝合时注意花样对齐、平整。

接着编织左、右袖片并缝合，缝合时注意花样对齐、平整。

最后编织领口的缘边。

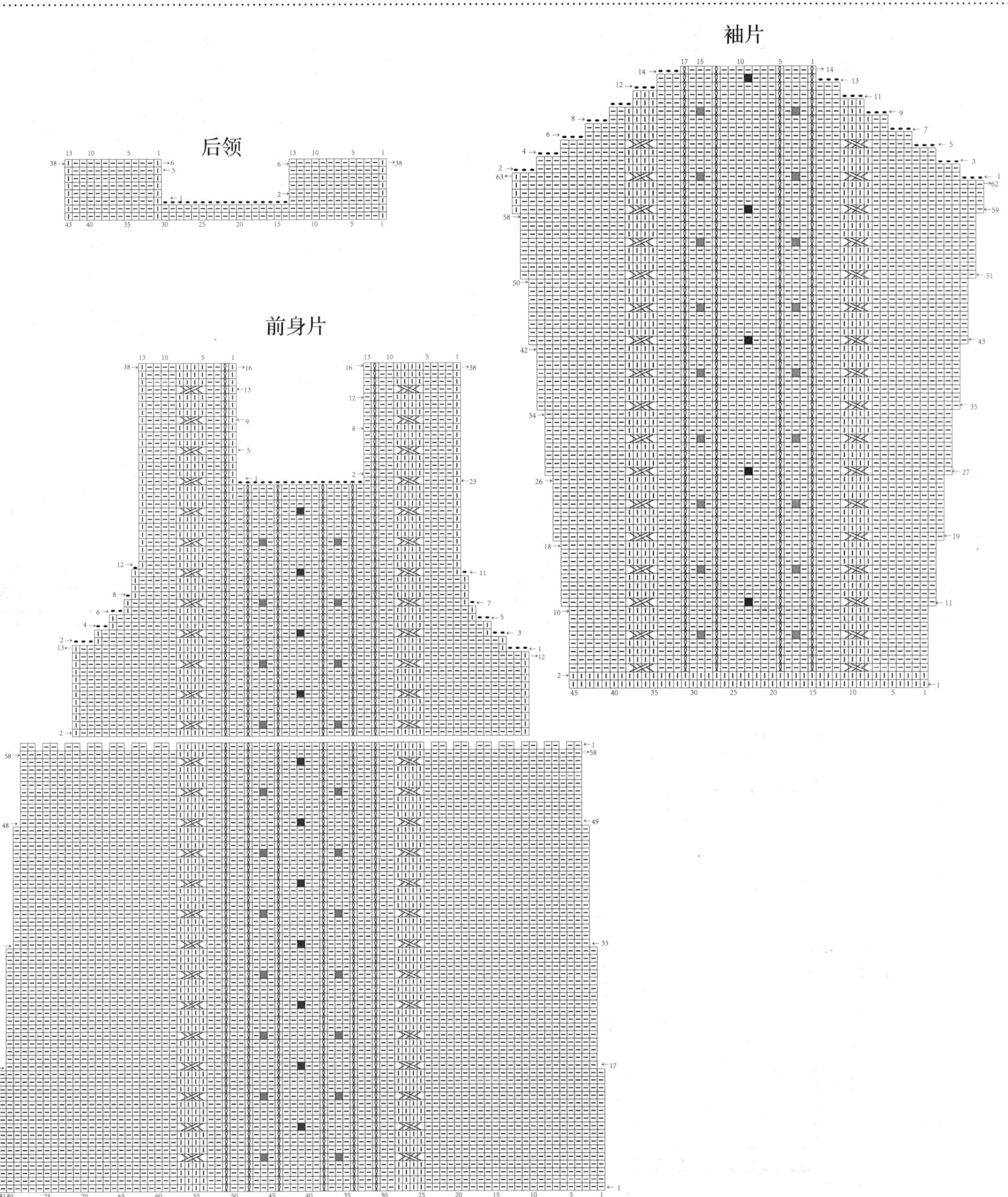

袖片
后领
前身片

no.37
红白条纹
开衫

编织材料：中粗羊毛线　红色145g、白色97g

编织工具：9号、10号棒针

编织密度：22针×32行/10cm×10cm

成品尺寸：衣长31.5cm、胸宽28cm、肩宽21cm、袖长27cm

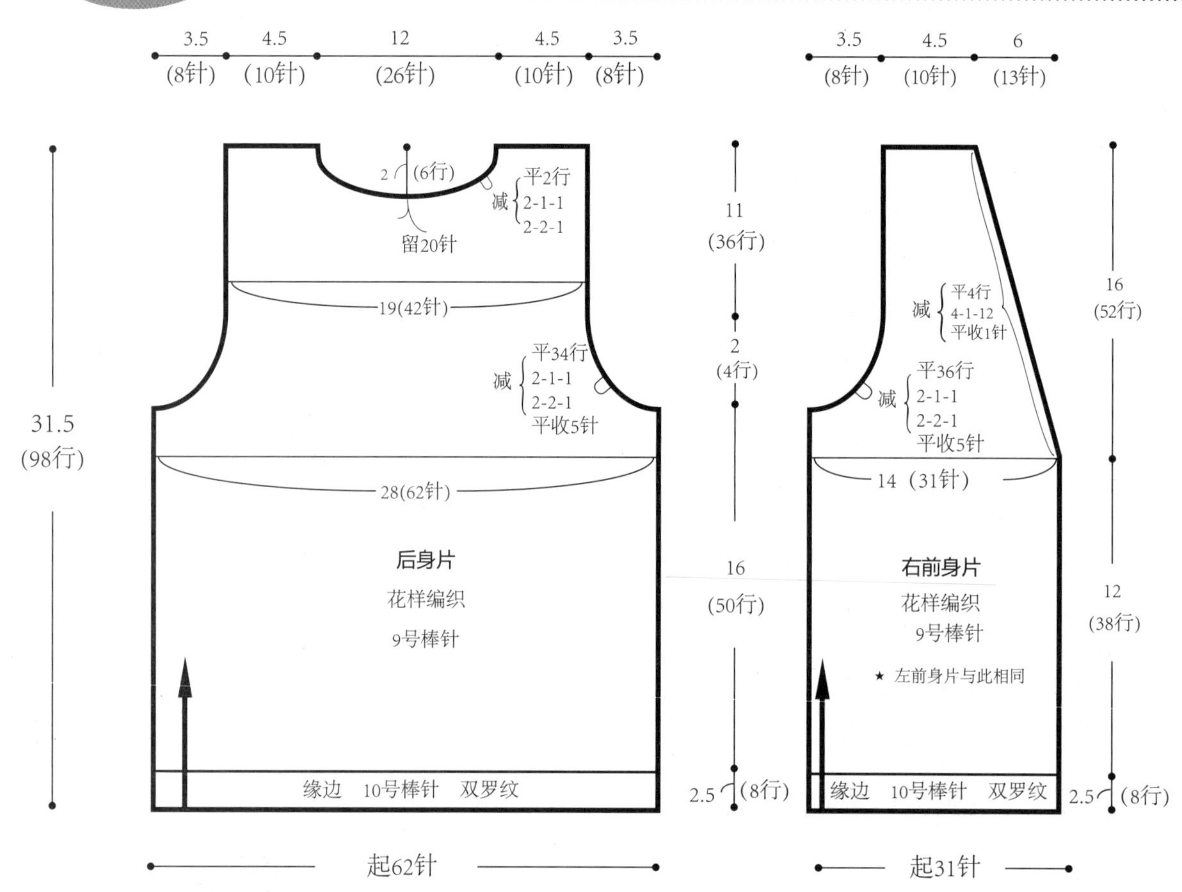
3.5 (8针) 4.5 (10针) 12 (26针) 4.5 (10针) 3.5 (8针)
2 (6行)
减 平2行 2-1-1 2-2-1
留20针
19(42针)
减 平34行 2-1-1 2-2-1 平收5针
28(62针)
后身片
花样编织
9号棒针
缘边 10号棒针 双罗纹
起62针
31.5 (98行)
11 (36行)
2 (4行)
16 (50行)
2.5 (8行)
3.5 (8针) 4.5 (10针) 6 (13针)
减 平4行 4-1-12 平收1针
减 平36行 2-1-1 2-2-1 平收5针
14 (31针)
右前身片
花样编织
9号棒针
★ 左前身片与此相同
缘边 10号棒针 双罗纹
起31针
16 (52行)
12 (38行)
2.5 (8行)

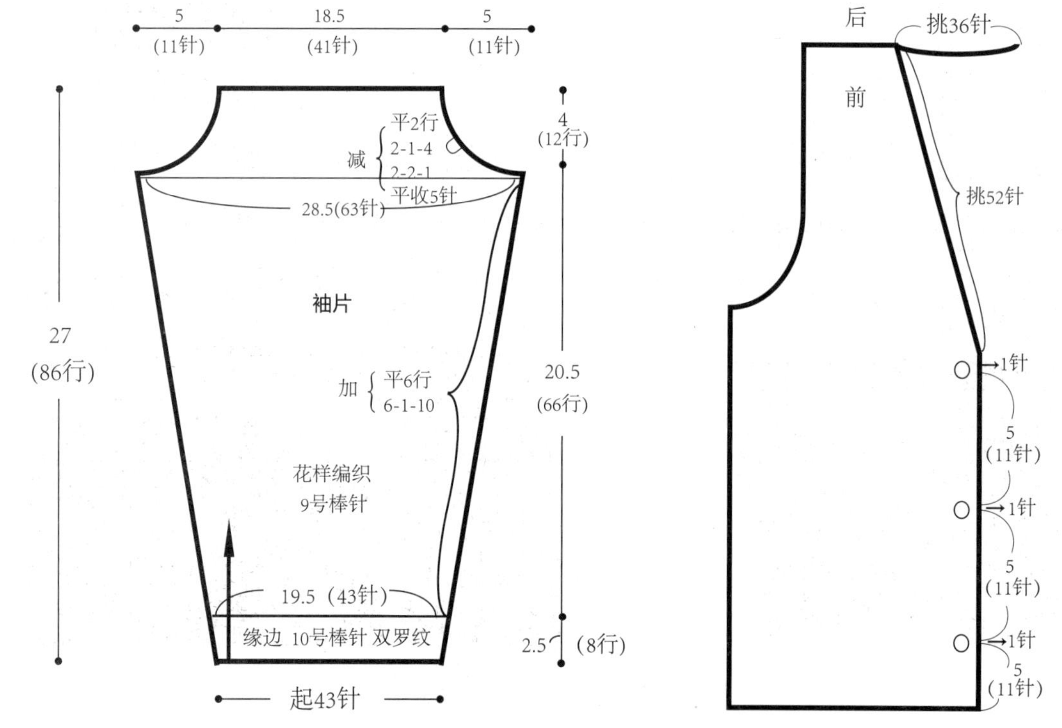
5 (11针) 18.5 (41针) 5 (11针)
减 平2行 2-1-4 2-2-1 平收5针
28.5(63针)
袖片
加 平6行 6-1-10
花样编织
9号棒针
19.5 (43针)
缘边 10号棒针 双罗纹
起43针
27 (86行)
4 (12行)
20.5 (66行)
2.5 (8行)
后
挑36针
前
挑52针
1针
5 (11针)
1针
5 (11针)
1针
5 (11针)

编织方法： 此款毛衣编织难点是花样的编织。

首先分别将前后身片、左右袖片编织好，然后把前后身片及袖片对应缝合，缝合时要注意花样的平整。

最后编织领口缘边。

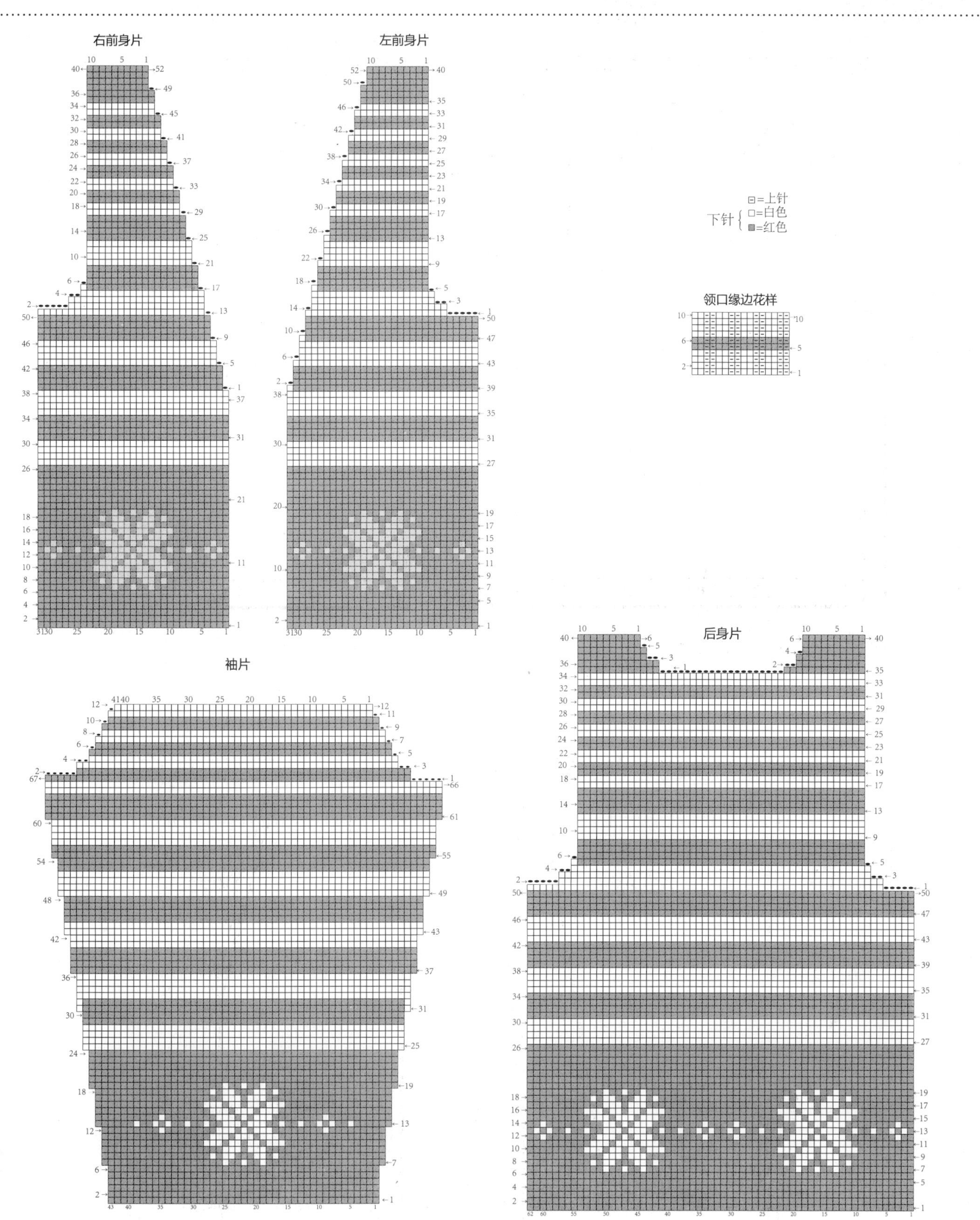

右前身片
左前身片
⊟=上针
下针 □=白色
■=红色
领口缘边花样
袖片
后身片

no. 38
桃红色
插肩衫

编织材料： 桃红夹白花线210g、白棉线34g、蓝色棉线少量

编织工具： 8号、9号棒针，5/0钩针

编织密度： 23针×30行/10cm×10cm

成品尺寸： 衣长36cm、胸宽29cm、袖长34cm

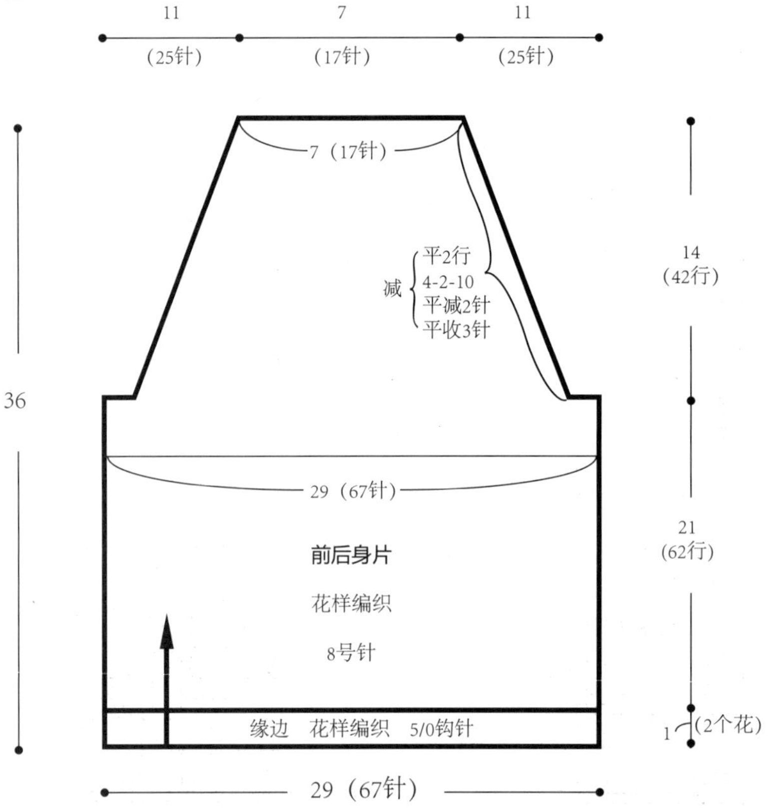

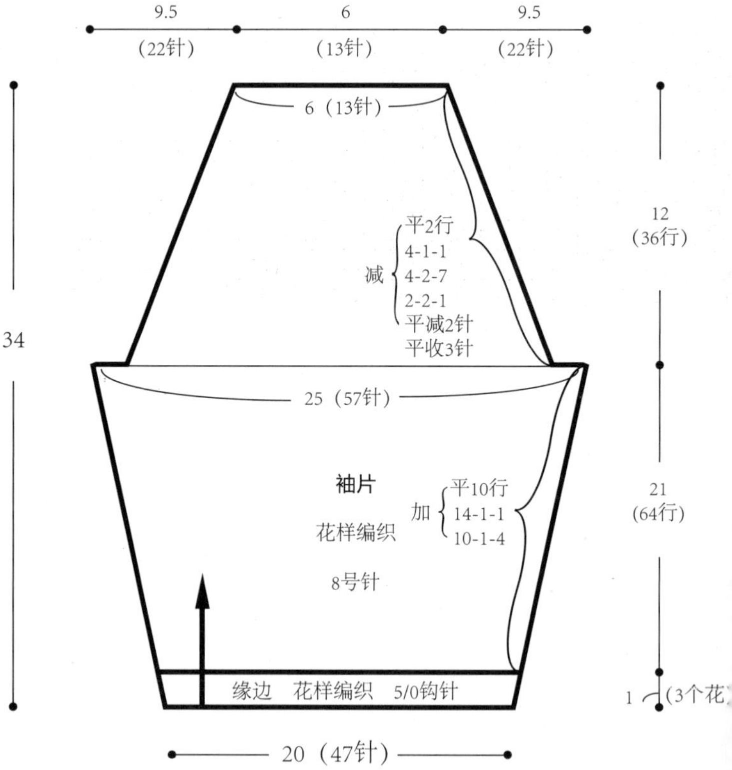

11 (25针) 7 (17针) 11 (25针)

7（17针）

减 平2行 4-2-10 平减2针 平收3针

14 (42行)

36

29（67针）

前后身片

花样编织

8号针

21 (62行)

缘边 花样编织 5/0钩针

1 (2个花)

29（67针）

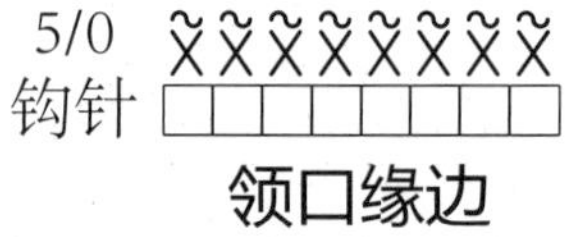

5/0 钩针

领口缘边

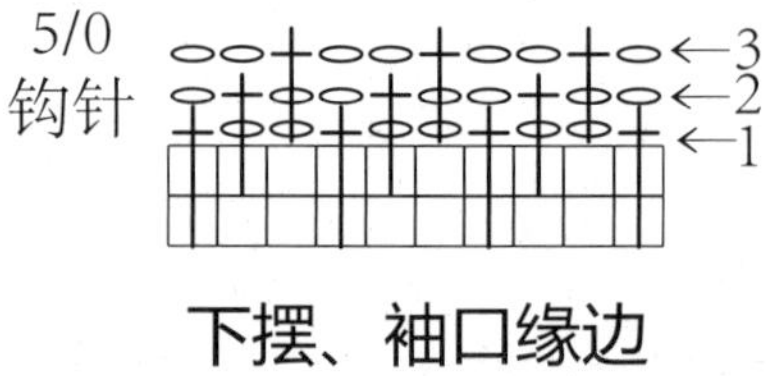

5/0 钩针

←3 ←2 ←1

下摆、袖口缘边

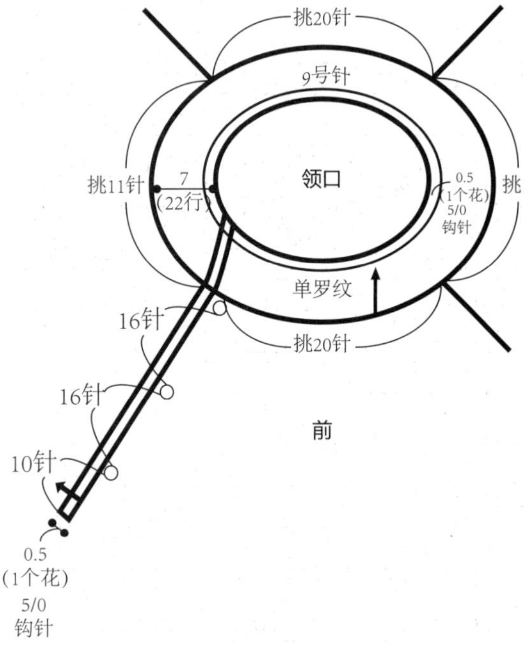

后

挑20针

9号针

挑11针 7 (22行)

领口

0.5 (1个花) 5/0 钩针

挑11针

单罗纹

挑20针

16针

16针

10针

0.5 (1个花) 5/0 钩针

前

9.5 (22针) 6 (13针) 9.5 (22针)

6（13针）

减 平2行 4-1-1 4-2-7 2-2-1 平减2针 平收3针

12 (36行)

34

25（57针）

袖片

花样编织

8号针

加 平10行 14-1-1 10-1-4

21 (64行)

缘边 花样编织 5/0钩针

1 (3个花)

20（47针）

编织方法： 此款毛衣编织的难点是领口。

首先分别将前、后身片编织好并缝合，缝合时注意花样对齐、平整无皱。

接着编织左、右袖片并缝合，缝合时注意花样对齐、平整无皱。

最后编织领口缘边。

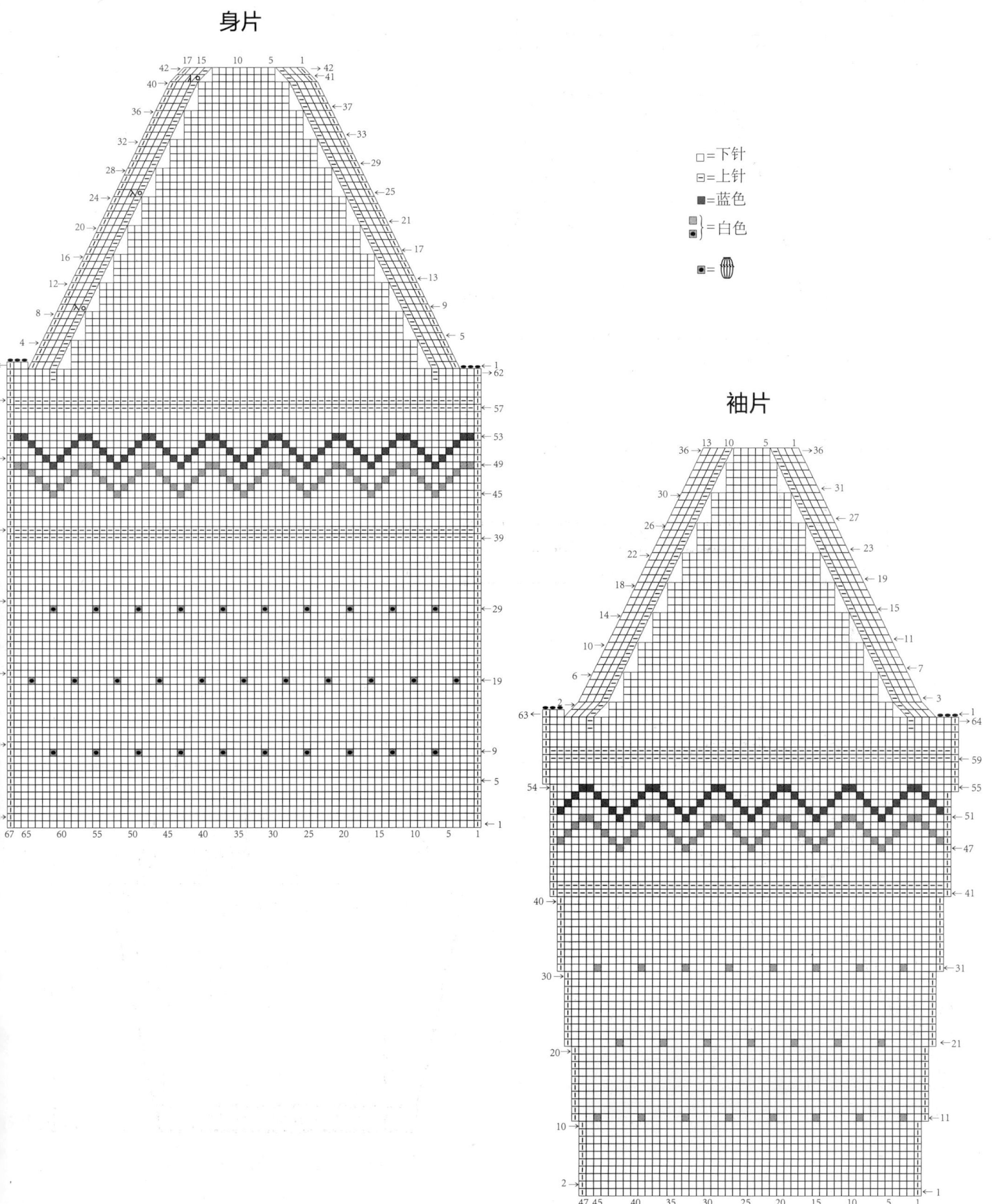

身片
袖片
□=下针
⊟=上针
■=蓝色
=白色

no. 39
黄色插肩套头衫

编织材料： 中粗羊毛线　黄色310g
编织工具： 9号、10号棒针，8/0钩针(3.25mm)
编织密度： 22针×32行/10cm×10cm
成品尺寸： 衣长33cm、胸宽34cm、袖长32.5cm

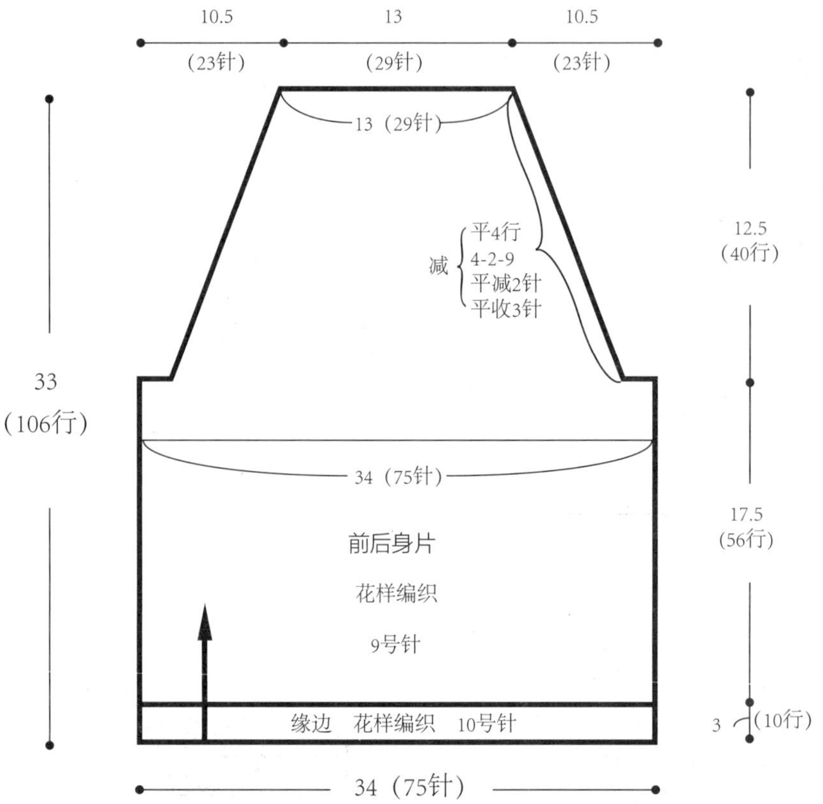

10.5 (23针)　13 (29针)　10.5 (23针)
13 (29针)
减 { 平4行 4-2-9 平减2针 平收3针
33 (106行)
12.5 (40行)
17.5 (56行)
34 (75针)
前后身片
花样编织
9号针
缘边　花样编织　10号针
3 (10行)
34 (75针)

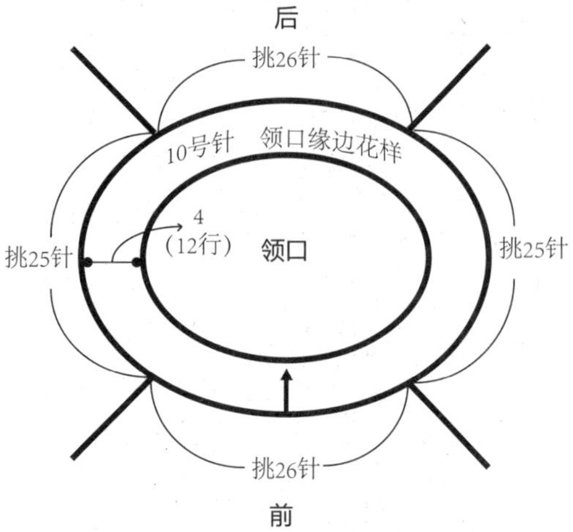

后
挑26针
10号针　领口缘边花样
挑25针
4 (12行)
领口
挑25针
挑26针
前

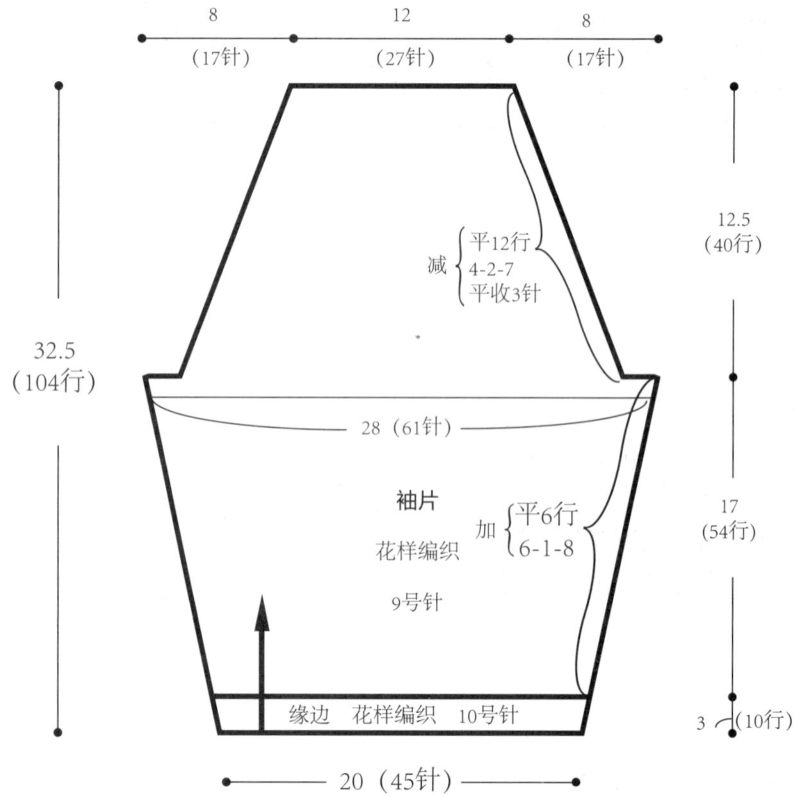

8 (17针)　12 (27针)　8 (17针)
32.5 (104行)
减 { 平12行 4-2-7 平收3针
12.5 (40行)
28 (61针)
袖片
花样编织
9号针
加 { 平6行 6-1-8
17 (54行)
缘边　花样编织　10号针
3 (10行)
20 (45针)

编织方法： 此款毛衣编织的难点是花样。

首先分别将前、后身片编织好并缝合，缝合时注意花样对齐、平整。

接着编织左、右袖片并缝合，缝合时注意花样对齐、平整。

最后编织领口。

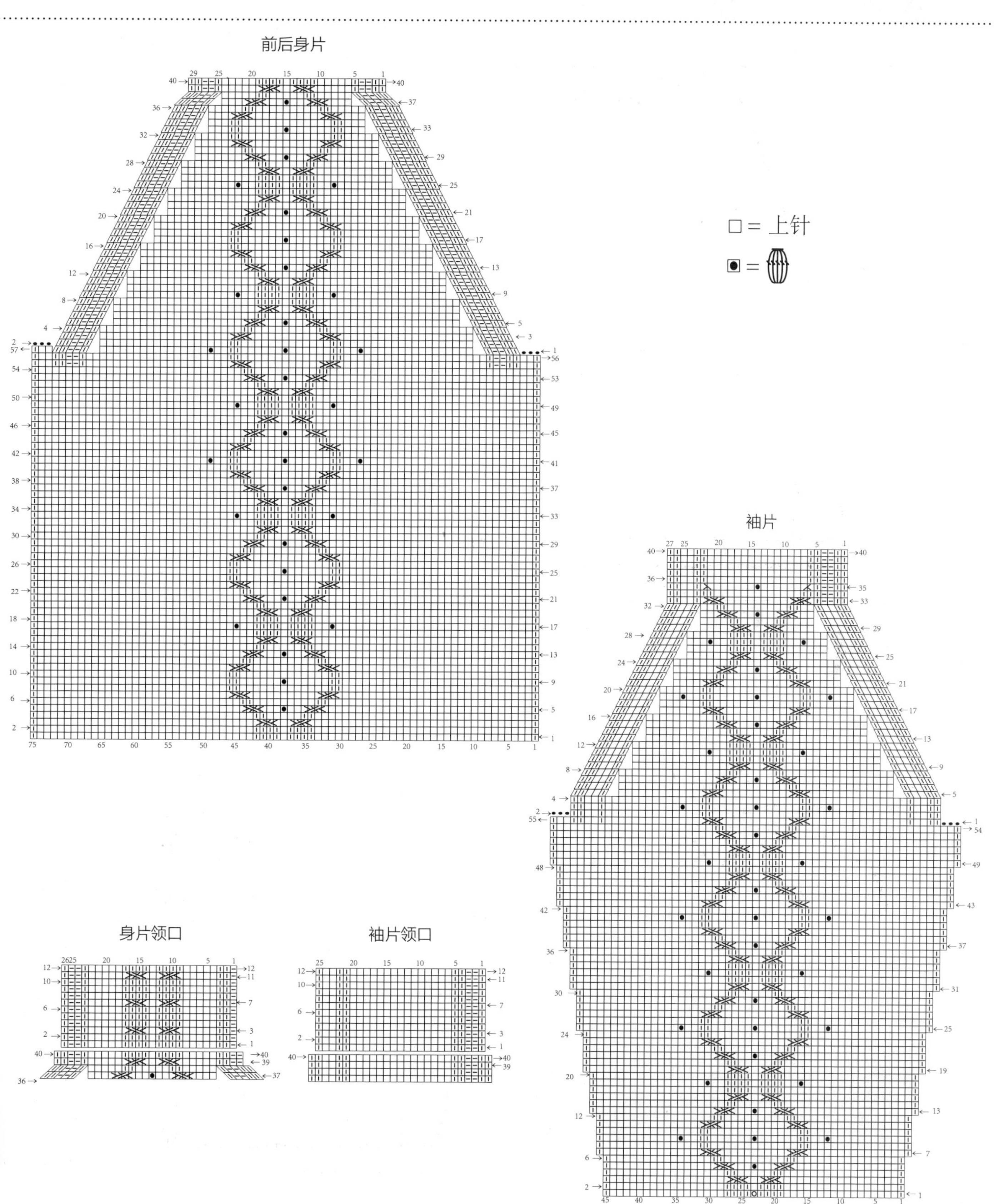

前后身片
□ = 上针
袖片
身片领口
袖片领口

no.40 黄色绣花背心

编织材料： 中粗羊毛线 黄色230g、白色50g

编织工具： 8号、9号棒针，6/0钩针（2.5mm）

编织密度： 21针×27行/10cm×10cm

成品尺寸： 衣长43cm、胸宽30cm、肩宽23cm

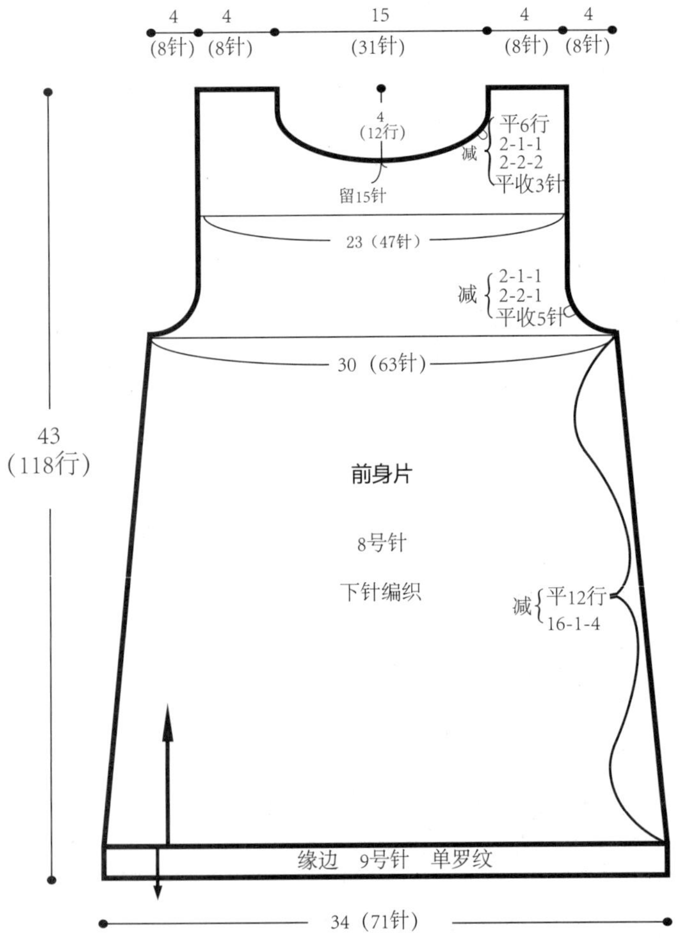

4 4 15 4 4
(8针) (8针) (31针) (8针) (8针)

4 (12行)
留15针
平6行
减 2-1-1
2-2-2
平收3针
23（47针）
减 2-1-1
2-2-1
平收5针
30（63针）
43（118行）

前身片

8号针

下针编织

减 平12行
16-1-4

缘边 9号针 单罗纹

34（71针）

12（32行）
1（4行）
28（76行）
2（6行）

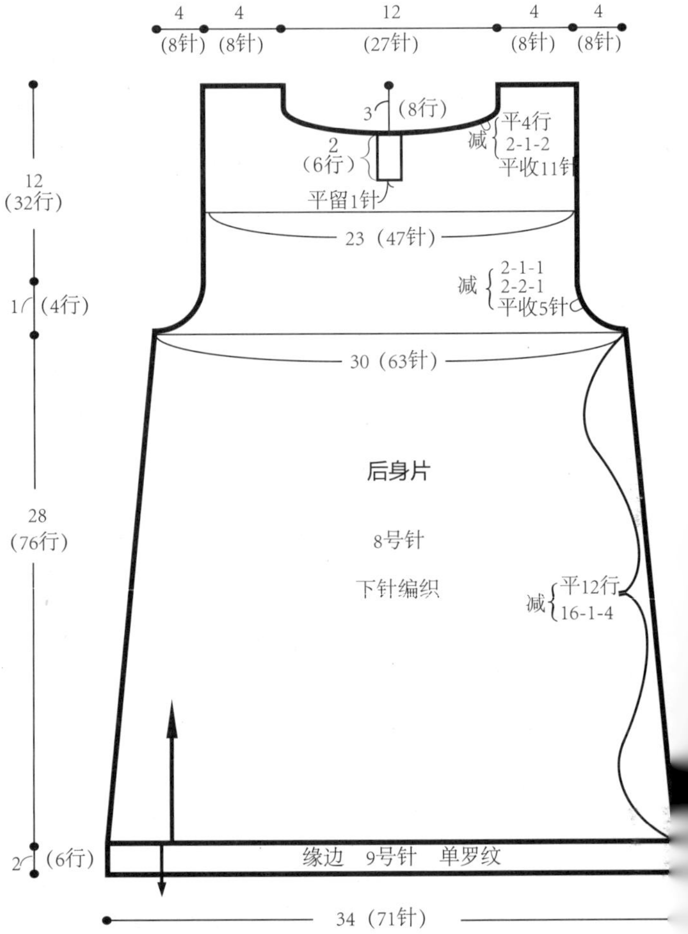

4 4 12 4 4
(8针) (8针) (27针) (8针) (8针)

3（8行）
2（6行）
平留1针
减 平4行
2-1-2
平收11针
23（47针）
减 2-1-1
2-2-1
平收5针
30（63针）

后身片

8号针

下针编织

减 平12行
16-1-4

缘边 9号针 单罗纹

34（71针）

装饰物

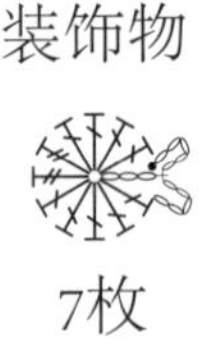

7枚

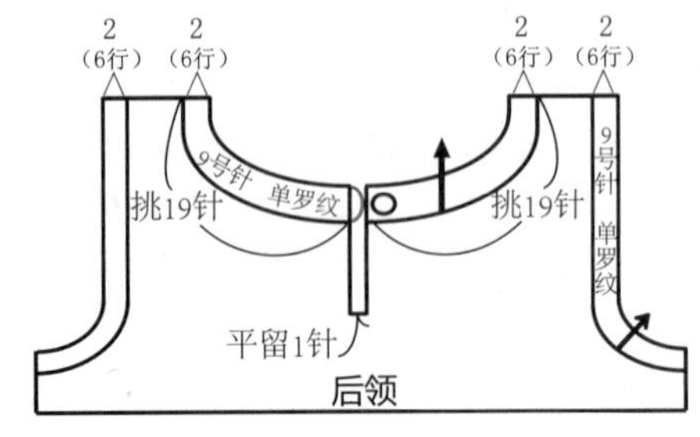

2 (6行)
2 (6行)
2 (6行)
2 (6行)
9号针 单罗纹
挑19针
挑19针
9号针 单罗纹
平留1针
后领

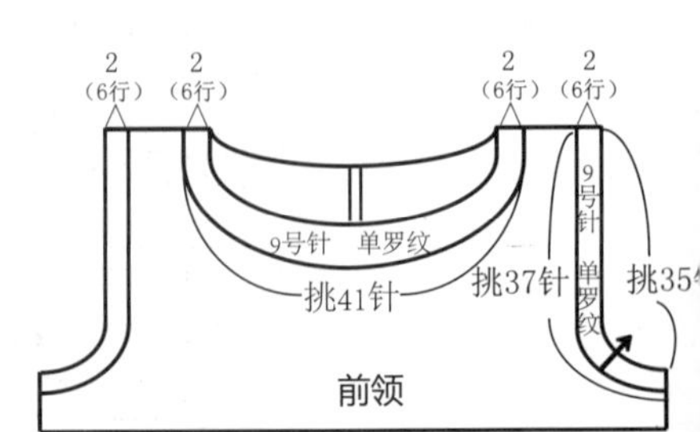

2 (6行)
2 (6行)
2 (6行)
2 (6行)
9号针 单罗纹
挑41针
挑37针
9号针 单罗纹
前领

编织方法： 此款毛衣编织的难点是装饰物。裙身上白色的装饰，建议用钩针在裙面上按自己的喜好钩织，也可以用绣针来缝。

首先将前、后身片织好并缝合，缝合时注意花样对齐、平整。

接着编织下摆、袖口及领口缘边。最后把装饰物固定好。

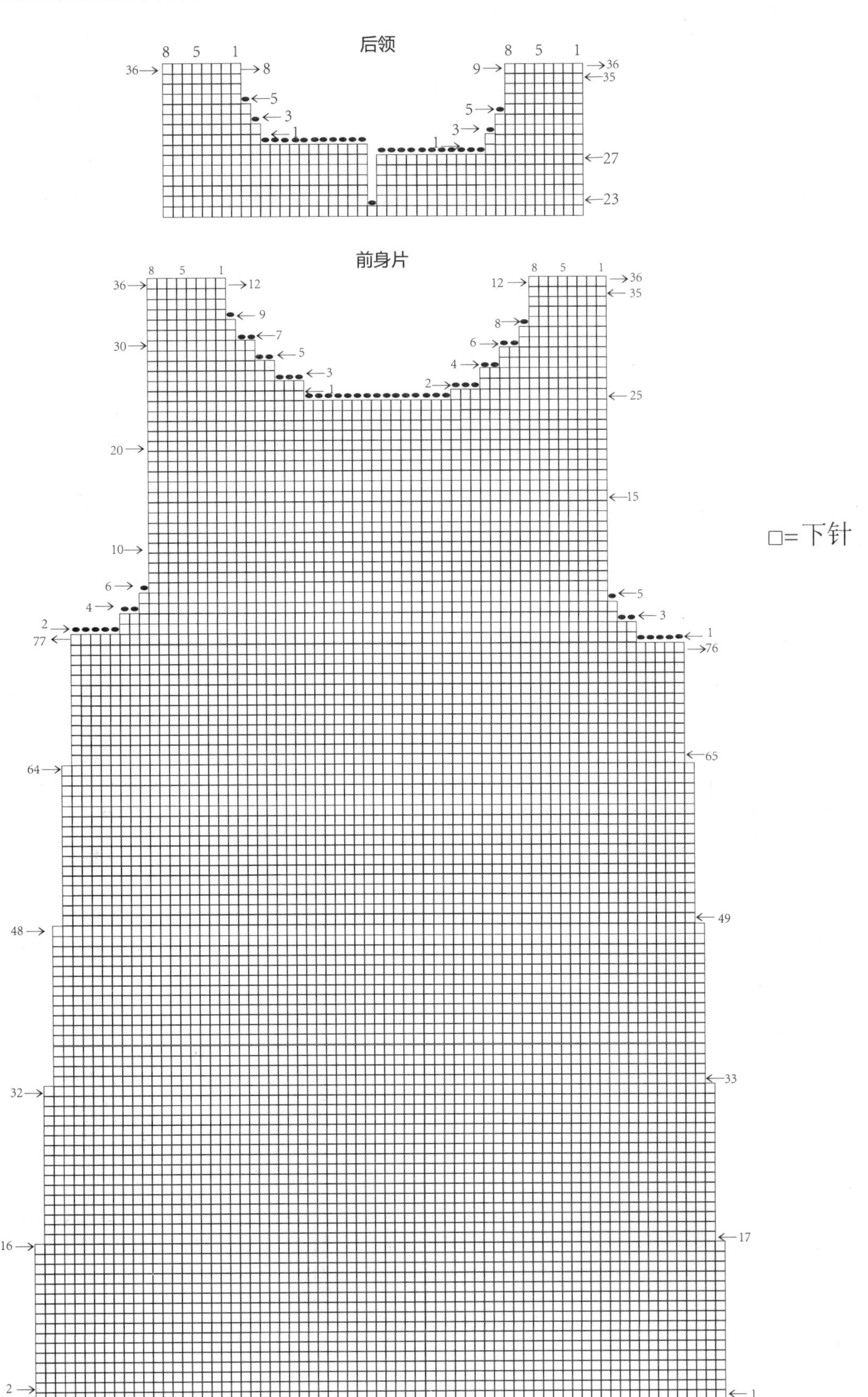

后领
前身片
□=下针

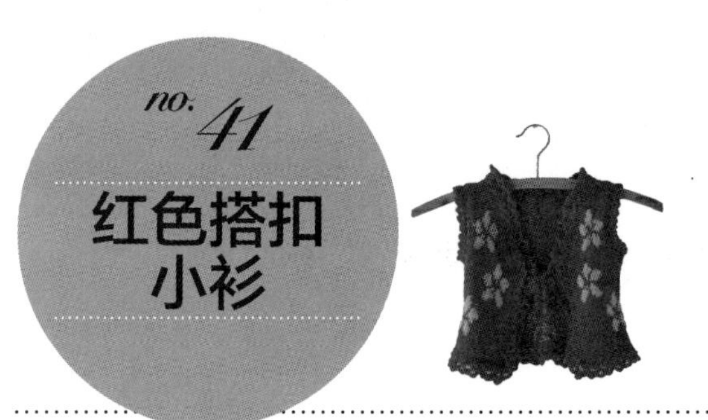
no.41
红色搭扣
小衫

编织材料：中粗羊毛线　红色140g、白色50g
编织工具：8号棒针，6/0钩针（2.5mm）
编织密度：21针×26行/10cm×10cm
成品尺寸：衣长31cm、胸宽26cm、肩宽21cm

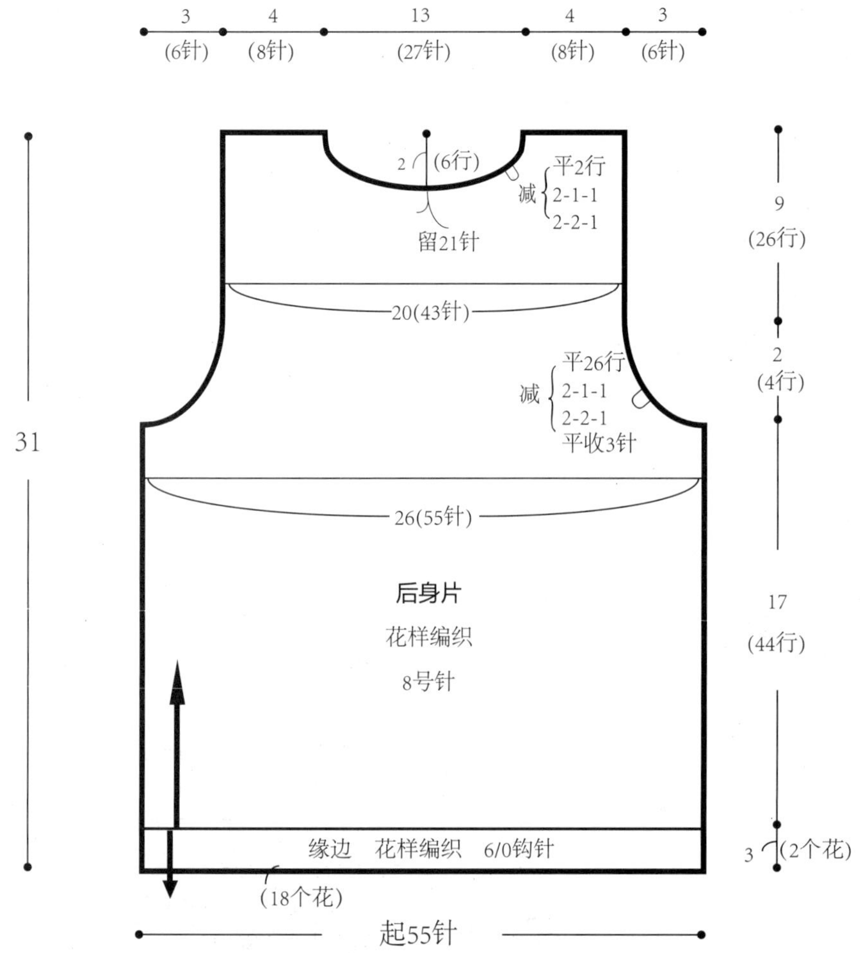

3 (6针)　4 (8针)　13 (27针)　4 (8针)　3 (6针)

2 (6行)
减 平2行 2-1-1 2-2-1
留21针
20(43针)
减 平26行 2-1-1 2-2-1 平收3针
26(55针)
31

后身片
花样编织
8号针

缘边　花样编织　6/0钩针
(18个花)
起55针

9 (26行)
2 (4行)
17 (44行)
3 (2个花)

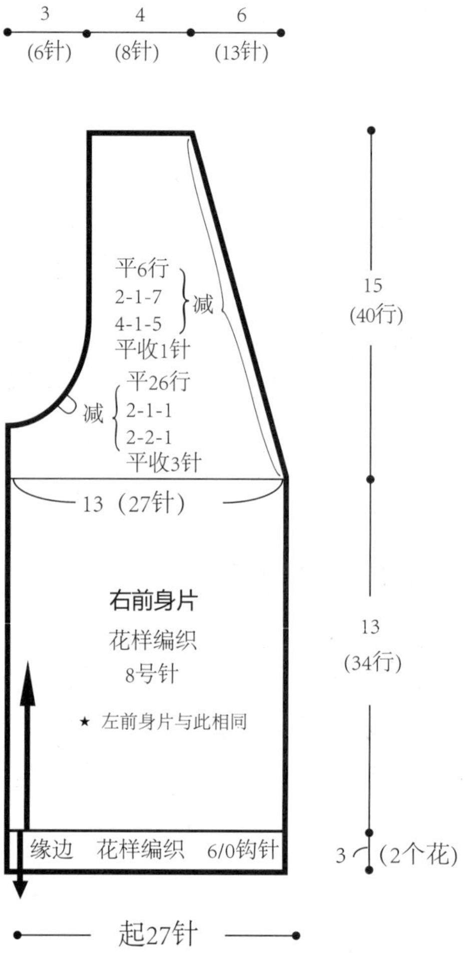

3 (6针)　4 (8针)　6 (13针)

平6行 2-1-7 4-1-5 减 平收1针
减 平26行 2-1-1 2-2-1 平收3针
13（27针）
15 (40行)
13 (34行)
3 (2个花)

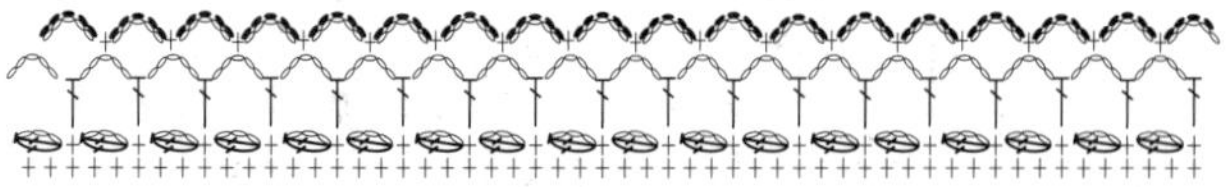

右前身片
花样编织
8号针
★ 左前身片与此相同

缘边　花样编织　6/0钩针
起27针

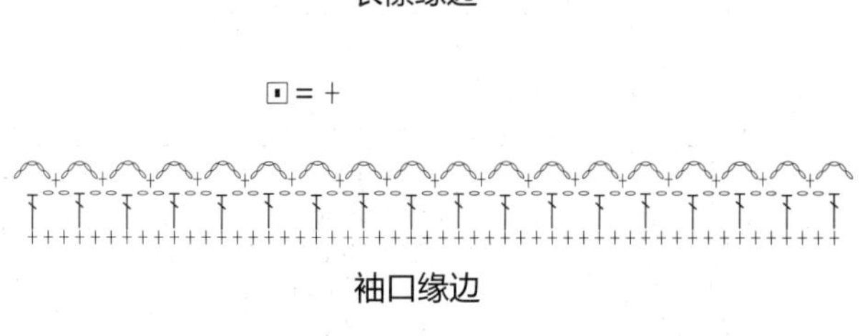
衣襟缘边
▣ = +
袖口缘边

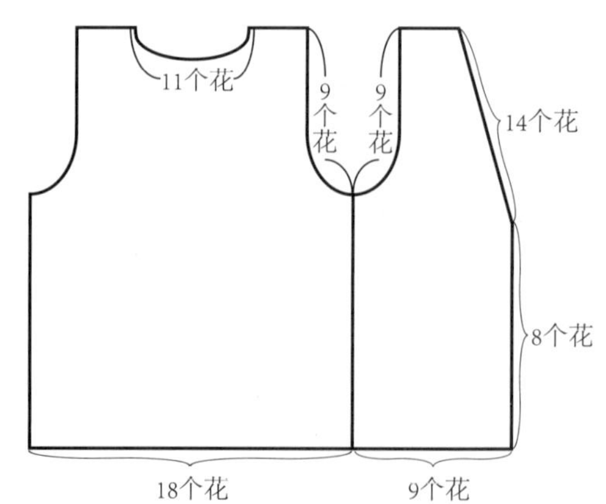
11个花
9个花
9个花
14个花
8个花
18个花
9个花

编织方法： 此款毛衣编织的难点是花样。
首先分别将左、右前身片编织好，接着编织后身片并与前身片对应缝合。
缝合时注意花样对齐、平坦。跟着编织左、右袖片并缝合，缝合时注意花样对齐平整。
最后编织领口缘边。

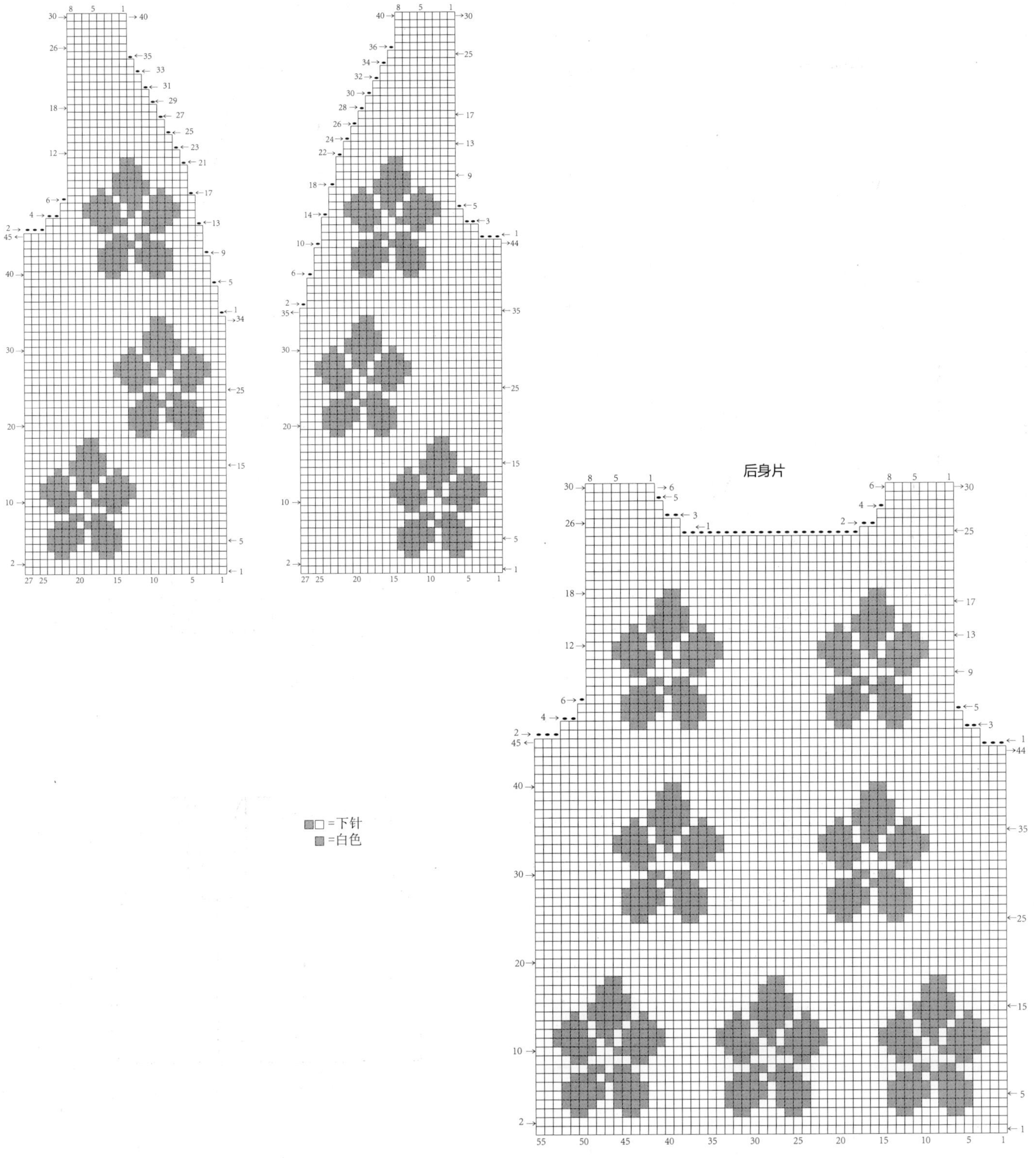
右前身片
左前身片
后身片
=下针
=白色

no.42
双排扣背心

编织材料：中细棉线　白色30g、黑色30g
编织工具：6/0钩针（2.5mm）
编织密度：花样1　24个花×12个花/10cm×10cm
花样2　0.5cm×1cm/1个花
成品尺寸：衣长21.5cm、胸宽26.5cm、肩宽18cm

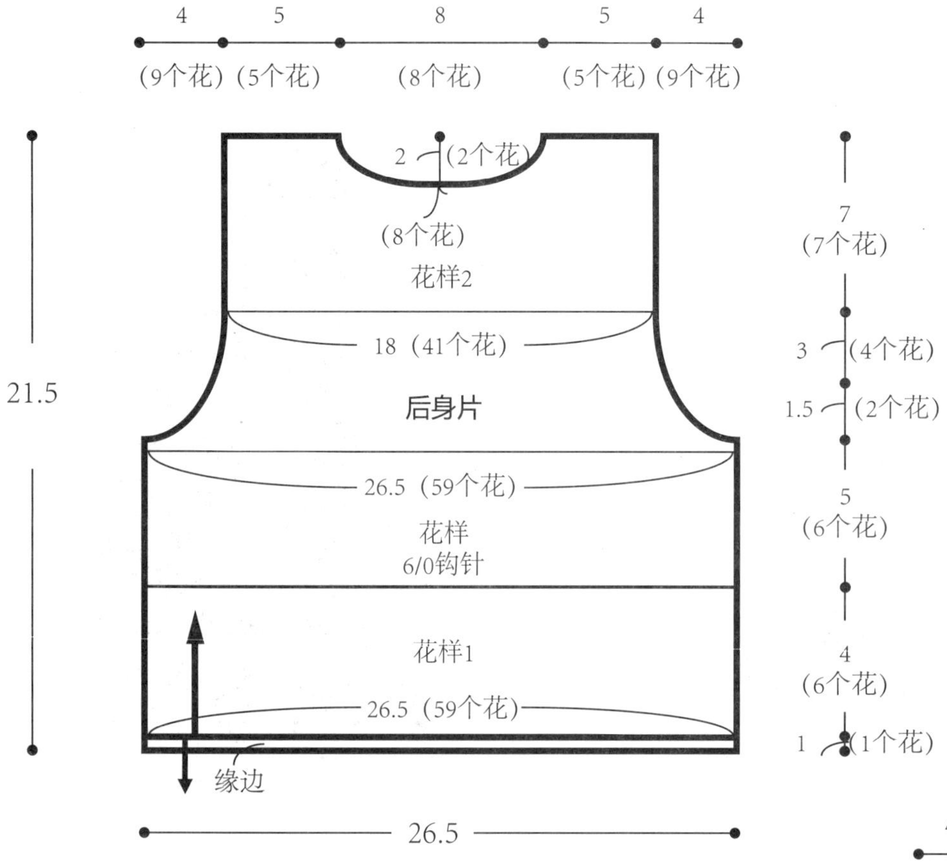

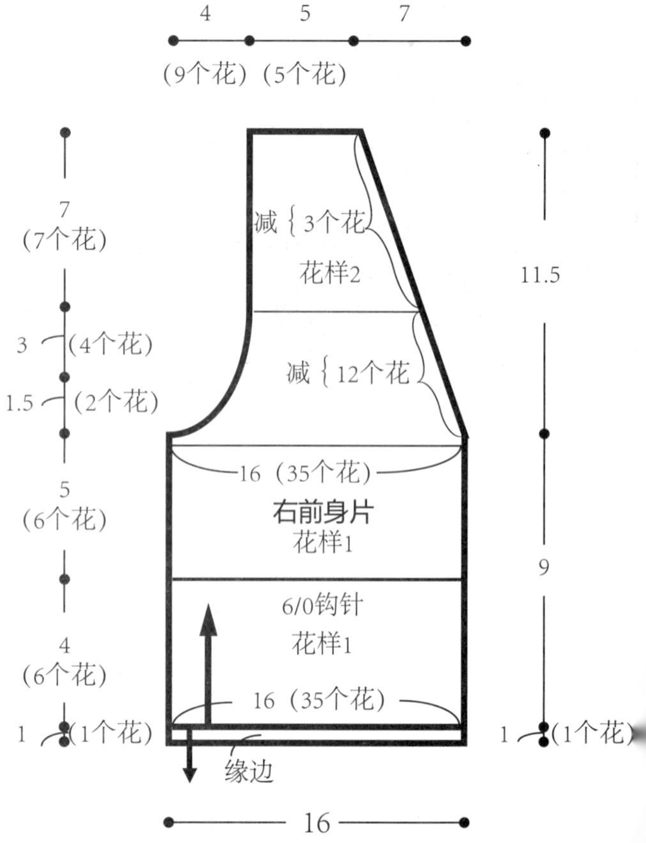

4 5 8 5 4
(9个花) (5个花) (8个花) (5个花) (9个花)
2 (2个花)
(8个花)
花样2
18 (41个花)
后身片
26.5 (59个花)
花样
6/0钩针
花样1
26.5 (59个花)
缘边
21.5
26.5
7 (7个花)
3 (4个花)
1.5 (2个花)
5 (6个花)
4 (6个花)
1 (1个花)
4 5 7
(9个花) (5个花)
减 {3个花
花样2
减 {12个花
16 (35个花)
右前身片
花样1
6/0钩针
花样1
16 (35个花)
缘边
16
7 (7个花)
3 (4个花)
1.5 (2个花)
5 (6个花)
4 (6个花)
1 (1个花)
11.5
9
1 (1个花)

编织方法： 此款毛衣编织的难点是花样。

首先分别编织好左、右前身片及后身片，并将其对应缝合，缝合时要注意花样对齐、平整。

接着编织袖口缘边，最后编织衣缘及领口缘边。

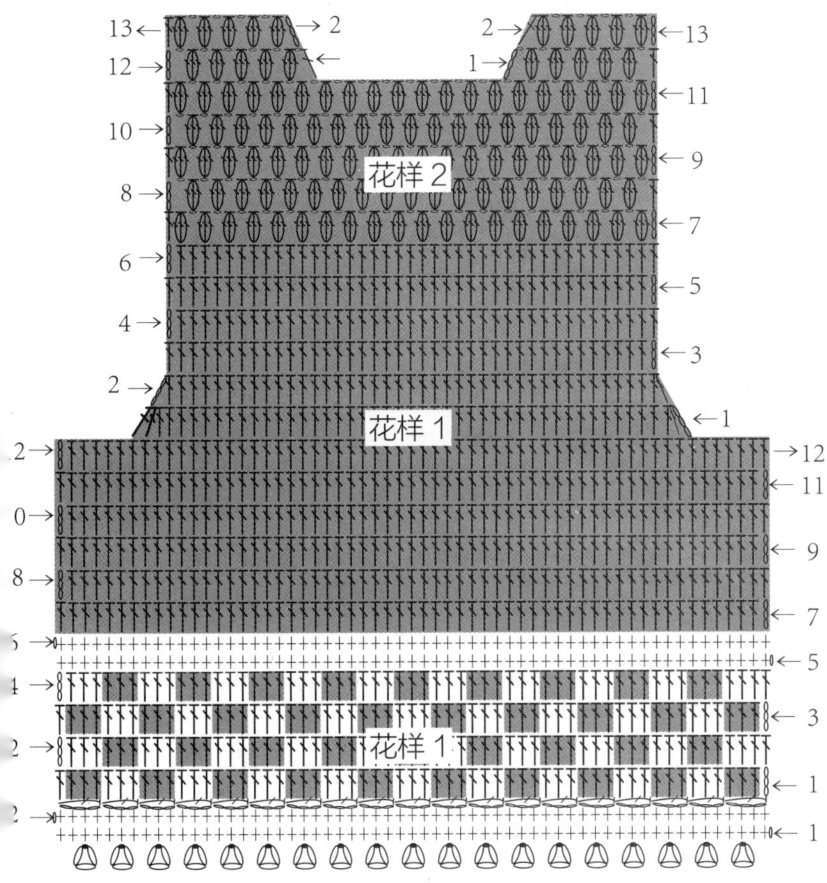

后身片
花样 2
花样 1
花样 1

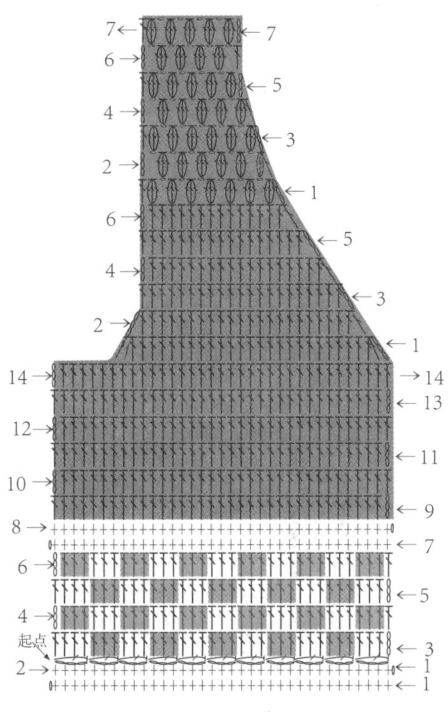

右前身片
起点

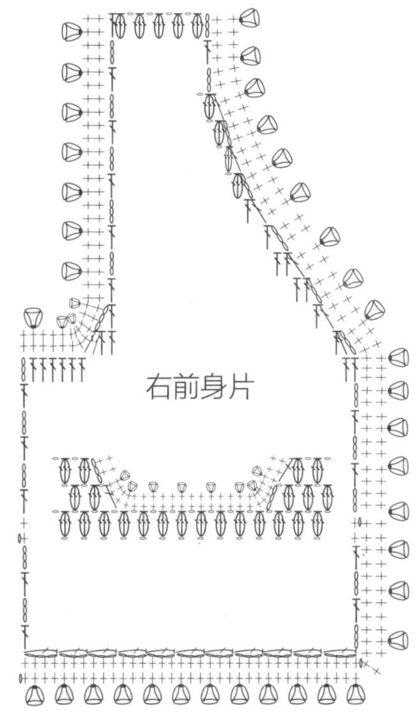

右前身片

no. 43
棋盘格短裙

编织材料： 中细棉线　黑色40g、白色60g
编织工具： 6号钩针（2.5mm）
编织密度： 24个花×12个花/10cm×10cm
成品尺寸： 裙长24cm、裙宽33cm

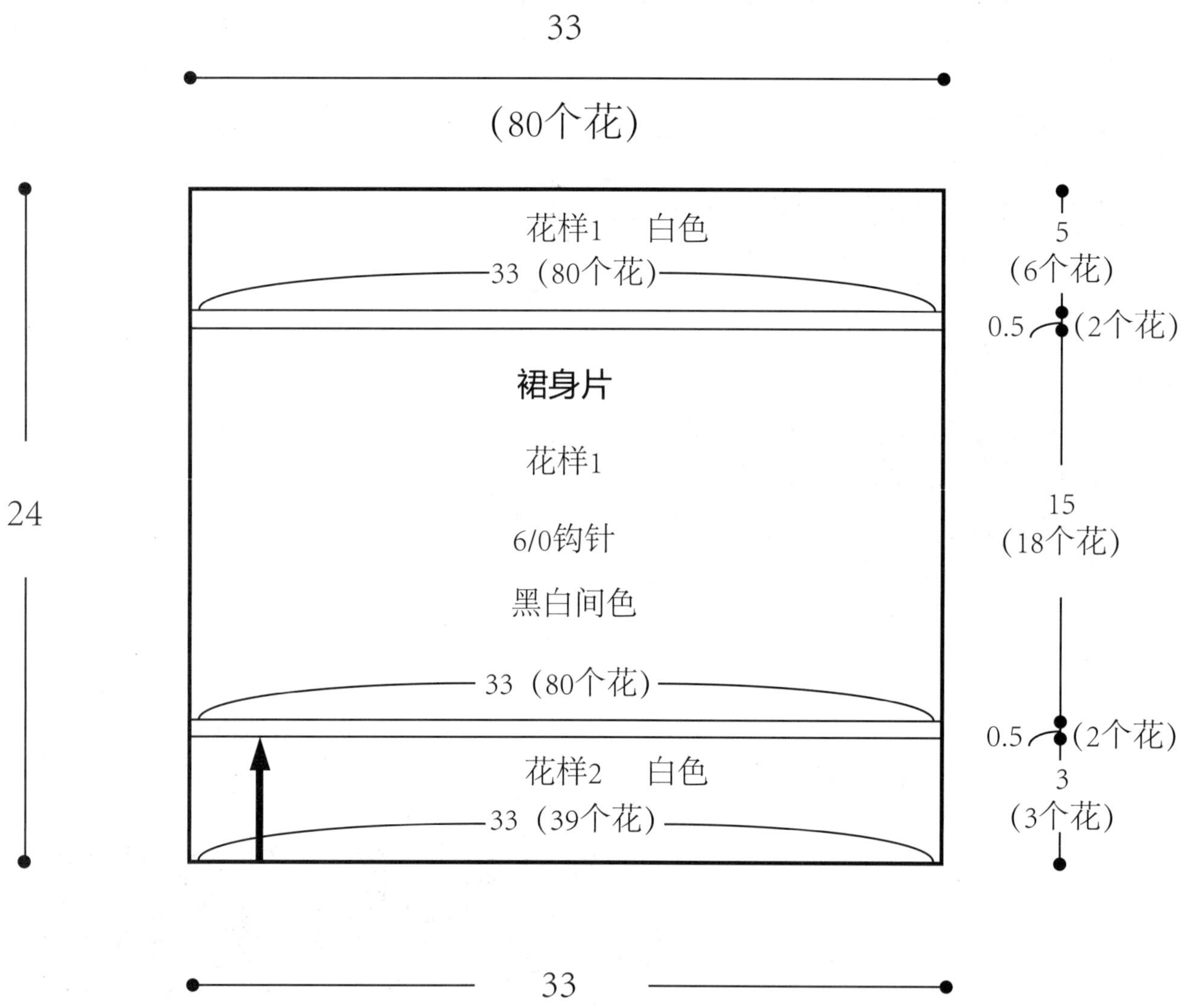

33
(80个花)

花样1　白色
33（80个花）

裙身片

花样1
6/0钩针
黑白间色
33（80个花）

花样2　白色
33（39个花）

24

5
(6个花)
0.5 (2个花)
15
(18个花)
0.5 (2个花)
3
(3个花)

33

编织方法： 此款毛衣编织的难点是花样。

首先将前裙片和后裙片编织好并缝合，缝合时注意花样对齐、平整。

接着编织裙摆缘边。最后编织裙腰。

前裙片

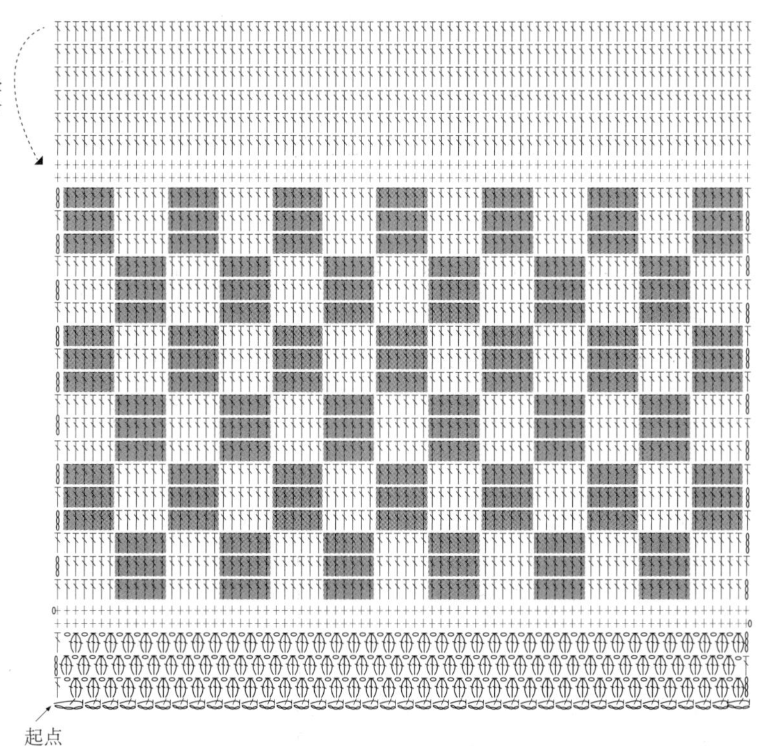
叠合
起点

后裙片

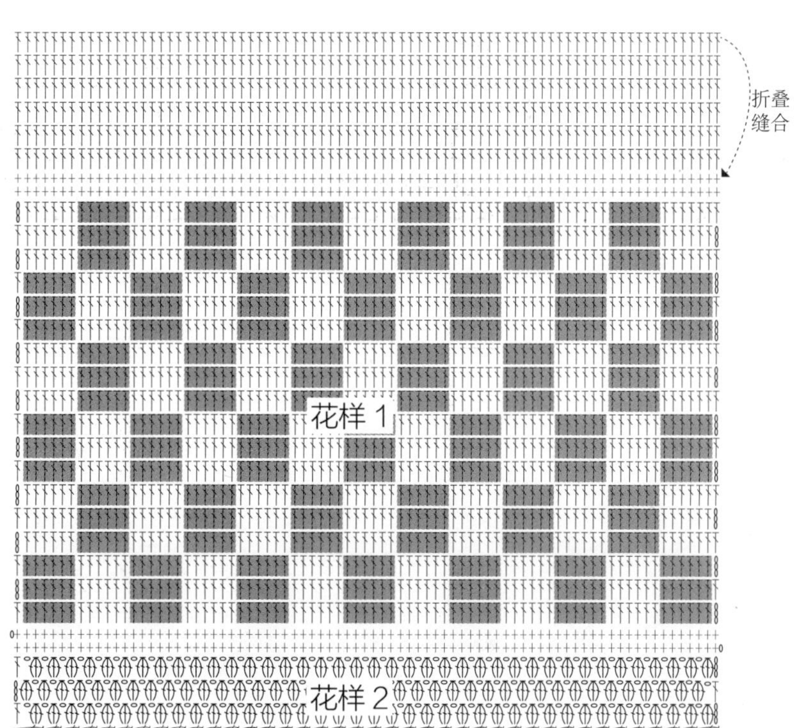
折叠缝合
花样 1
花样 2
起点

no. 44
配色
褶边短裙

编织材料： 中粗羊毛线　水红色85g、天蓝色50g
编织工具： 9号、10号棒针
编织密度： 22针×32行/10cm×10cm
成品尺寸： 裙长22cm、裙摆宽55cm、裙腰宽30cm

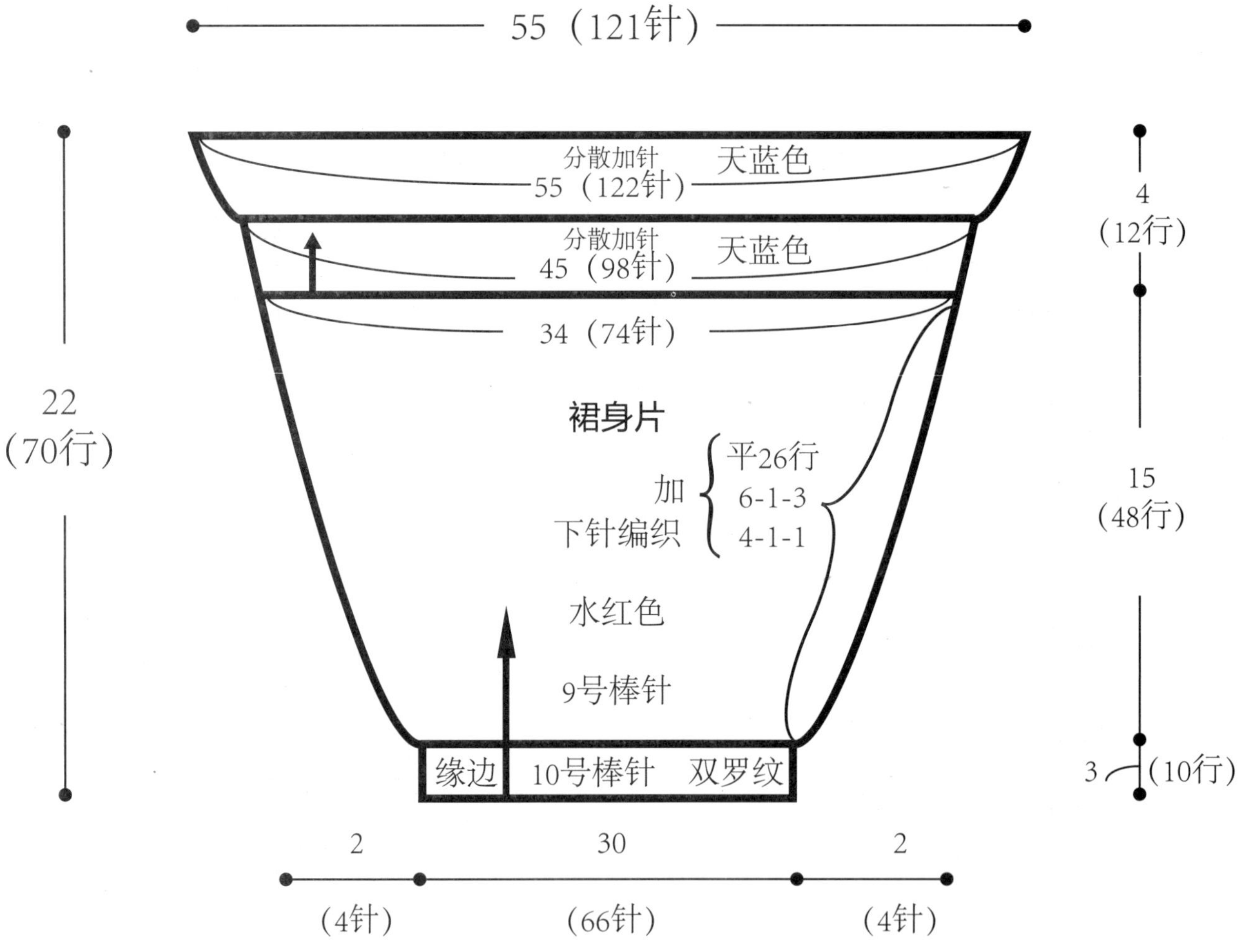

55（121针）
分散加针
55（122针）
天蓝色
分散加针
45（98针）
天蓝色
34（74针）
裙身片
加
平26行
6-1-3
4-1-1
下针编织
水红色
9号棒针
缘边　10号棒针　双罗纹
22
（70行）
4
（12行）
15
（48行）
3（10行）
2
（4针）
30
（66针）
2
（4针）

编织方法： 此款毛衣编织的难点是裙摆。

首先将前、后裙片编织好，接着换色线分别在前、后裙片上编织下摆花样（注意加针时要松紧适当、平坦无皱）。

最后将前、后裙片对应缝合。缝合时注意花样对齐、平整。

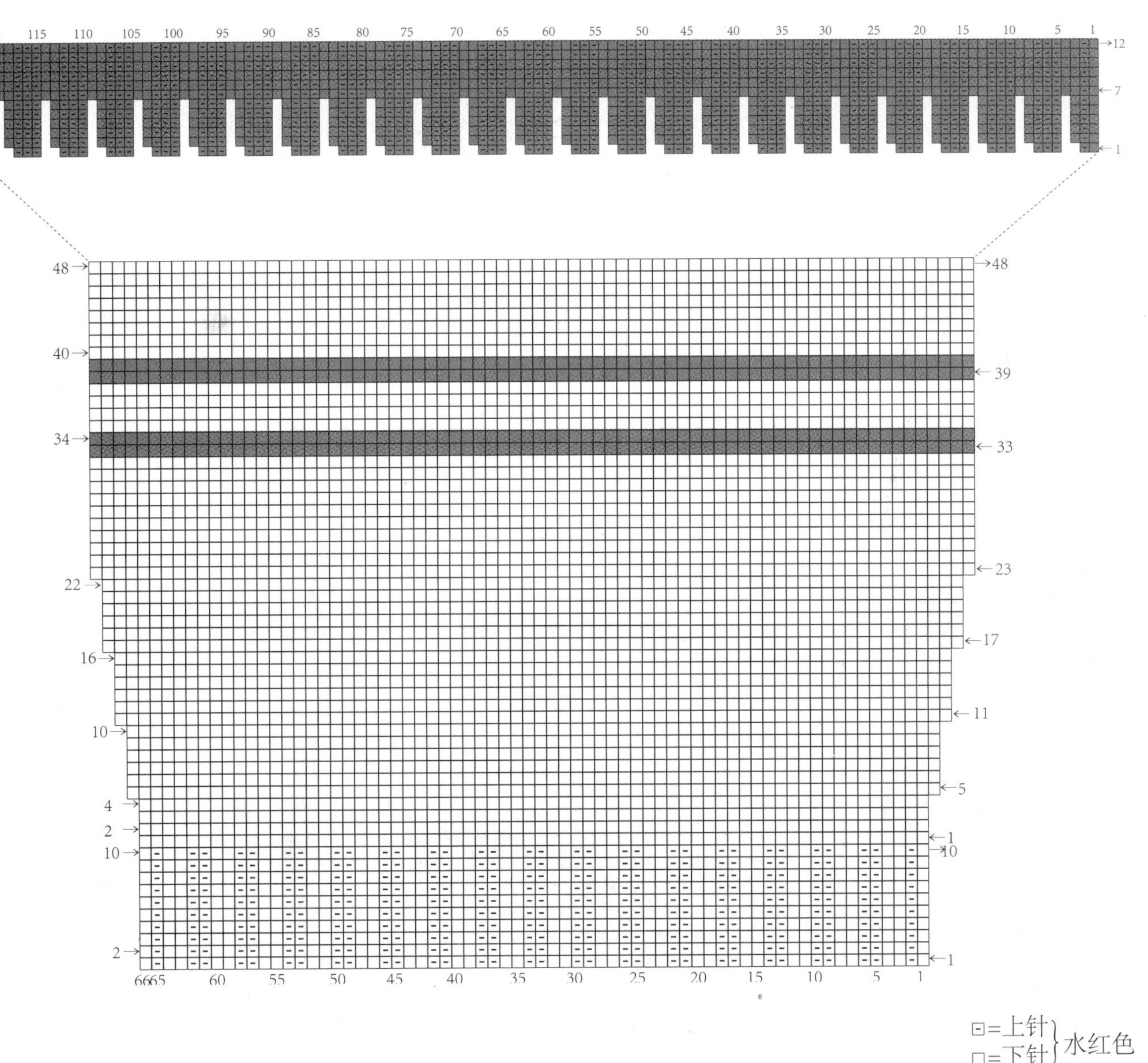

⊟=上针 ⎫
□=下针 ⎭ 水红色
■=天蓝色

no.45
配色翻领
套头衫

编织材料：中粗羊毛线　水红色263g、天蓝色10g
编织工具：9号、10号棒针
编织密度：22针×32行/10cm×10cm
成品尺寸：衣长28.5cm、胸宽30cm、肩宽24cm、袖长28cm

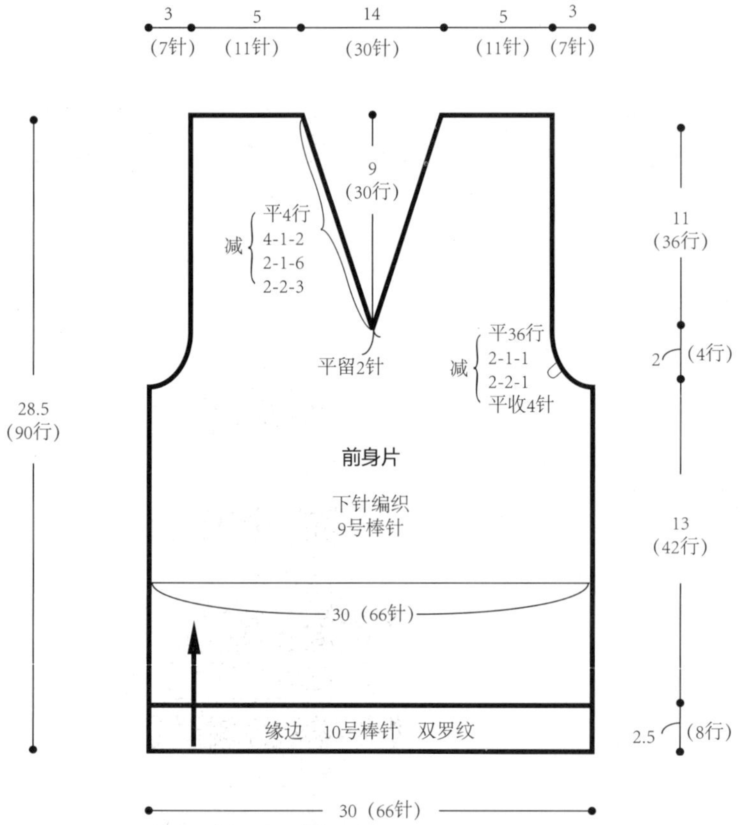

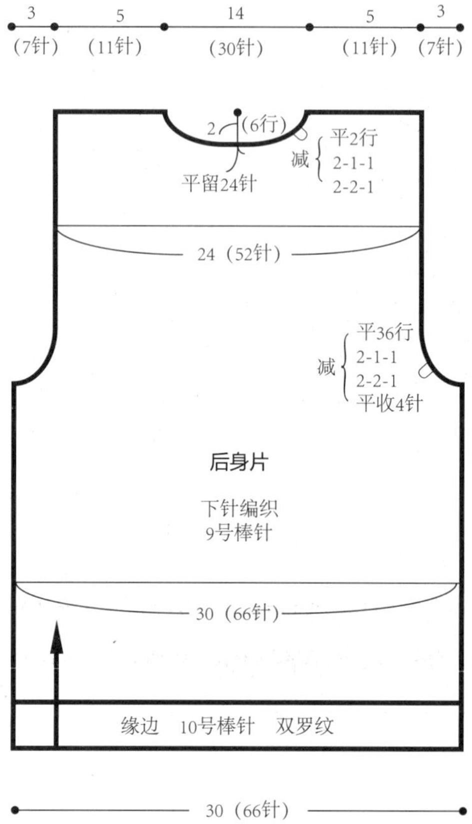

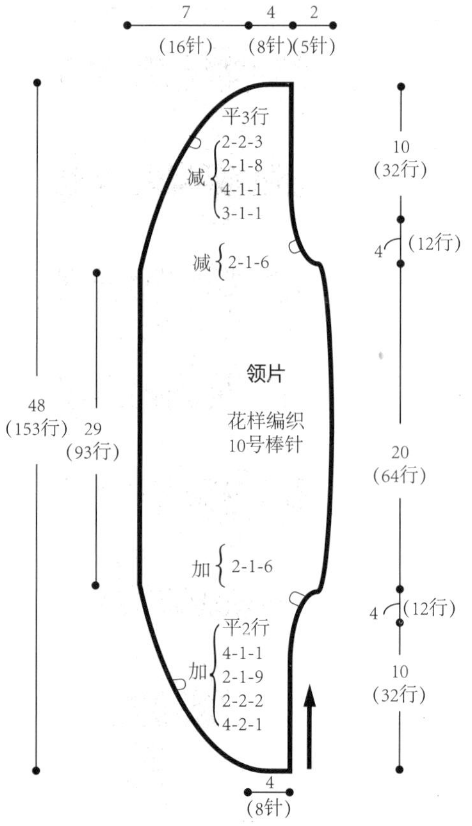

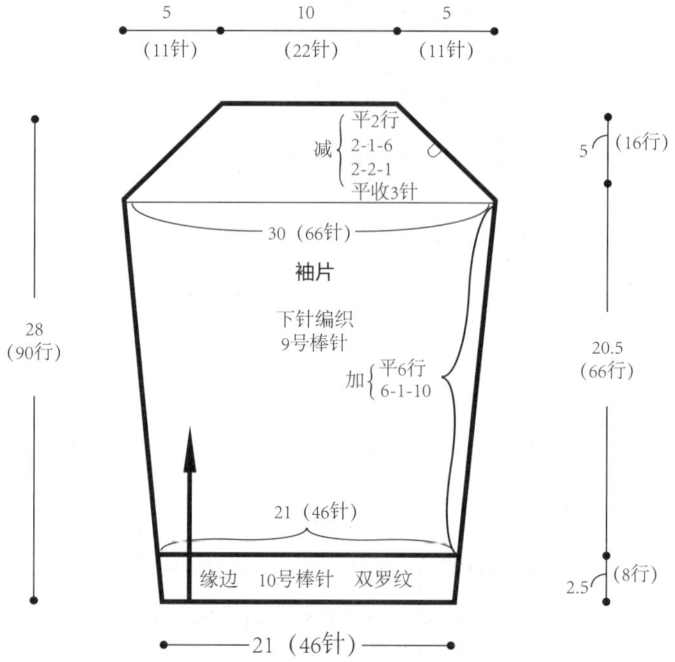

3 5 14 5 3
(7针) (11针) (30针) (11针) (7针)
9
(30行)
减{平4行 4-1-2 2-1-6 2-2-3
平留2针
减{平36行 2-1-1 2-2-1 平收4针
28.5
(90行)
前身片
下针编织
9号棒针
30（66针）
缘边　10号棒针　双罗纹
30（66针）
11
(36行)
2 (4行)
13
(42行)
2.5 (8行)
3 5 14 5 3
(7针) (11针) (30针) (11针) (7针)
2 (6行)
平留24针
减{平2行 2-1-1 2-2-1
24（52针）
减{平36行 2-1-1 2-2-1 平收4针
后身片
下针编织
9号棒针
30（66针）
缘边　10号棒针　双罗纹
30（66针）
7 4 2
(16针) (8针)(5针)
减{平3行 2-2-3 2-1-8 4-1-1 3-1-1
减{2-1-6
48
(153行)
29
(93行)
领片
花样编织
10号棒针
加{2-1-6
加{平2行 4-1-1 2-1-9 2-2-2 4-2-1
4
(8针)
10
(32行)
4 (12行)
20
(64行)
4 (12行)
10
(32行)
5 10 5
(11针) (22针) (11针)
28
(90行)
减{平2行 2-1-6 2-2-1 平收3针
30（66针）
袖片
下针编织
9号棒针
加{平6行 6-1-10
21（46针）
缘边　10号棒针　双罗纹
21（46针）
5 (16行)
20.5
(66行)
2.5 (8行)

编织方法： 此款毛衣编织的难点领片。

首先分别将前、后身片编织好并缝合，缝合时注意花样对齐、平整。

接着编织左、右袖片并缝合，缝合时注意花样平整、无皱。

再编织领片，编织时注意手劲松紧适当、平坦无皱。

最后将领口的装饰物缝上。

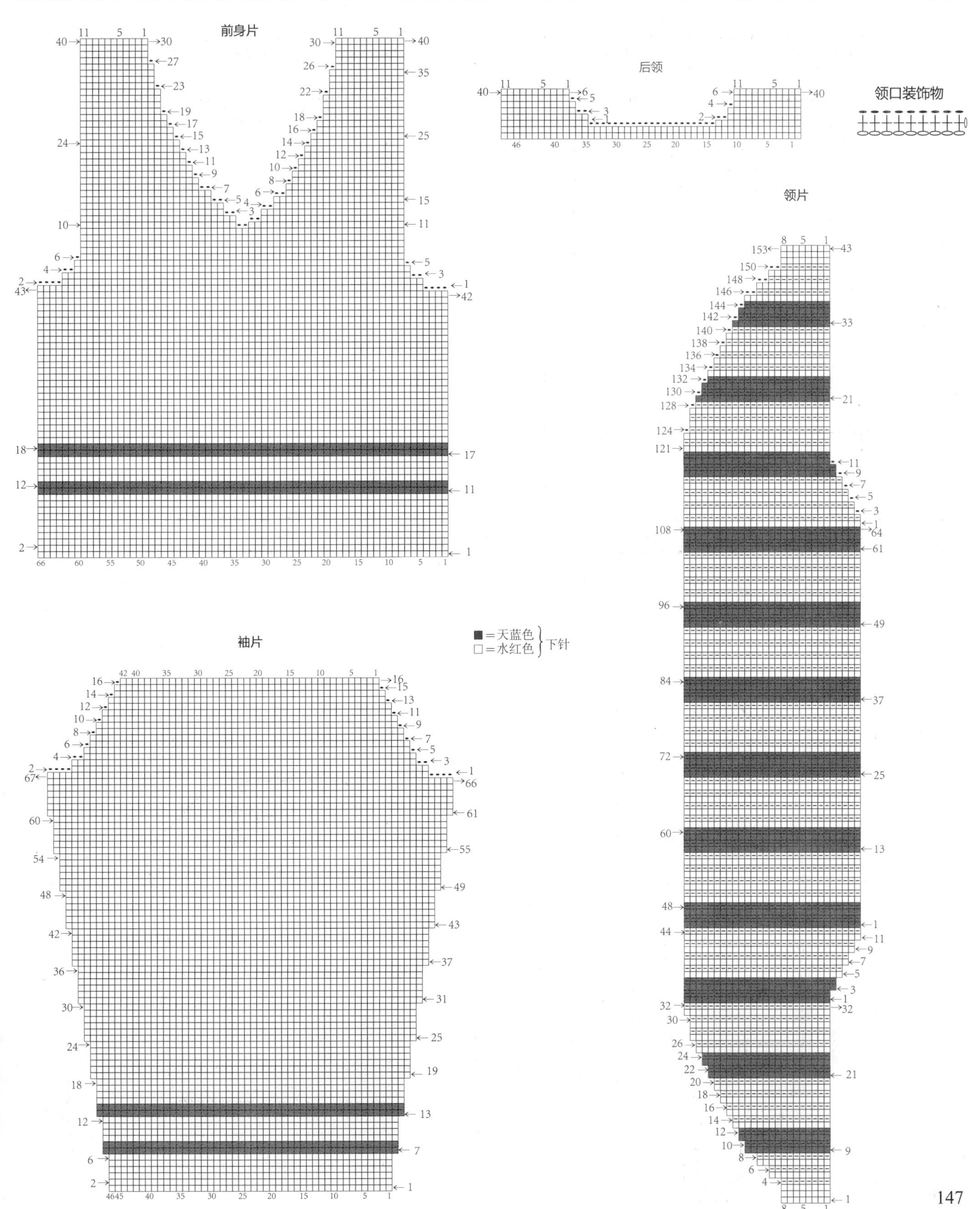

前身片
后领
领口装饰物
领片
袖片
■＝天蓝色
□＝水红色
下针

no.46
树叶花背心

编织材料： 中粗羊毛线　白色130g、翠绿色25g、黄色10g、墨绿色少量

编织工具： 10号棒针，5号钩针

编织密度： 25针×33行/10cm×10cm

成品尺寸： 衣长31cm、胸宽28cm、肩宽20cm、袖口13.5cm

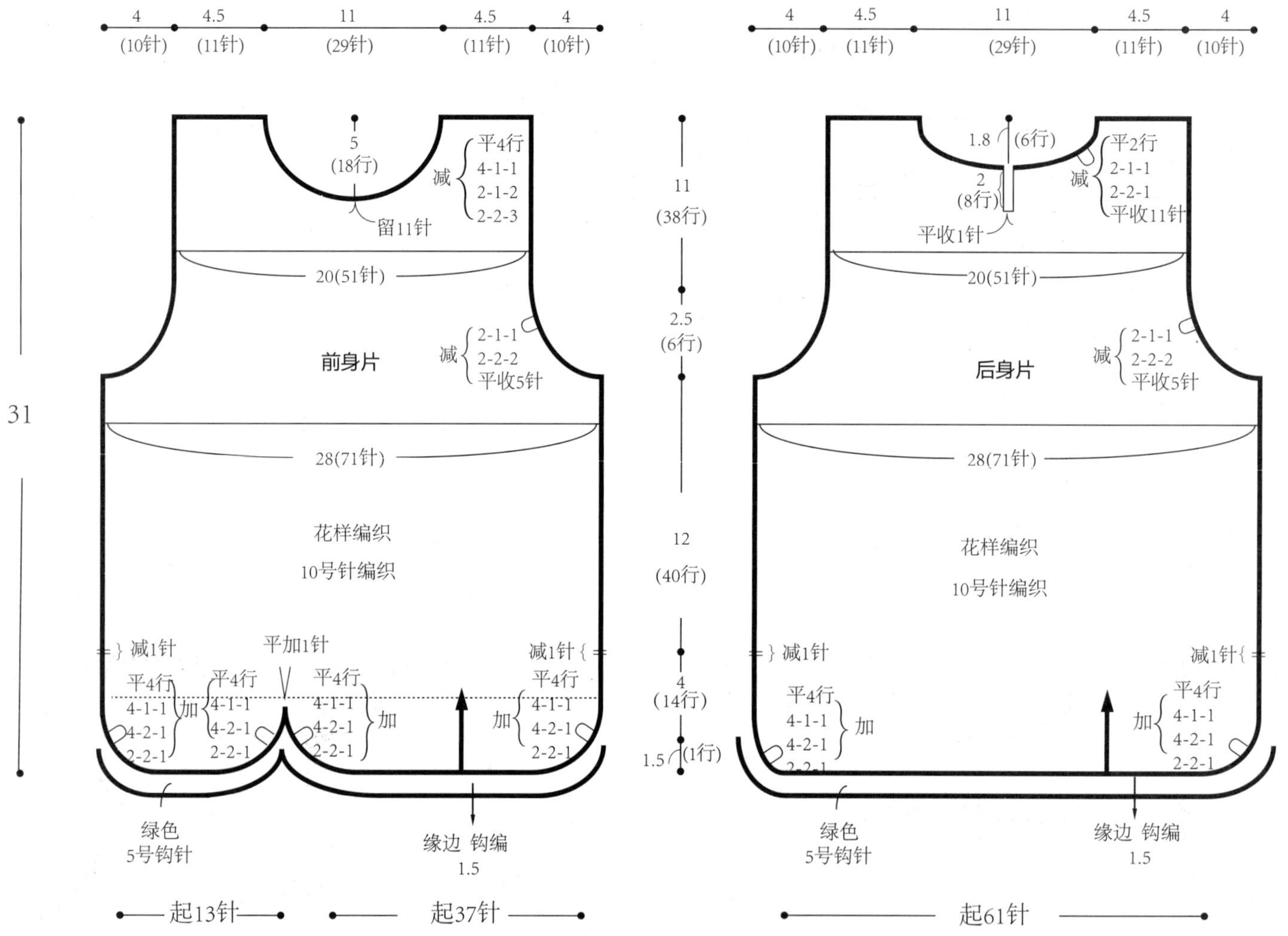

4 (10针)　4.5 (11针)　11 (29针)　4.5 (11针)　4 (10针)

5 (18行)　留11针

减 平4行 4-1-1 2-1-2 2-2-3

20(51针)

前身片

减 2-1-1 2-2-2 平收5针

28(71针)

花样编织

10号针编织

减1针　平加1针　减1针

平4行 4-1-1 4-2-1 2-2-1 加

31

11 (38行)　2.5 (6行)　12 (40行)　4 (14行)　1.5 (1行)

绿色 5号钩针

缘边 钩编 1.5

起13针　起37针

4 (10针)　4.5 (11针)　11 (29针)　4.5 (11针)　4 (10针)

1.8 (6行)　2 (8行)　平收1针

减 平2行 2-1-1 2-2-1 平收11针

20(51针)

后身片

减 2-1-1 2-2-2 平收5针

28(71针)

花样编织

10号针编织

减1针　减1针

平4行 4-1-1 4-2-1 2-2-1 加

绿色 5号钩针

缘边 钩编 1.5

起61针

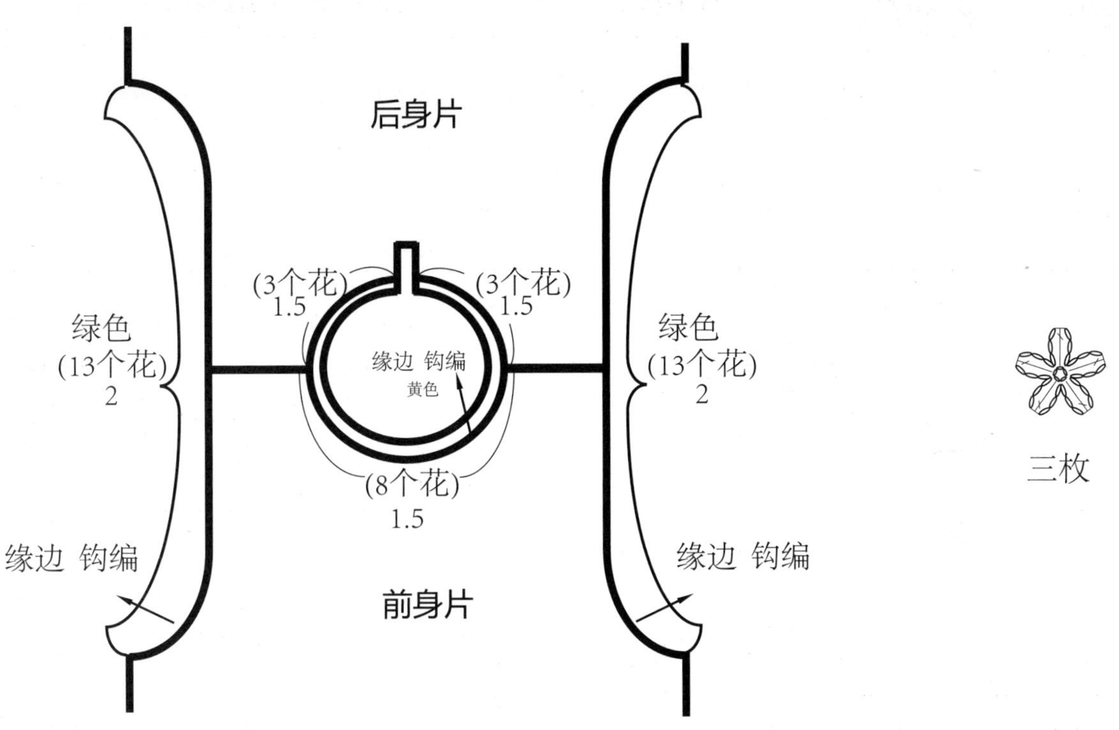
后身片
(3个花)
1.5
(3个花)
1.5
绿色
(13个花)
2
缘边 钩编
黄色
绿色
(13个花)
2
(8个花)
1.5
缘边 钩编
缘边 钩编
前身片
三枚

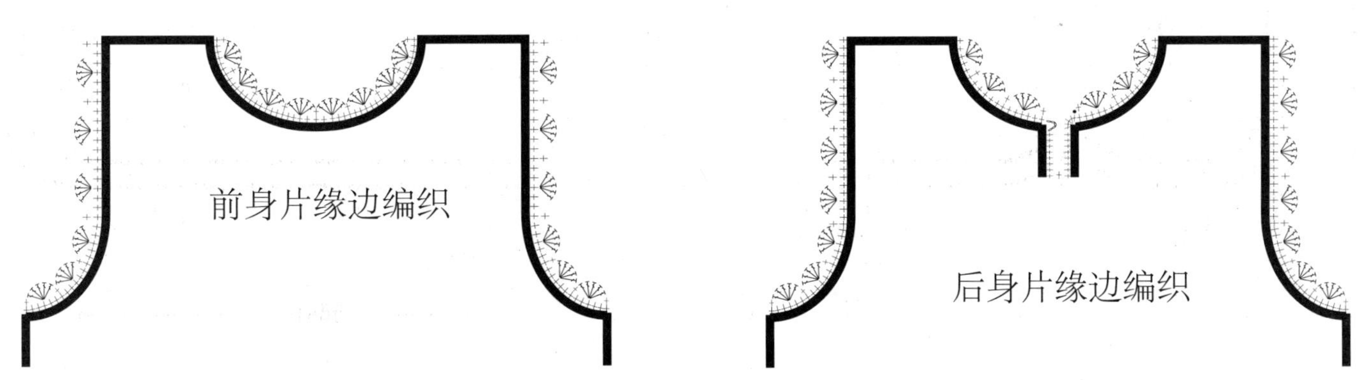
前身片缘边编织
后身片缘边编织

编织方法： 首先将前身片的两片下摆分别编织好，然后把两片连在一起向上编织。
接着把后身片也编织好，注意下摆处加针的位置。建议用挑针法加针，能织出圆而平整的弧度。当进行花样的编织时，建议用分线法让图案更平整、独立。把前后身片编织好后缝合，注意腋下花样的平整、无皱。最后编织缘边花样。

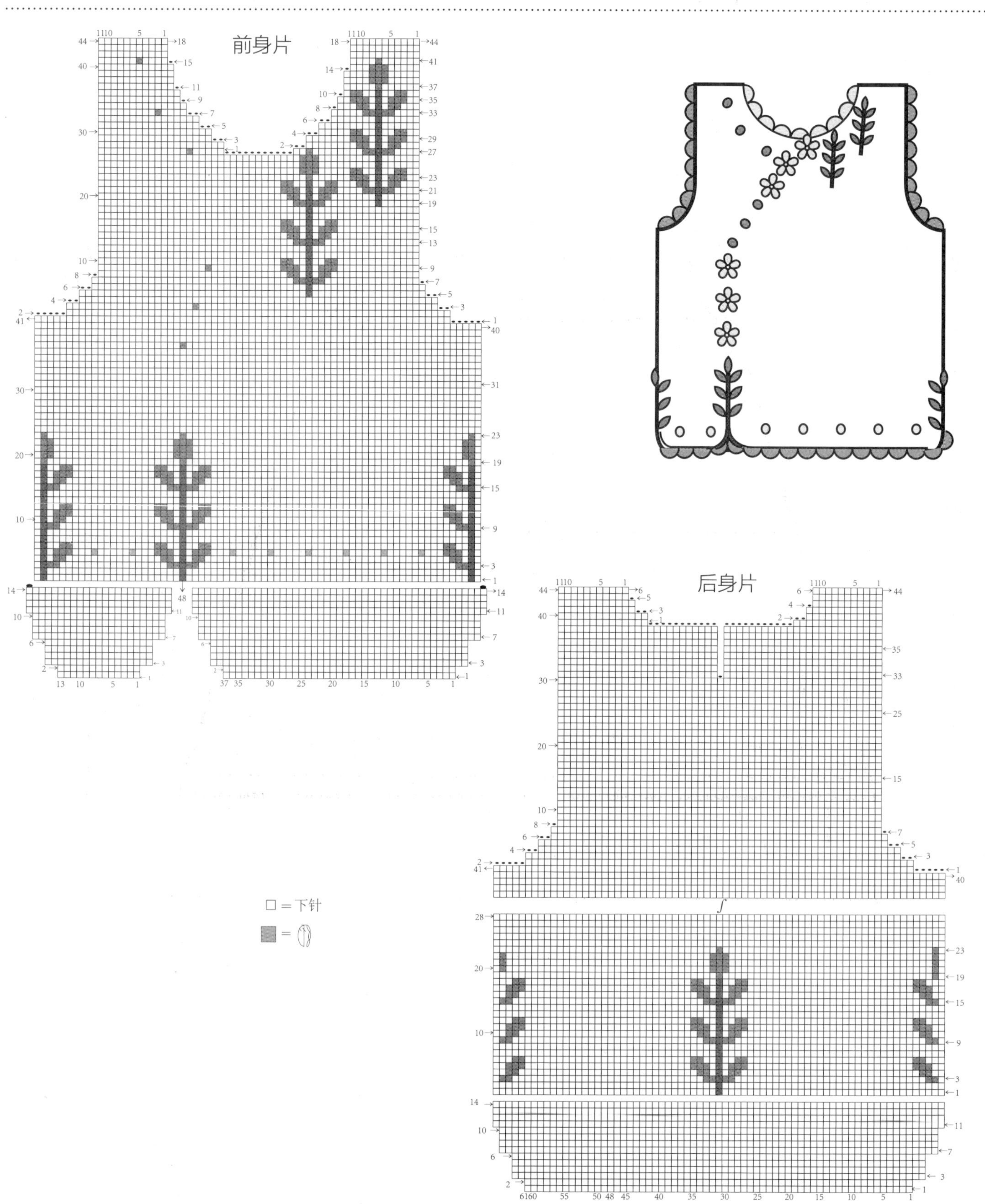

前身片
后身片
□＝下针

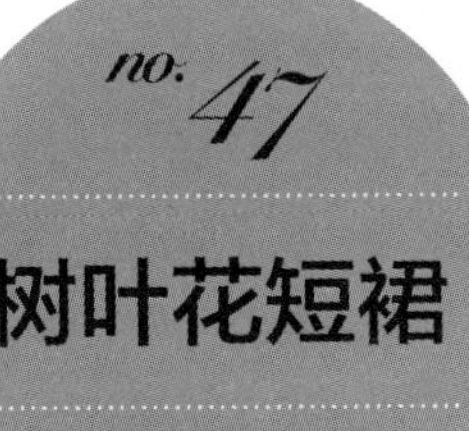

no.47 树叶花短裙

编织材料： 中粗羊毛线　白色150g、翠绿色50g、黄色30g、墨绿色10g
编织工具： 10号、11号棒针
编织密度： 26针×34行/10cm×10cm
成品尺寸： 裙长30cm、下摆宽52cm、腰宽25cm

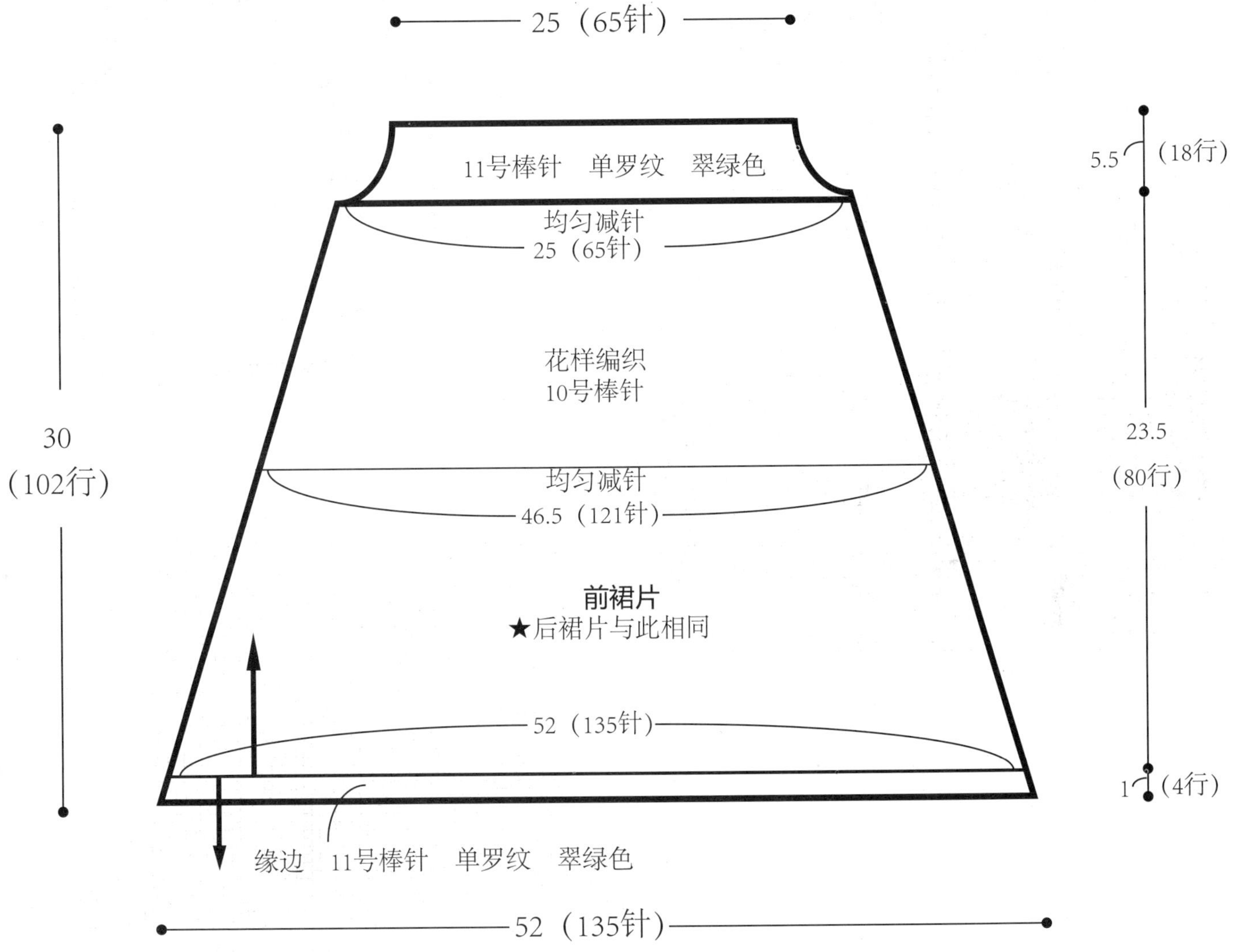

25（65针）

11号棒针　单罗纹　翠绿色

5.5（18行）

均匀减针
25（65针）

花样编织
10号棒针

30
（102行）

23.5
（80行）

均匀减针
46.5（121针）

前裙片
★后裙片与此相同

52（135针）

1（4行）

缘边　11号棒针　单罗纹　翠绿色

52（135针）

编织难点： 此款毛衣的难点是花样编织。由于花样间距比较大，建议用分线、分区法编织。首先分别将前、后裙片编织并缝合，缝合时要注意花样平整、无皱。然后编织裙摆缘边及裙头的缘边。

□= 白色
■= 黄色
■= 翠绿色
■= 墨绿色
下针

no.48 大红连衣裙

编织材料：中粗羊驼毛线　红夹花332g
编织工具：7号、9号棒针
编织密度：20针×25行/10cm×10cm
成品尺寸：衣长62cm、胸宽31cm、肩宽26cm

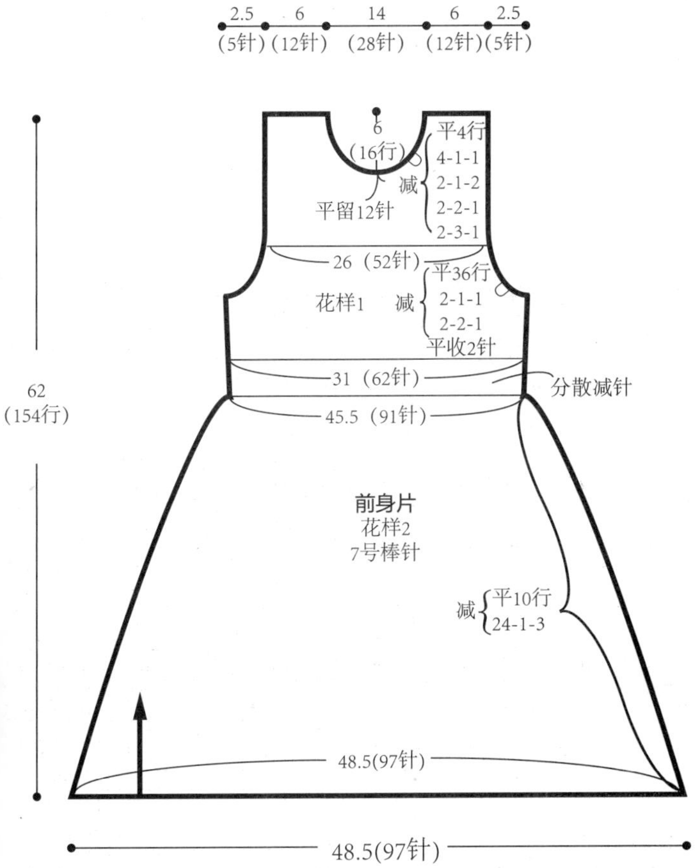

前身片
花样2
7号棒针

2.5 (5针)　6 (12针)　14 (28针)　6 (12针)　2.5 (5针)
6 (16行)
平留12针
减 平4行 4-1-1 2-1-2 2-2-1 2-3-1
26（52针）
花样1　减 平36行 2-1-1 2-2-1 平收2针
31（62针）
分散减针
45.5（91针）
减 平10行 24-1-3
48.5(97针)
62 (154行)
48.5(97针)

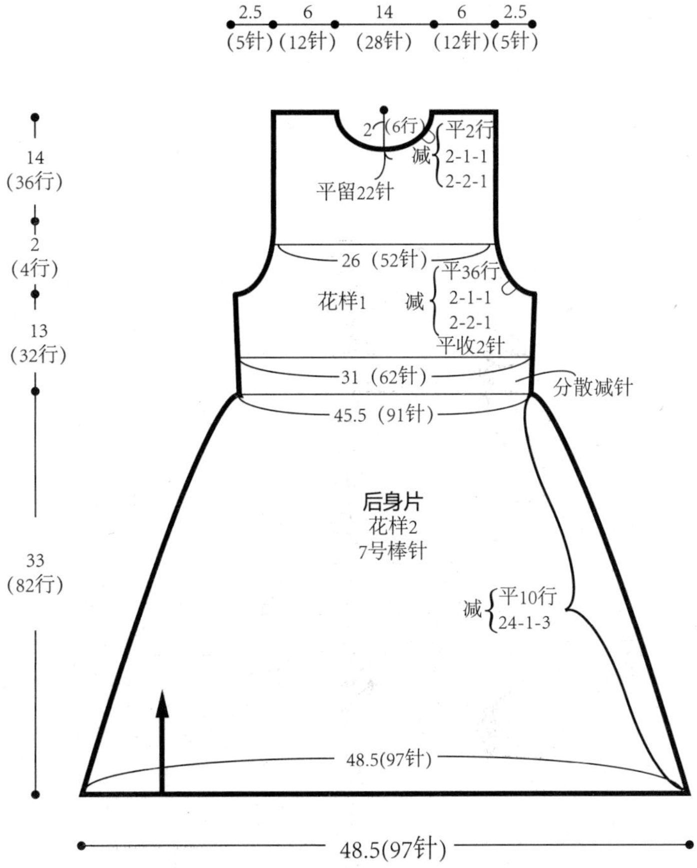

14 (36行)
2 (4行)
13 (32行)
33 (82行)

后身片
花样2
7号棒针

2.5 (5针)　6 (12针)　14 (28针)　6 (12针)　2.5 (5针)
2 (6行)
平留22针
减 平2行 2-1-1 2-2-1
26（52针）
花样1　减 平36行 2-1-1 2-2-1 平收2针
31（62针）
分散减针
45.5（91针）
减 平10行 24-1-3
48.5(97针)
48.5(97针)

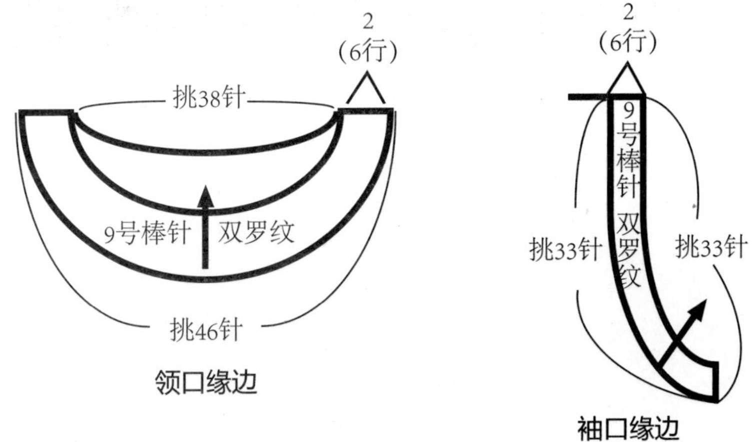
2
(6行)
挑38针
9号棒针　双罗纹
挑46针
领口缘边
2
(6行)
9号棒针
双罗纹
挑33针
挑33针
袖口缘边

前身片

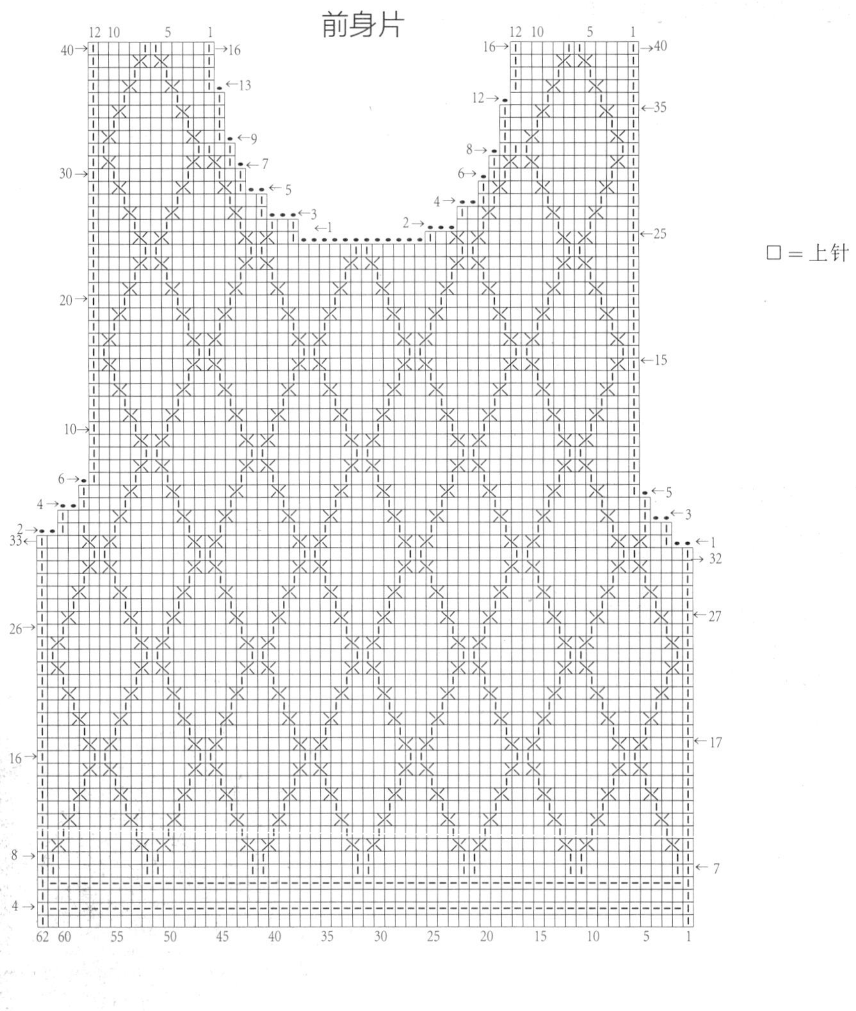

□＝上针

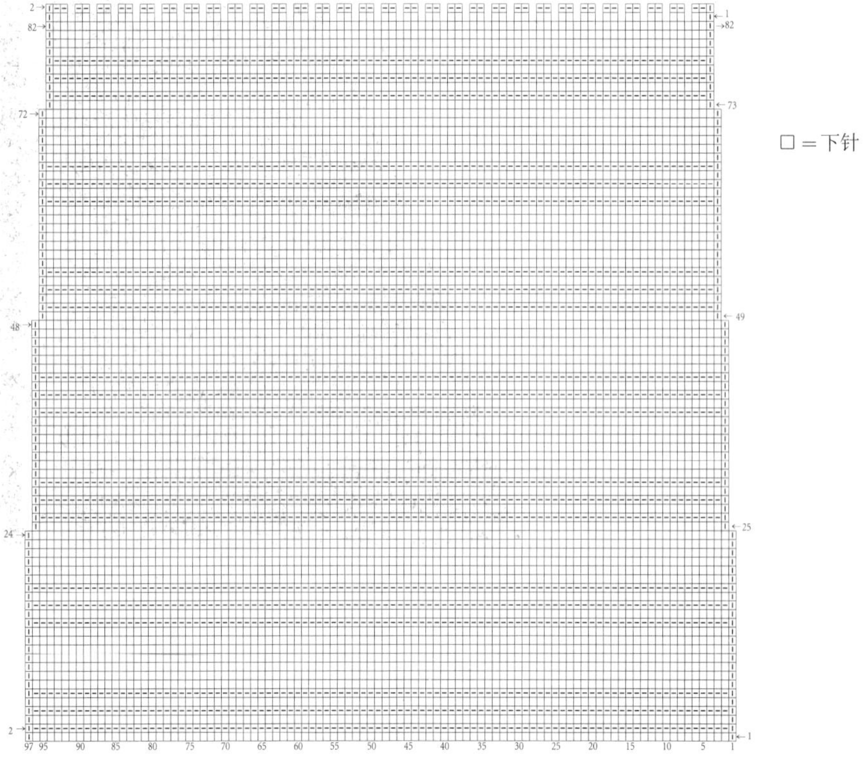

□＝下针

编织方法： 此款毛衣编织的难点是花样编织。
首先分别将前、后身片编织好并缝合，缝合时注意花样对齐、平整。
接着编织领口及袖口的缘边。

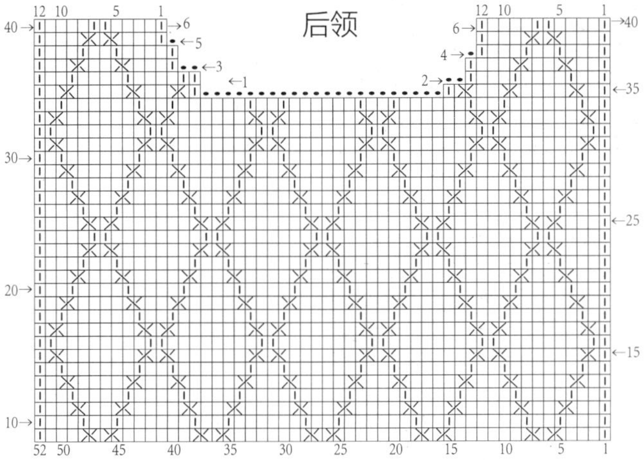

后领

□＝下针

no. 49
花线披肩

编织材料： 中细羊毛线　黄色夹花132g
编织工具： 10号、11号棒针
编织密度： 26针×34行/10cm×10cm
成品尺寸： 衣长26.5cm、下摆宽52cm、领口宽25cm

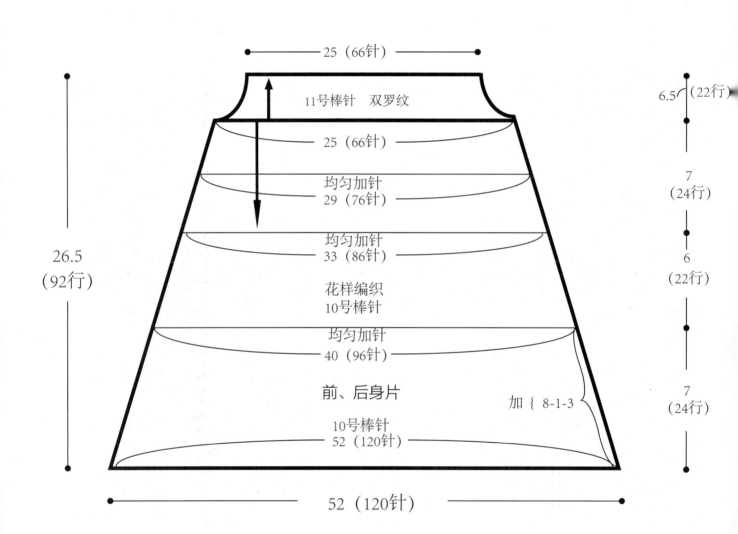

25（66针）
11号棒针　双罗纹
6.5（22行）
25（66针）
均匀加针
29（76针）
7（24行）
均匀加针
33（86针）
6（22行）
花样编织
10号棒针
26.5（92行）
均匀加针
40（96针）
前、后身片
加{8-1-3
7（24行）
10号棒针
52（120针）
52（120针）

编织难点： 此款毛衣的难点是花样编织。由于花样间距比较大，建议用分线、分区法编织。首先分别将前、后身片编织并缝合，缝合时要注意花样平整、无皱。然后编织下摆缘边及领口的缘边。

前、后身片

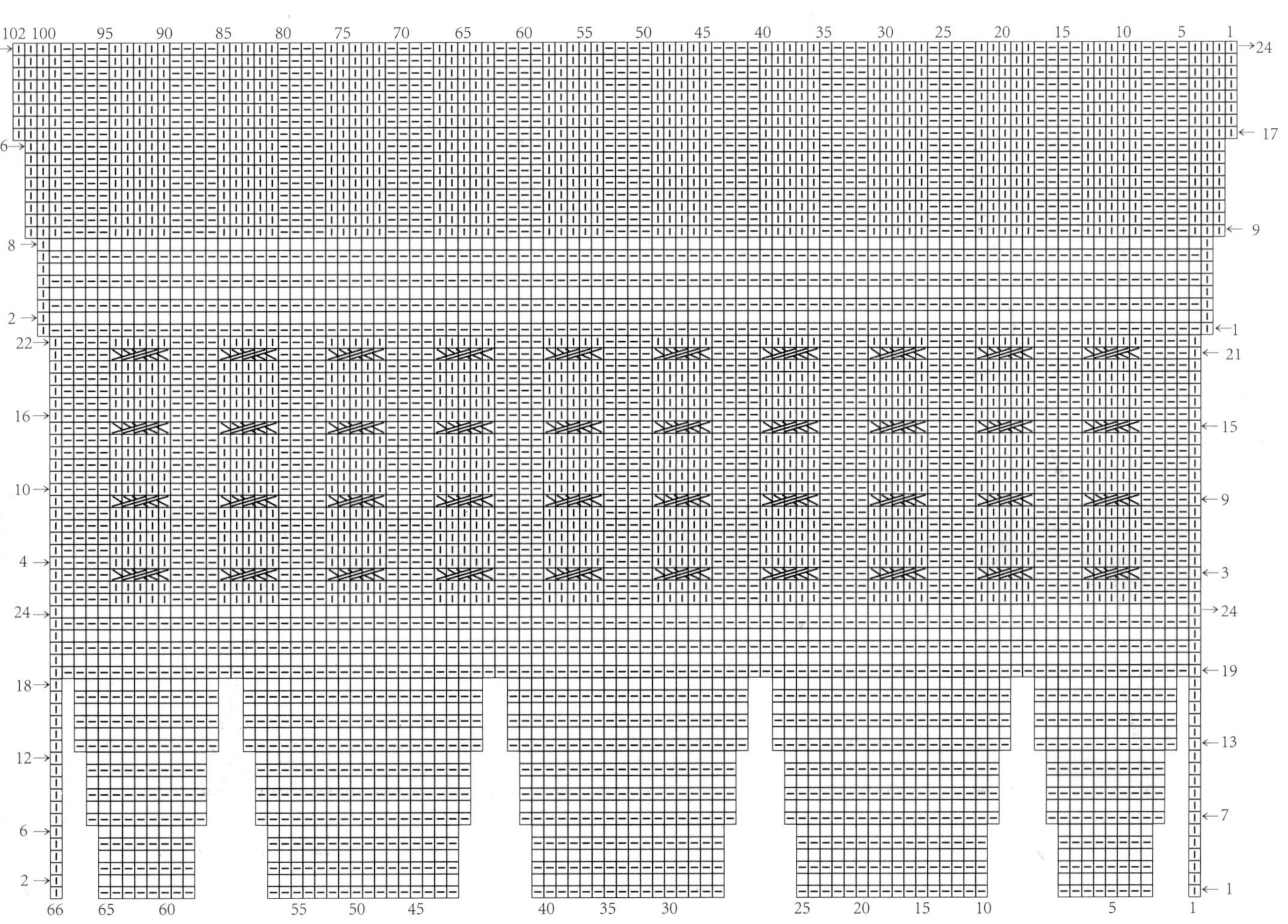

no. 50
紫红拼花
裙衫

编织材料： 中粗羊毛线　紫红色399g　洋红色37g　军绿色44g

编织工具： 8/0钩针（3.25mm）

编织密度： 7cm×7cm/1个单元花

成品尺寸： 衣长42cm、下摆宽56cm、胸宽42cm、袖长7cm

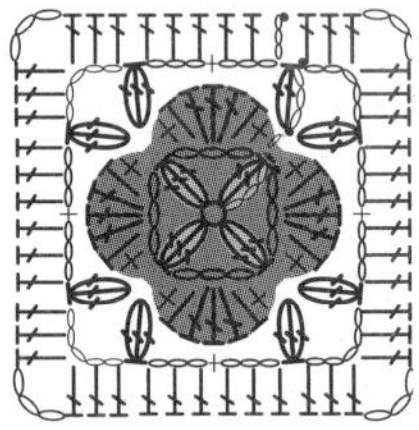

48个

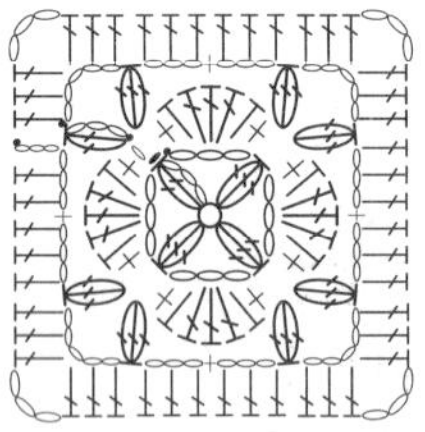

32个

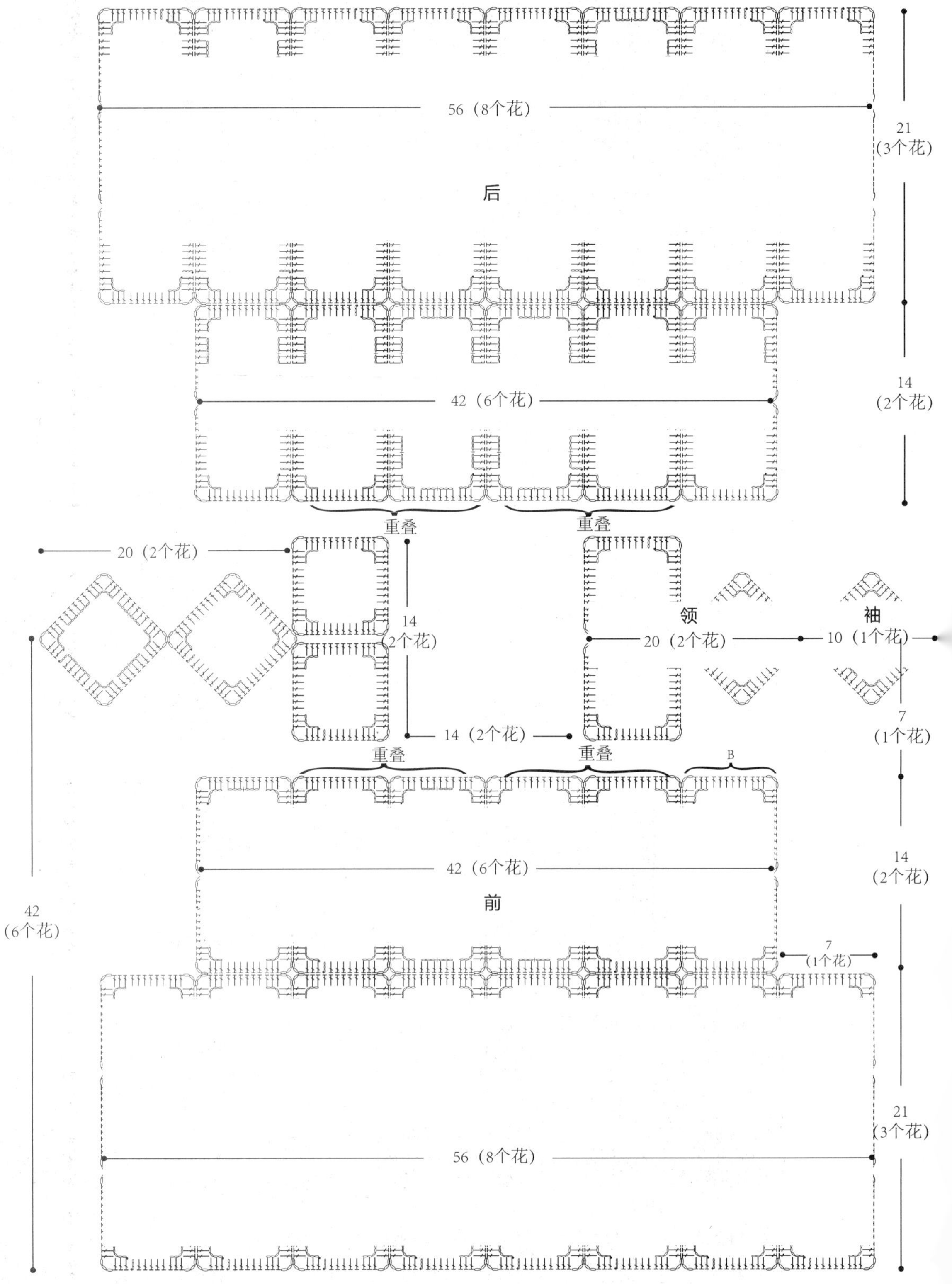

56（8个花）

21（3个花）

后

14（2个花）

42（6个花）

重叠

重叠

20（2个花）

14（2个花）

领

袖

20（2个花）

10（1个花）

14（2个花）

7（1个花）

重叠

重叠

B

42（6个花）

前

14（2个花）

42（6个花）

7（1个花）

21（3个花）

56（8个花）

编织方法：此款毛衣编织的难点是花样。

首先编织单元花并相应连接好。由于一个单元花有三种颜色，所以注意尾线的收藏。

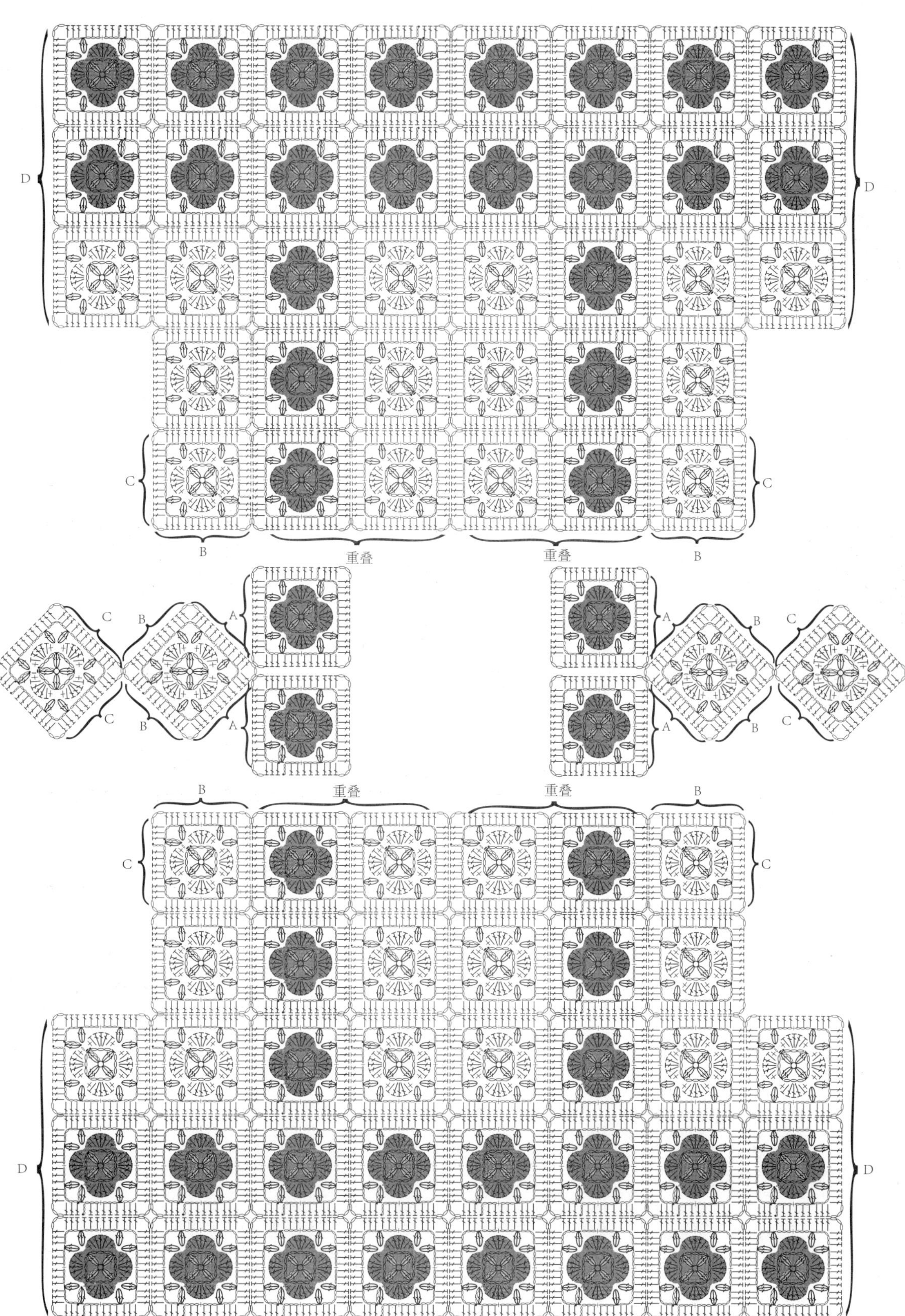
D
D
C
C
B
重叠
重叠
B
C
B
A
C
B
A
A
B
C
A
B
C
B
重叠
重叠
B
C
C
D
D

图书在版编目（CIP）数据

温暖秋冬儿童毛衣／李意芳著.—北京：中国纺织出版社，2014.8

（亲亲宝贝手织衣系列）

ISBN 978-7-5180-0482-9

Ⅰ. ①温… Ⅱ. ①李… Ⅲ. ①童服—毛衣—编织—图集 Ⅳ.①TS941.763.1-64

中国版本图书馆CIP数据核字（2014）第038742号

责任编辑：阮慧宁　　特约编辑：刘　茸

责任印制：何　艳　　装帧设计：水长流文化

中国纺织出版社出版发行

地址：北京市朝阳区百子湾东里A407号楼　邮政编码：100124

邮购电话：010－87155894　传真：010－87155801

http: // www.c-textilep. com

E-mail: faxing@c-textilep. com

北京佳信达欣艺术印刷有限公司印刷　各地新华书店经销

2014年8月第1版第1次印刷

开本：889×1194　1/16　印张：10

字数：120千字　定价：29.80元
